Leadership und angewandte Psychologie

Reihenherausgeber
C. von Au
InLeaVe® - Institut für Leadership & Veränderung
Oberursel (Ts.)
Deutschland

Die Reihe *Leadership und angewandte Psychologie* befasst sich mit modernen und tragfähigen Führungsansätzen, den Rahmenbedingungen einer Leadership-förderlichen Organisation, den Persönlichkeitseigenschaften und Kompetenzen der Führungspersönlichkeiten von morgen sowie deren Auswahl und Entwicklung. Der sich hierbei herauskristallisierende und zukunftsweisende Fokus auf das System, die Haltung, Beziehung und Individualität von Persönlichkeiten macht deutlich, dass Führung mehr ist als ein rein betriebswirtschaftliches Management der Organisation bzw. deren Mitglieder. Vielmehr führt nur die umfassende und adäquate Berücksichtigung von psychologischen Aspekten zum Erfolg der Organisation. Die Beiträge der Reihe zeichnen sich durch eine konsequente Verbindung von Theorie und Praxis aus, was sich auch in den Biografien der Autoren/-innen aus Deutschland, Österreich und der Schweiz widerspiegelt. Sie richtet sich sowohl an Führungspersönlichkeiten aller Hierarchieebenen als auch an (zukünftige) Verantwortliche im Bereich der Unternehmens- und Personalstrategie und der Führungskräfte-, Team- und Organisationsentwicklung sowie an Studierende und Lehrende der (Wirtschafts-)Psychologie und Betriebswirtschaftslehre.

Weitere Bände in dieser Reihe
http://www.springer.com/series/15047

Corinna von Au
(Hrsg.)

Wirksame und nachhaltige Führungsansätze

System, Beziehung, Haltung
und Individualität

 Springer

Herausgeber
Corinna von Au
InLeaVe®
Institut für Leadership & Veränderung
Oberursel (Ts.)
Deutschland

ISBN 978-3-658-11955-3   ISBN 978-3-658-11956-0 (eBook)
DOI 10.1007/978-3-658-11956-0

Die Deutsche Nationalbibliothek verzeichnet diese Publikation in der Deutschen Nationalbibliografie; detaillierte bibliografische Daten sind im Internet über http://dnb.d-nb.de abrufbar.

Springer
© Springer Fachmedien Wiesbaden 2016

Gedruckt auf säurefreiem und chlorfrei gebleichtem Papier

Springer Fachmedien Wiesbaden ist Teil der Fachverlagsgruppe Springer Science+Business Media
(www.springer.com)

Vorwort

Was kennzeichnet „gute" Führung? *Leadership* erlebt in Zeiten zunehmender Globalisierung, Komplexität, Dynamik und eines offensichtlichen Wertewandels wieder eine bedeutende *Renaissance*. Auch das im Rahmen der Initiative Neue Qualität der Arbeit (INQA) gegründete und durch das Bundesministerium für Arbeit und Soziales (BMAS) geförderte Projekt „Forum ‚Gute Führung'" untersucht, wie Führungskonzepte für die Zukunft entwickelt werden können, um den komplexen Anforderungen der hochvernetzten und sich schnell verändernden Welt gerecht zu werden (vgl. Gute Führung 2015; Literaturverzeichnis erster Beitrag). Um sich den gegenwärtigen und zukünftigen Herausforderungen zu stellen, müssen sich Wissenschaft und Praxis grundlegend mit der Neuausrichtung von Leadership auseinandersetzen. Der im Juni 2015 verstorbene großartige Leadership-Forscher Prof. Dr. Peter Kruse sprach gar von einem „Paradigmenwechsel in der Führung".

Ich beschäftige mich seit sehr vielen Jahren mit dem Thema Führung, und dies aus allen Blickwinkeln: Als Geführte, als Führende in Projekten, in der Linie und als Institutsleitung, als Schülerin, als Hochschullehrerin, als Beraterin, als Trainerin, als Coach, als Persönlichkeitsentwicklerin, als Teamentwicklerin, als Organisationsentwicklerin, als Persönlichkeitsdiagnostikerin, als Mediatorin, als Heilpraktikerin für Psychotherapie, als ehrenamtlich Lehrende im Bereich Erste Hilfe, als Ehefrau, als Mutter, als Kind, als Schwester, als Freundin und als Mensch.

Beiträge und Bücher über Führung gibt es viele – auch „moderne" Führungsansätze, -theorien, -konzepte und -modelle lassen sich zuhauf finden. Was ich allerdings bei meinen umfangreichen Recherchen nicht fand, war ein Buch, das diese modernen Führungsansätze in „gebündelter" Form darstellt. Zunächst wollte ich dieses Werk alleine schreiben, merkte aber schnell, dass dies dem *modernen (agilen) Leadership-Gedanken* so gar nicht entspricht. Entsprechend suchte ich Beitragsautoren[1] in der Wissenschaft und Praxis, die in meiner Wahrnehmung etwas besonders Wertvolles über New Leadership sagen können: Somit gehören sowohl Vorstände, CEOs und Geschäftsführer von renom-

---

[1] Aus Gründen der besseren Lesbarkeit wird im vorliegenden Buch und im Gesamtwerk „Leadership und angewandte Psychologie" auf die Erwähnung der weiblichen Form verzichtet. Selbstverständlich sind beide Geschlechtsformen gleichermaßen und gleichberechtigt angesprochen.

mierten Unternehmen verschiedenster Größenklassen und höchst erfahrene Personaler, Berater und Führungspersönlichkeiten zu meinem Autorenkreis, als auch Universitäts- und Hochschul-Professoren, wissenschaftliche Experten und auch ehemalige Studierende von mir, die im Rahmen ihrer Masterarbeit in diesem Bereich erfolgreich geforscht haben. Die Resonanz meiner ersten Autorenanfrage war riesig – nicht nur bei meinen potenziell angefragten Beitragsautoren, sondern auch beim Springer Verlag. Dieser ermutigte mich dann auch, das angedachte nur „eine" Buch auf eine *mehrbändige Reihe* auszudehnen. Konform zu den Grundsätzen des *Shared Leadership* gab ich auch nicht strikt die Inhalte oder die Titel der Beiträge vor, sondern entwickelte diese gemeinsam mit den Autoren im Sinne der *dialogischen Führung*. Meine Beitragshypothesen kulminierten teilweise dann zum einem in ganz andere und zum Teil auch sehr unkonventionelle Beiträge. Zum anderen ergaben sich durch die wertschätzenden und vertrauensvollen Kontakte wieder neue Kontakte und neue Beiträge. Nur durch diese *systemische Vorgehensweise* konnte das *vorliegende Werk „Zweiter Ordnung"* entstehen.

Ich möchte meinen Beitragsautoren von ganzem Herzen danken, dass diese sich auf dieses spannende und neue Projekt eingelassen und mir ihr absolutes Vertrauen geschenkt und mich bei diesem Werk so großartig unterstützt haben. Mit den meisten der Autoren hat sich dadurch auch ein wunderschöner persönlicher Kontakt ergeben. Vielen lieben Dank dafür. Gepaart mit der intensiven Arbeit an diesem Herausgeberwerk habe ich auch noch Einiges im Bereich Leadership erfahren und gelernt.

Darüber hinaus danke ich dem *Springer Verlag*, insbesondere *Frau Dr. Lisa Bender* und *Herrn Joachim Coch*, für den Mut und das Zutrauen, dieses Riesen-Werk in meine alleinige Herausgeberschaft zu legen. Ich fühlte mich dabei immer gut beraten und sehr wertgeschätzt.

Das Werk wäre nicht ohne den vollkommenen Rückhalt, die Liebe und die fortlaufende Ermutigung *meiner Familie* entstanden, die es mir stets ermöglicht zu experimentieren und mich auf den nicht planbaren Weg von Lösungen der „Zweiter Ordnung" zu machen. Dafür danke ich Euch herzlich!

Der vorliegende *erste Band* der Reihe Leadership und angewandte Psychologie „Wirksame und nachhaltige Führungsansätze – System, Beziehung, Haltung und Individualität" startet mit meinem einleitenden *Überblicksartikel Paradigmenwechsel in der Führung: Traditionelle Führungsansätze, Wandel und Leadership heute*. Bei der systematischen Darstellung wird deutlich, dass der Paradigmenwechsel auf das mehrdimensionale (Führungs-) System, die Haltung und Beziehung der Organisationsmitglieder und die Individualität aller (Führungs-) Persönlichkeiten in der Organisation fokussiert. Es folgen ganz wertvolle Beiträge, die bedeutende Leadership-Ansätze im Detail darstellen. *Allen großartigen Beitragsautoren* möchte ich von ganzem Herzen meinen individuellen Dank aussprechen.

- Von der fundamentalen Erkenntnis, dass Führung mit Selbstführung und der Selbstreflexion beginnt, fokussiert der inspirierende Beitrag *Von der Kunst sich selbst und andere zu führen* von der Psychologin und Zen-Meisterin *Dr. Anna Gamma*. Hierbei greift sie auf das Gedankengut des Psychoanalytikers C. G. Jung und den Selbsterkenntnis-prozess „Auf der Suche nach dem Ochsen" der Zen-Philosophie zurück.

- Die Sozialwissenschaftlerin und systemische Beraterin *Dr. Ruth Seliger* stellt in ihrem Beitrag *Positive Leadership – Führen mit Energie* überzeugend dar, dass Organisationen energievolle Kommunikationssysteme sind und dass es entsprechend die wesentliche Aufgabe der Führung ist, produktive organisationale Energie zu steuern.
- Die für die Organisation und die Organisationsmitglieder erforderliche Selbstreflexion und positive Energiearbeit kann aber in einer Organisation nur erfolgen, wenn in ihrem Führungssystem ein sinnbezogenes und ganzheitliches Denken und ein Blick auf das größere Ganze vorliegen. Jenseits von Fach- und Methodenkompetenz geht es um soziale, emotionale und geistige Kompetenzen und Fähigkeiten beim Führen von Menschen. Der Wirtschafts- und Geisteswissenschaftler sowie Gründer des Spiritual Venture Network e. V. *Dr. Friedrich Assländer* untersucht in seinem Beitrag *Spiritualität und Führung* sehr tiefgehend, wie im betrieblichen Kontext Spiritualität als Geisteshaltung zum entscheidenden Faktor für Zufriedenheit und Erfolg für alle Organisationsmitglieder wird.
- Ein solch neues Bewusstsein erfordern die Abkehr von klassischen „Belohnungen" und „Sanktionen" und die Hinwendung zur transformationalen Führung. Der Wissenschaftler und Berater *Prof. Dr. Waldemar Pelz* setzt sich in seinem Beitrag *Transfomationale Führung – Forschungsstand und Umsetzung in der Praxis* kritisch mit dem Stand der Forschung auseinander und entwickelt mit dem Gießener Inventar eine praxiserprobte Messmethode transformationaler Kompetenzen.
- Neben dem transformationalen Führungsansatz erfordert ein solch neues Bewusstsein einen Paradigmenwechsel in den Führungsformen, welche die Zusammenarbeit und den Umgang in der Organisation komplett neu ordnet. *Dr. Karl-Martin Dietz*, Begründer des Friedrich-Hardenberg-Instituts, stellt in seinem Beitrag *Handeln aus sich selbst heraus: Von der Führung zur Selbstführung im Horizont einer Dialogischen Unternehmenskultur* eindrucksvoll eine solche Neuorganisation vor.
- *Dr. Bernd Schmid*, Leitfigur des isb-Wiesloch und der Schmid-Stiftung, fokussiert richtungsweisend in seinem Beitrag *Führung aus systemischer Sicht* die Führung als Systemkompetenz und bedient sich dabei Theatermetaphern. Die Perspektive richtet sich dabei auf die Führungsbeziehungen der lebenden und somit nicht linear steuerbaren (Organisations-) Systeme und auf die Eigenschaften dieser Beziehungen.
- Die bedeutenden Gruppenprozesse und die spannende (historische) Entwicklung und Weiterentwicklung von Hierarchie untersucht *Dr. Gerhard Schwarz*, Universitätsdozent für Philosophie und Gruppendynamik, in seinem fesselnden Beitrag *Zur Stammesgeschichte von Führung – Gruppendynamik und die „Heilige Ordnung" der Männer*.
- Eine Alternative bzw. Ergänzung zur Hierarchie ist die „geteilte" Führung. Der Psychologe *Dr. Simon Werther* stellt in seinem umfassenden Beitrag *Shared Leadership* sehr differenziert die in der Wissenschaft noch nicht umfangreich erforschte, aber in der Praxis schon weitverbreitete und selbstverständliche Führungsstruktur und -kultur vor.

- Die Wirtschaftswissenschaftler *Dr. Stefan Kaduk und Dr. Dirk Osmetz*, Mitbegründer und Partner der Musterbrecher® Managementberatung, stellen in ihrem Beitrag *Musterbrecher – Die Kunst, das Spiel zu drehen* eindrucksvoll konkrete Beispiele vor, in denen der Paradigmenwechsel der Führung bereits eingeläutet wurde und New Leadership auch schon tatsächlich gelebt wird. Diese Beispiele verstehen sie jedoch nicht als Best-Practice-Ansätze, sondern vielmehr als „reale Biotope", die sich gewinnbringend nur „in Form von Narrationen zur Inspiration und Irritation im positiven Sinne" nutzen lassen.
- Schließlich lässt uns *Marc Stoffel*, CEO von Haufe-umantis AG, in seinem Beitrag *Leadership 4.0 – Unternehmen brauchen ein neues „Betriebssystem"* hautnah daran teilhaben, wie Führung in seinem Hause gelebt wird: Die klassische Top-Down-Struktur wird in die beiden gleichwertigen Führungsmodelle „Weisung und Kontrolle" sowie „Agiles Netzwerk" überführt, welche jedem Mitarbeiter das für ihn optimale Arbeitsumfeld bieten und somit das Unternehmen erfolgreich machen. Zudem werden Führungspersönlichkeiten bei ihm im Hause grundsätzlich von den Mitarbeitern gewählt und somit diesen nicht einfach nur „vorgesetzt".

Wenn Sie dieses Buch lesen, ist schon eine gewisse Zeit seit dem Schreiben der Beiträge vergangen. Da ich diese Reihe weiter lebendig und pulsierend halten möchte, würde ich mich über Feedback sehr freuen: Was ist gut? Was kann wie verbessert werden? Haben Sie Vorschläge für einen wissenschaftlichen oder praktischen Beitrag für eine neue Auflage? Bitte schreiben Sie Ihre Resonanzen, Wahrnehmungen, Ideen für Lösungen „Zweiter Ordnung" an InLeaVe® – Institut für Leadership & Veränderung: info@inleave.de. Auch wenn Sie „nur" einen Austausch wünschen oder mich kennen lernen möchten, so freue ich mich auf Ihre Kontaktaufnahme.

Bis dahin wünsche ich Ihnen allen eine gesunde, glückliche und sinnhafte Zeit mit einer guten Selbst- und Mitarbeiterführung.

Ihre

Corinna von Au

Leadership Statements der Beitragsautoren (in alphabetischer Reihenfolge)

Eine Leadership-Persönlichkeit ist für mich

... ein kognitiv und insbesondere emotional gereifter und ausbalancierter Mensch, der durch ehrliches Interesse und tagtäglich gelebte Wertschätzung und Vertrauen Resonanz erzeugt, sich fortlaufend reflektiert und lernt sowie als mutiger „Enabler" Führungsrahmenbedingungen schafft, in denen Organisationsmitglieder individuell gefordert und gefördert werden (Prof. Dr. Corinna von Au);

... eine Führungskraft, die neben ihrer Fach- und Methodenkompetenz ihre emotionale und spirituelle Intelligenz ständig weiter entwickelt, um zwischenmenschliche Prozesse besser zu verstehen und zu gestalten (Dr. Friedrich Assländer);

... ein Mensch, der sich selbst zu führen in der Lage ist und zugleich die Selbstführung der Kollegen anregt (Dr. Karl-Martin Dietz);

... gewachsen und gereift an äußeren und inneren Herausforderungen und ist bereit, orientierend zu wirken, da sie aus der Verbundenheit mit der inneren Mitte leitet und führt (Dr. Anna Gamma);

... ein Mensch, dem gefolgt wird (Dr. Stefan Kaduk);

... jemand, der sich in erster Linie selbst führt (Dr. Dirk Osmetz);

... jemand, der Vorbild ist und eine Vertrauensbasis schafft (Prof. Dr. Waldemar Pelz);

... jemand, der andere wirksam dazu einlädt, gewünschte Wirklichkeit gemeinsam und konkret zu inszenieren (Dr. Bernd Schmid);

... jemand, der/die die für die Gruppe oder Organisation notwendigen Funktionen erfüllt oder anregt, um die ihr gestellten Aufgaben erfolgreich erfüllen zu können (Dr. Gerhard Schwarz);

... jemand, der/die reflektiert und klar und sicher in der Führungsrolle und im Führungsverhalten ist, (Selbst-Führung), sich auf Menschen einlassen kann (Menschen-Führung) und fähig ist, für die zu leistende Arbeit geeignete Rahmenbedingungen zu schaffen (die Organisation führen) (Dr. Ruth Seliger);

... ein Mensch, der seine Mitarbeiter befähigt, an der richtigen Position und mit der richtigen Aufgabe zum Erfolg des Unternehmens beizutragen (Marc Stoffel);

… eine Führungskraft, die Authentizität, Integrität und Wertschätzung in ihrer alltäglichen Führungsarbeit verbindet und den Mitarbeitern sehr viel Spielraum überlässt (Dr. Simon Werther).

Mit einer Leadership-Kultur verbinde ich

… eine wahrhaftig wertschätzende, kreative und reflexive Dialog- und Lernkultur, in der die Verschiedenheit aller Menschen erkannt und individuell berücksichtigt wird, so dass alle Organisationsmitglieder mit großer Freude erfolgreich an sinnhaften Leistungen arbeiten und sich stets weiter entwickeln können (Prof. Dr. Corinna von Au);

… ein gemeinsames Verständnis von Führung als Beziehungsgestaltung, bei der die unternehmerischen Ziele durch wertschätzenden Umgang miteinander und durch die Entwicklung von Menschen erreicht werden (Dr. Friedrich Assländer);

…, dass möglichst viele Mitarbeiter sich in eine unternehmerische Disposition versetzen (Dr. Karl-Martin Dietz);

… wahrhaftige Wertschätzung, Freude an der gemeinsamen Leistung und eine Dialogkultur, in der Einheit in Verschiedenheit und Verschiedenheit in Einheit gelebt wird (Dr. Anna Gamma);

… ein Umfeld, in dem Menschen und Aufgaben sich anders finden als über Stellenbeschreibungen – und in dem die Führungskraft diesen Findungsprozess gestaltet (Dr. Stefan Kaduk);

… ein Umfeld, in dem man folgen kann und nicht muss (Dr. Dirk Osmetz);

… die Fähigkeit, gemeinsame Werte und Ziele in Resultate umzusetzen (Prof. Dr. Waldemar Pelz);

… aufrichtiges, kreatives und menschenbezogenes gemeinsames Lernen durch Dialog (Dr. Bernd Schmid);

… die Fähigkeit der Mitglieder einer Gruppe oder Organisation, Probleme auf der Metaebene zu diskutieren und damit leichter zu einer Lösung zu finden (Dr. Gerhard Schwarz);

… eine Kultur der Wertschätzung, Klarheit und Orientierung an Stärken, Qualitäten und Lösungen (Dr. Ruth Seliger);

… das Vertrauen, dass Mitarbeiter zum Wohle des Unternehmens agieren, und Chefs, die zum Gestalter der Organisation und ihres Betriebssystems werden (Marc Stoffel);

… einen Handlungs- und Werterahmen für jede Führungskraft, um ein Miteinander auf Augenhöhe und gleichzeitig Autonomie und Freiräume zu garantieren (Dr. Simon Werther).

Der Autor

 **Prof. Dr. Corinna von Au,** Jahrgang 1965, ist verheiratet und Mutter von zwei Kindern. Sie studierte in unterschiedliche Fachgebieten (Dipl.-Kauffrau, Dipl.-Handelslehrerin, Master of Arts/Personalentwicklung, Master of Mediation) und hatte zehn Jahre Projekt- bzw. Linienverantwortung bei PricewaterhouseCoopers bzw. in der DZ BANK. Seit 2005 ist sie Professorin an der Hochschule für angewandtes Management in den Bereichen Wirtschaftspsychologie und Schlüsselqualifikationen. Parallel dazu war und ist sie als Beraterin, Coach und Mediatorin tätig, u. a. auch als Senior Managerin im Bereich Organisation & Change bei Deloitte Consulting bzw. aktuell als Institutsleitung bei InLeaVe® – Institut für Leadership & Veränderung (www.inleave.de). Ihre Lehr- und Forschungsschwerpunkte sowie Beratungsschwerpunkte sind Leadership und Executive Coaching, Persönlichkeits-, Team- und Organisationsentwicklung, Kompetenzen und Kompetenzsysteme, Change Management, Konfliktmanagement und Mediation sowie psychosoziale Belastungen und Störungen am Arbeitsplatz. Sie ist zertifizierte systemische Beraterin, Coach und Organisationsentwicklerin (ISB Wiesloch, Dr. Bernd Schmid), amtsärztlich zugelassene Heilpraktikerin für Psychotherapie und EMDR Therapeutin sowie für Facet5 (Big 5) Persönlichkeitsdiagnostik (www.facet5.com) und für Belbin Teamrollen (www.belbin.de) akkreditiert. Weitere Fortbildungen u. a. in systemischen Aufstellungen (Syst Institut, Prof. Dr. Matthias Varga von Kibéd, München), Design Thinking (E&E information consultants AG, Berlin) und in klinischer Hypnose (Akademie Heiligenfeld, Bad Kissingen).

Inhaltsverzeichnis

Paradigmenwechsel in der Führung: Traditionelle Führungsansätze, Wandel und Leadership heute

Corinna von Au

Inhaltsverzeichnis

C. von Au (✉)
InLeaVe® – Institut für Leadership & Veränderung,
Kleine Schmieh 38, 61440 Oberursel, Deutschland
E-Mail: corinna.vonau@inleave.de

© Springer Fachmedien Wiesbaden 2016
C. von Au (Hrsg.), *Wirksame und nachhaltige Führungsansätze,*
Leadership und Angewandte Psychologie, DOI 10.1007/978-3-658-11956-0_1

1   Einleitung

Was ist „gute" Führung? Warum ist es interessant, sich überhaupt mit Führung zu beschäftigen? Globalisierung und Digitalisierung mit ihren vielfältigen Herausforderungen, demographischer Wandel mit zunehmend älteren Arbeitnehmern, Führungskräftemangel, Aufeinandertreffen von verschiedenen Generationen sowie ein allgemein zu verzeichnender Wertewandel hin zu sinnstiftender und mitbestimmender Tätigkeit machen deutlich, dass eine „Führung" – in welcher Art auch immer – der komplexen, dynamischen und zunehmend auch virtuellen Zusammenarbeit innerhalb und außerhalb des Unternehmens einen immer gewichtigeren Stellenwert einnimmt. Hierbei ist der Führungstrend eindeutig: Die Zeichen stehen auf Partizipation, Mitbestimmung, Flexibilisierung und Individualisierung. Somit hat es die „klassische" Art der Führung, Themen „von oben herab" autoritär durchzusetzen, immer schwerer. Alles wird von Mitarbeitern hinterfragt, auf den Prüfstand gestellt und abgelehnt oder befürwortet. Aber heißt dies, Führung dankt komplett ab und ist in der vernetzten Welt des Enterprise 2.0 und der Schwarmintelligenz ein Relikt? Ganz sicher nicht! Gerade in den immer komplexeren und dynamischeren Welten der globalisierten Wirtschaft mit ihren gegenseitigen Abhängigkeiten bildet Führung eine zentrale Konstante, die Orientierung schafft und Mitarbeitern aufzeigt, welchen Beitrag diese für den Gesamterfolg leisten können. Von daher ist es nicht überraschend, dass über 80 % der Geschäftsführer und HR-Leiter in der Global Human Capital Trends 2015 von Deloitte (2015) sagen, „dass das Thema Führung eine ihrer größten Herausforderungen darstellt".

Führung muss aber neu definiert und insbesondere auch neu „gelebt" werden. Dabei sind Forderungen einer Neudefinition von „guter" Führung groß. Vielfach wird sogar ein *Paradigmenwechsel in der Führung* gefordert:

> Wir erleben gerade einen Paradigmenwechsel in deutschen Unternehmen. Entscheidungsfähigkeit und Macht werden zunehmend auf Teams oder Projektgruppen verlagert. Der einzelne kluge Kopf wird Teil von Kooperationsnetzen. Geführte erwarten zunehmend andere Menschenführung, Führungskräfte sind zunehmend auf der Suche nach einem anderen Verständnis von Führung und beide wollen eine neue Führungskultur. (Sattelberger, in Forum Gute Führung (2015)).

Aber wie sollen diese „gute" Führung und der Weg dorthin aussehen?

> Die Bereitschaft, sich auf einen gemeinsamen Entwicklungsweg einzulassen, ist groß. Noch fehlt es dem Zukunftsbild zwar an konkreter Ausgestaltung. Aber die Datenlage zeigt deutlich, dass die Chancen für einen intensiven gemeinsamen Diskursprozess zur Neudefinition von „guter Führung" groß sind. (Kruse, in Forum Gute Führung (2015)).

Denkt man über „gute Führung" nach, so gibt es grundsätzlich verschiedene Blickwinkel auf „gute Führung":

- Die Führungspersönlichkeit mit ihren „guten" zeitlich stabilen Persönlichkeitseigenschaften und/oder entwickelbaren Führungs-Kompetenzen sowie weitere Führungsressourcen,
- das „gute" Führungsverhalten der Führungspersönlichkeit (wie insbesondere Führungsstile und Führungsrollen),
- das „gute" Führungssystem bzw. eine „gute" Führungsstruktur und -kultur und
- das „gute" Führungsergebnis.

Auch wenn – wie im nachfolgenden noch gezeigt werden wird –, unterschiedliche Führungsansätze auf verschiedene Blickwinkel fokussieren, so sollte (gute) Führung wie jede Tätigkeit einen *bestimmten Zweck* verfolgen, also in ein (gutes) Führungsergebnis kulminieren. In diesem Sinne sprechen auch einige Autoren lieber von „wirksamer Führung" als von „guter" Führung (vgl. Malik 2006; Dörr et al. 2013). Doch was ist *Führungserfolg*? Und kann dieser überhaupt gemessen werden, und vor allem wie?

Es sollte jedem bewusst sein, dass die *Messung des Führungserfolges* grundsätzlich *sehr schwierig und subjektiv* ist. Das resultiert schon allein daraus, dass wir es bei Führung automatisch mit Gruppen- und Individualinteraktionsvariablen zu tun haben, die weder eine objektive Validierung noch eine objektive Operationalisierung zulassen. Entsprechend werden in Wissenschaft und Praxis für das Phänomen „Führung" sehr viele unterschiedliche Kriterien zur Erfassung von Führungserfolg verwendet. Oftmals werden in Organisationssystemen auch Ziele vereinbart und die Zielerreichung wird dann durch Fremd-Beurteilung (wie etwa Vorgesetztenbeurteilung), ggf. auch in Kombination mit einer Eigenbeurteilung, einer Beurteilung durch den Mitarbeiter (sog. Aufwärtsbeurteilung) und/oder auch einer „Rund-um-Betrachtung" (sog. 360 Grad-Beurteilung) abgeleitet. Im Mittelpunkt stehen hierbei oft (einseitige) *quantitative Ziele*, die die Effizienzdimension, zumeist abgebildet in der Leadership Performance widerspiegeln (sollen). *Qualitative Ziele* der Mitarbeiterdimension wie z. B. Mitarbeiterzufriedenheit, Betriebsklima oder Identifikation mit dem Unternehmen, Kundenzufriedenheit oder gar der Beitrag zur (nachhaltigen) Team- oder Organisationsentwicklung bleiben indes oft unberücksichtigt. Dabei verwundert es wohl niemanden, dass Führungserfolg niemals identisch mit Leadership Performance sein kann. Sie stellt lediglich einen (kleinen) Teilbereich des Führungserfolges dar und kann sogar negativ sein, wenn man z. B. an die zahlreichen „quick wins" der weiterziehenden (und abgefundenen) Top-Manager oder an die durch narzisstische Führungskräfte hinterlassenen ungesunden Team- und Organisationstraumata denkt. Somit sollte bei der Betrachtung und „Beurteilung" des Führungserfolgs neben qualitativen Faktoren auch die Dimension *„Nachhaltigkeit"* einen hohen Stellenwert einnehmen.

Der *Führungserfolg* ist somit *komplex, mehrdimensional* und auch nicht ausschließlich von der Führungspersönlichkeit selbst zu beeinflussen. Allerdings kann eine Führungspersönlichkeit enormen Schaden für die Organisation anrichten, was leider nicht nur die Autorin in zahlreichen beruflichen (Beratungs-) Kontexten erlebt und wahrgenommen hat. In diesem Sinne werden sowohl auf der Individualebene als auch auf der Organisationsebene die Konsequenzen von „schlechter" Führung deutlich. Die Gallup Studie 2015 spricht explizit von „schlechte(r) Führung als Kostenfaktor" (vgl. Gallup Hrsg. 2015).

Gleichermaßen zeigt die Studie, was in umgekehrter Weise „gute" Führung leisten kann. Hierbei kann sich Führungserfolg in ökonomischem und humanistischem Erfolg zeigen, wobei ersterer alleine niemals langfristig ausreicht und letzterer wiederum eine positive Rückwirkung auf ersten nimmt.

Dringt man tiefer in die „gute Führung" ein, so lässt sich feststellen, dass vieles bereits theoretisch angedacht und einiges auch schon praktisch umgesetzt wurde (vgl. Kaduk und Osmetz 2016). Vor dem Hintergrund der Erkenntnis, dass es „die" Führung und „die" holistische Führungstheorie nicht gibt, möchte dieser Beitrag auch nicht versuchen, einen neuen Führungsansatz zu entwickeln. Vielmehr scheint es der Autorin sinnvoll zu sein, einen *Überblick* über die Entwicklung und den Inhalt *bedeutender Führungsansätze* zu geben und dabei insbesondere die wegweisenden führungstheoretischen Grundpfeiler für eine neue „gute" Führung zu fokussieren. Hierbei werden auch die bedeutenden veränderten *Führungsrahmenbedingungen*, die u. a. durch Komplexität, Mehrdimensionalität, Dynamik und Wertewandel geprägt sind, explizit mit berücksichtigt. Dabei kann aber und soll auch nicht der Anspruch auf Vollständigkeit gelegt werden. Vielmehr begibt sich die Autorin auf eine Suche nach „guter Führung", die – um in den Worten von Kruse zu bleiben – dann in einen weiteren (kontinuierlichen) „gemeinschaftlichen Suchprozess" überführt werden muss (vgl. Kruse in Forum Gute Führung 2015).

Der *Beitrag* ist entsprechend *wie folgt gegliedert*. Zunächst wird in Abschn. 2 der vielfältige Führungsbegriff beleuchtet und eine grobe Abgrenzung der verschiedenen bedeutenden klassischen und modernen Führungsansätze mit einem grafischen strukturierten Überblick vorgenommen. Alsdann werden in Abschn. 3 die grundlegenden klassischen Führungsansätze dargestellt, die sich nach mehrheitlicher Meinung in personenorientierte, verhaltensorientierte und situationsorientierte Führungsansätze aufteilen lassen. In Abschn. 4 werden für das Verständnis der Entwicklung der neueren Führungsansätze zunächst die veränderten Führungsrahmenbedingungen aufgezeigt. Anschließend wird auf die Begriffsveränderung von Management zu Leadership eingegangen. Es folgt die Erläuterung des (flexiblen) InLeaVe® New Leadership Modells mit den vier Grundpfeilern eines neuen Führungsverständnisses: 1) Führung als Interaktions- und Beziehungsphänomen einschließlich transformationaler Führung, 2) Verabschiedung vom Individualmodell und Hinwendung zum systemischen Führungsansatz, 3) Agile Führung sowie Shared und Job Crafting Leadership als Antwort der zunehmenden Forderung nach Partizipation und Flexibilisierung und 4) Renaissance und Neuentdeckung „weicher" Führungsansätze wie emotionale, spirituelle, gesunde und achtsame Führung durch eine zunehmend angespannte psychosoziale Lage und durch die „beweisenden" Erkenntnisse von Neuroleadership. Der Beitrag schließt mit einer kurzen Zusammenfassung und einen Ausblick in Abschn. 5.

2 Zur Vielfalt des Führungsbegriffes und Überblick über den Dschungel der Führungsansätze

Definitionen von Führung gibt es viele. Dies resultiert schon alleine daraus, dass sich *verschiedene Disziplinen* wie Philosophie, Wirtschaftswissenschaften und Psychologie damit beschäftigen. Allgemein kann Führung in Anlehnung an Hentze et al. (2005, S. 25)

„als zeitlich übergreifendes, in allen Kulturen existierendes und interdisziplinäres Konstrukt" betrachtet werden. Hierbei wird *Führung* oftmals *als „zielbezogene Einflussnahme"* (von Rosenstiel 2014, S. 3; vgl. auch Bass und Bass 2008, S. 23) bezeichnet. Die Geführten sollen dazu bewegt werden, bestimmte Ziele, die sich meist von den Zielen der Organisation ableiten, zu erreichen (vgl. Comelli und von Rosenstiel 2014). Als weitere Ausdifferenzierung unterscheidet von Rosenstiel (2009, S. 4) zwischen *„Führung durch Strukturen"*, d. h. Führungssubstitute, wie Organigramme, Stellenbeschreibungen, Personalentwicklungsprogramme, finanzielle und nicht finanzielle Anreizsysteme, ungeschriebene Normen und Unternehmenskultur sowie *„Führung durch Menschen"*. Hierbei sieht er aufgrund der schnelllebigen Zeit die flexible Führung durch Menschen als gewichtiger an. Zudem würden auch Menschen stets darüber entscheiden, inwieweit die Organisationsstrukturen eingehalten und ausgelegt würden (vgl. von Rosenstiel 2014, S. 4).

Eine andere Definition von Führen vertritt Pinnow (2005), der eine *systemische Führungsdefinition* zugrunde liegt. Der auf den ersten Blick etwas negativ konnotierte Begriff der „Einflussnahme" wird durch ein ganzheitliches Verständnis abgelöst. Für Pinnow (2005, S. 38) ist Führung, „Menschen durch gemeinsame Werte, Ziele und Strukturen, durch Aus- und Weiterbildung in die Lage zu versetzen, eine gemeinsame Leistung zu vollbringen und auf Veränderungen zu reagieren". Systemische Führung bedeutet dabei grundsätzlich, dass in holistischen Zusammenhängen gedacht, beobachtet und abgeleitet wird, dass nicht eine Person oder eine Thematik fokussiert wird, sondern das Zusammenspiel und die wechselseitigen Einflüsse der Personen oder Themenbereiche im Vordergrund stehen (zur systemischen Führung vgl. Abschnitt 4.5.).

Wenngleich die beiden Definitionen von von Rosenstiel und Pinnow unterschiedliche Schwerpunkte haben, ist ihnen Folgendes gemeinsam: Es geht darum, etwas wie Ziele – wie gemeinsame Leistungen, Fähigkeit zum Umgang mit Veränderungen – zu erreichen. Ebenso werden die Mittel – wie Werte, Strukturen, Kulturen, Kommunikation und Lernen – zur Zielerreichung genannt. Dabei gewinnt im modernen Führungsverständnis die Dimension der „Sinnstiftung" immer mehr an Bedeutung (vgl. Dörr et al. 2013, S. 249). Insgesamt betrachtet ist der Führungsbegriff allerdings nicht auf einen Nenner zu bringen: Damit erweist sich der *Führungsbegriff als multidimensionales Konstrukt,* welches insbesondere von den verfolgten Führungsansätzen und -theorien und den darin eingeschlossenen impliziten Annahmen – wie insbesondere Menschenbildern – abhängt.

Führungsansätze und -theorien sollen die Bedingungen, Einflussfaktoren, Strukturen, Kulturen, Prozesse und Konsequenzen beschreiben, erklären und prognostizieren (ähnlich Wunderer und Grunwald 1980, S. 112). Diese schaffen nach Weinert (2004, S. 461) den Rahmen, um das Phänomen von Führung besser greifen zu können, und mit dessen Hilfe sich Vorhersagen treffen lassen, „wie bestimmte Merkmale oder Verhaltensweisen, in systemischer Weise, Messungen der Führungseffizienz beeinflussen". Eine allgemeine Führungstheorie, die alle Führungsphänomene umfassend behandelt, gibt es nicht. Somit existiert eine Vielzahl von Führungsansätzen und -theorien, wobei sich in den letzten Jahren – wie eingangs bereits beschrieben – ein Wandel in den Führungsansätzen vermerken lässt.

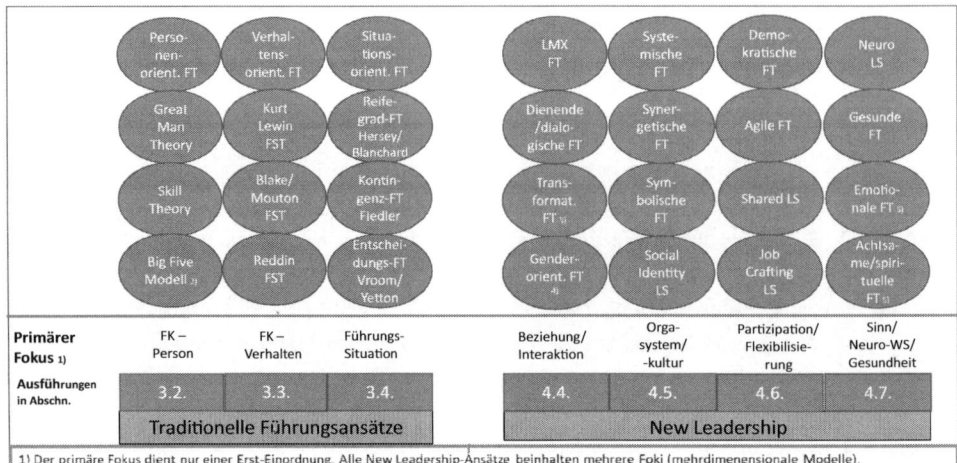

Abb. 1 Übersicht über Klassische Führungsansätze und New Leadership

Die Abb. 1 zeigt eine Übersicht über bedeutende traditionelle Führungsansätze und New Leadership, ohne einen Anspruch auf Vollständigkeit erheben zu wollen.

Traditionelle Führungsansätze fokussierten dabei auf einzelne Variablen der Führung, während *moderne Führungsansätze* – aus der Kritik der eindimensionalen klassischen Führungsansätze – versuchen, integrativ mehrere Variablen der Führung zu berücksichtigen.

Im nachfolgenden werden die einzelnen Führungsansätze genauer betrachtet. Hierbei werden zu Beginn der folgenden beiden Abschnitte 3 (traditionelle Führungsansätze) und 4 (moderne Führungsansätze) alle wesentlichen Inhalte kurz und prägnant in Form einer *Executive Summary* zusammengefasst. Weitere Informationen, *wissenschaftliche Details und Nachweise* sowie Hinweise auf Vertiefungsliteratur finden sich in den entsprechenden Unterkapiteln.

3 Die klassischen Führungsansätze

3.1 Executive Summary

Traditionelle Führungsansätze fokussieren auf einzelne Variablen der Führung. Grundsätzlich lassen sich personen-, verhaltens- und situationsorientierte Ansätze unterscheiden.

- Bei den *personenzentrierten Führungsansätzen* stehen zunächst die (angeborenen) Persönlichkeitseigenschaften (*Trait Theory, Great Man Theory*), später die entwickelbaren Fähigkeiten (*Skill Theory*) der Führungskraft im Vordergrund. Auch heute noch werden Persönlichkeitseigenschaften durch das international universell anerkannte Standardmodell in der Persönlichkeitsforschung, das (kulturstabile) *Fünf-Faktoren-Modell* (Big Five) erfasst. Dabei besteht nach h. M. die Übereinkunft, dass durch die Persönlichkeit nur ein geringer Teil des Führungserfolgs erfasst werden kann.

- *Verhaltensorientierte Führungsansätze* fokussieren auf das Verhalten der Führungskräfte. Die *Führungsstilforschung* unterscheidet dabei in Abhängigkeit von der Anzahl der betrachteten Dimensionen ein-, zwei und dreidimensionale Ansätze. Das bekannte *eindimensionale Modell von Kurt Lewin et al. (1939)* differenziert zwischen den demokratischen, laissez faire (Mitarbeiter werden mit ihren Aufgaben alleine gelassen) und autoritären Führungsstilen. Während der demokratische oder partizipative Führungsstil nachweislich bis heute einen i. d. R positiven Einfluss auf den Führungserfolg einnimmt, führt der autoritäre Führungsstil eher zu einem Führungsmisserfolg. Im Unterschied zur allein entscheidenden, befehlenden und kontrollierenden *autoritären* Führungskraft bezieht eine *kooperative* Führungskraft ihre Geführten in Entscheidungen mit ein und handelt partizipativ.

- Die *Ohio State University* entwickelte mit der *Personen- und Aufgabenorientierung* ein *zweidimensionales Modell*, wobei die Führungskraft je nach Situation beide Führungsstildimensionen einsetzen sollte. Auf dieser Basis modellierten *Blake und Mouton* ein *Verhaltensgitter (Managerial Grid)*, welches den Führungskräften je nach Ausprägung dieser beiden Dimensionen bestimmte typische Führungsstile empfiehlt. Beim *dreidimensionalen Modell* von *Reddin* kommt zur Aufgaben- und Beziehungsorientierung als dritte Dimension die *Effektivität des Führungsstils* hinzu. Dadurch wird der Führungserfolg nicht mehr alleine von der Führungskraft bestimmt. Vielmehr sind die Führungsstile in jeweils verschiedenen organisationalen Bedingungen unterschiedlich effizient.

- *Situationsorientierte Führungsansätze*: Nachdem weder eigenschafts- noch verhaltensorientierte Ansätze Führungserfolg oder -misserfolg erschöpfend erklären konnten, suchten die Forscher vor allem nach Situationsvariablen, die das Führungsergebnis beeinflussen. Die *situative Führungstheorie* nach *Hersey und Blanchard* empfiehlt mit ihrem *Reifegradmodell* unterschiedliche Führungsstile in Abhängigkeit vom arbeitsbezogenen und psychologischen Reifegrad der Geführten. Aufbauend auf dem Reifegradmodell empfiehlt die *Kontingenztheorie der Führungseffektivität (Kontingenzmodell)* von *Fiedler*, die Führungskraft in eine Situation zu bringen, in der sie ihrem natürlichen Führungsstil entsprechend die besten Führungs-Leistungen erzielen kann. *Vroom und Yetton* bieten mit ihrem *normativen Entscheidungsmodell* eine Grundlage, um ihre Führungssituation zu strukturieren und den jeweils geeigneten Führungsstil zu wählen. Die *Weg-Ziel-Theorie der Führung* von *Evans* berücksichtigt als erste Theorie die Motivation der Geführten im Sinne einer Situationsvariablen. An den situativen Führungsansätzen wird kritisiert, dass zentrale Grundbegriffe der Theorie so formuliert sind, dass man sie nicht (exakt) messen oder operationalisieren und damit auch nicht empirisch prüfen kann. Das betrifft die Aufgaben- und Beziehungsorientierung, den Reifegrad der Mitarbeiter gleichermaßen wie den Führungserfolg. Daneben bleibt die Kernkritik der eindimensionalen Fokussierung auf die Situationsvariablen. Gleichwohl ist das Verdienst dieser Theorien die noch heute gültige Erkenntnis, dass nicht in jeder Situation gleich geführt werden sollte.

3.2 Personenzentrierte Führungsansätze

Bei den traditionellen Führungsansätzen stand schwerpunktmäßig die Person des Führenden im Zentrum der Betrachtung – die Beziehung zwischen den Führenden und den
Geführten wurde kaum beachtet. Führung wurde dabei stets als einseitige Einflussnahme
von Seiten des Führenden in Richtung der Geführten verstanden (vgl. Stippler et al. 2010,
S. 1). Die folgenden Ansätze waren dabei vorherrschend:

- Nach der im Jahre *1840* publizierten *Great-Man-Theory* (vgl. Bartscher 2015) wurden
  Führende als einzigartige besondere Führungspersönlichkeiten angesehen, deren angeborenen Qualitäten und Charaktereigenschaften sie auf natürliche Weise zur Führung
  befähigten bzw. prädestinierten. Diese ließ sich allerdings empirisch nicht bestätigen.
- In der *Eigenschaftstheorie (Trait Theory)* wird angenommen, dass effektiv Führende
  bestimmte zeitstabile und situationsunabhängige Eigenschaften (traits) besitzen, die sie
  in die Lage versetzen, Einfluss über die Handlungen der Geführten auszuüben. Je nach
  Fokussierung auf eine Eigenschaft bzw. mehrere Eigenschaften werden „Unitary Trait-
  Theory" und „Constellation of Traits-Theory" unterschieden (Macharzina und Wolf
  2008, S. 571). In verschiedenen Studien wurde versucht, die besonders wünschens-
  werten und effektiven Führungseigenschaften zu identifizieren, die mit Führungserfolg
  einhergehen (vgl. Bass 2008). Das bekannteste und bis heute international universell
  anerkannte Standardmodell in der Persönlichkeitsforschung ist das (kulturstabile)
  Fünf-Faktoren-Modell (vgl. John et al. 2008). Zu den sogenannten *Big Five*, also den
  fünf Faktoren, die eine Persönlichkeit am aussagekräftigsten beschreiben, zählen:
  1. Neurotizismus versus emotionale Stabilität,
  2. Feindseligkeit versus Liebenswürdigkeit,
  3. Mangelnde Zielvorstellungen versus Gewissenhaftigkeit,
  4. Introversion versus Extraversion und
  5. Verschlossenheit versus Offenheit gegenüber neuen Erfahrungen.
  Diese fünf Faktoren sind jeweils auf einem Kontinuum angeordnet und können u. a. mit
  dem „klassischen" von Costa und McCrae entwickelten NEO-Fünf-Faktoren-Inventar
  NEO-FF bzw. modifizierten NEO-PI-R (Hossiep und Mühlhaus 2015) oder dem auch
  zunehmend bedeutenden Facet5 (www.facet5.de) erfasst werden. Für diese objektiven,
  reliablen und validen Diagnostiktools ist eine entsprechende Akkreditierung erforderlich. In Metaanalysen zu den Merkmalen des Fünf-Faktoren-Modells der Persönlichkeit stellten sich z. B. Extraversion und emotionale Stabilität als besonders relevante
  Merkmale heraus, obwohl sich insgesamt nur ein relativ kleiner Anteil des Führungserfolgs durch die Persönlichkeit erklären lässt (vgl. Bono und Judge 2004; Judge et al.
  2002).
- In der *Skill Theory* wird weiterhin auf die Führungsperson und ihre Attribute fokussiert.
  Allerdings verschob sich der Fokus der Führungsforschung von den angeborenen und
  zeitstabilen Eigenschaften hin zu den Fähigkeiten, die erlernt und entwickelt werden
  können (vgl. Avolio und Gardner 2005).

Die Vorstellung, dass Führung nur von der Person des Führenden beeinflusst wird, wurde inzwischen von Ansätzen abgelöst, in denen die Beziehung zwischen Führenden und Geführten berücksichtigt wird.

3.3 Verhaltensorientierte Führungsansätze (Führungsstilforschung)

Im Gegensatz zu den personenorientierten Führungsansätzen steht bei der *Führungsstilforschung* das Verhalten der Führungsperson im Mittelpunkt. Es wird angenommen, dass die Situation maßgeblich mitbestimmt, ob eine gewisse Verhaltensweise zum erwünschten Erfolg führt. Die Vorstellung, dass es eine Liste mit Eigenschaften oder Fähigkeiten geben könnte, die in allen Situationen angemessen ist, wird abgelehnt. Neben der Führungspersönlichkeit treten nun auch die Geführten und die Beziehung zwischen Führenden und Geführten in den Blick der Forschung. Es wurde versucht, Führungsstile zu bestimmen, die in bestimmten Kontexten zu effektiver Führung führen. Hierbei können die nachfolgenden Ansätze unterschieden werden.

- *Eindimensionale Führungsstiltheorie*: Nach den Führungsstil-Experimenten von *Lewin et al. (1939)* fördert ein demokratischer Führungsstil die Arbeitszufriedenheit und die positive Einstellung der Geführten zur Arbeit, während ein autoritärer Stil des Vorgesetzten beides reduziert. Im Unterschied zur allein entscheidenden, befehlenden und kontrollierenden autoritären Führungskraft bezieht eine kooperative Führungskraft ihre Geführten in Entscheidungen mit ein und handelt partizipativ. Beim Laissez-faire-Führungsstil spielt der Führende nur eine untergeordnete Rolle, weil der Führende die Mitarbeiter bei ihrer Arbeit gewähren lässt. Eine Hauptkritik an der Führungsstiltheorie von Lewin et al. (1939) ist, dass die Resultate seiner Studien (Laborexperimente mit Kindern) „in unzulässiger Weise verallgemeinert worden" (Realsituationen mit Erwachsenen) seien (Brose und Hentze 1990, S. 103; zur Kritik vgl. auch Browne 1955, S. 62; Lück 1996, S. 102 ff.). Trotz der Kritik setzten sich die von Lewin et al. (1939) verwendeten Führungsstile bis heute in abgewandelter und umbenannter Form – wie insbesondere die „gegensätzlichen" autoritären und kooperativen Führungsstile – durch (vgl. Glaesner 2007, S. 19).
- Forscher der *Ohio State University* stellten bei ihren wissenschaftlichen Untersuchungen in den *1960er* Jahren fest, dass Mitarbeiter das Verhalten ihrer Vorgesetzten in zwei Dimensionen beschreiben, nämlich der Personenorientierung (Unterstützung, Beteiligung, Lob, Anerkennung) und der Aufgabenorientierung (Zielsetzung, Planung, Koordination, Organisation). Dies war die Geburtsstunde der *zweidimensionalen Führungsstiltheorie*. Es ist Aufgabe der Führungspersönlichkeiten, diese zwei Anteile der Situation angemessen zu kombinieren (vgl. Northouse 2007). Die *University of Michigan* veröffentlichte *zeitgleich* eine Studie mit vergleichbarem Ergebnis, stellte zunächst beide Dimensionen als gegensätzlich dar, schloss sich jedoch später der Ohio-

Annahme an, dass Mitarbeiterorientierung und Aufgabenorientierung parallel in unterschiedlicher Ausprägung existieren (vgl. Berthel und Becker 2007).

• *Blake und Mouton (1964)* entwickelten anhand der von den Universitäten in Ohio bzw. Michigan vorgestellten zweidimensionalen Führungsstiltheorie ein *Verhaltensgitter, das „Managerial Grid".* Im Koordinatensystem werden in der Vertikalen das *personenorientierte Führungsverhalten* mit sozio-emotionalen Aspekten bzw. in der Horizontalen das *aufgabenorientierte Führungsverhalten* mit sachlich-rationalen Aspekten dargestellt. Beide Variablen sind in jeweils neun Intensitäts- bzw. Ausprägungsgrade eingeteilt (von Ziffer 1 niedrigste Ausprägung bis Ziffer 9 höchste Ausprägung). Aus den 81 möglichen Ausprägungen des Führungsstils lassen sich dann aus dem Verhaltensgitter *fünf typische und abgrenzbare Führungsstile* ableiten (vgl. Blake und Mouton 1964):

  − *1.1. Führungsstil* − niedrige Personen- und Aufgabenorientierung: Geringstmögliche Einwirkung auf Arbeitsleistung und auf die Menschen
  − *1.9. Führungsstil* − hohe Personenorientierung und niedrige Aufgabenorientierung: Sorgfältige Beachtung der zwischenmenschlichen Beziehungen führt zu einer bequemen und freundlichen Atmosphäre und zu einem entsprechenden Arbeitstempo
  − *5.5. Führungsstil* − mittlere Personen- und Aufgabenorientierung: Genügende Arbeitsleistung möglich durch das Ausbalancieren der Notwendigkeit zur Arbeitsleistung und zur Aufrechterhaltung der zu erfüllenden Arbeitsleistung
  − *9.1. Führungsstil* − niedrige Personen- und hohe Aufgabenorientierung: Wirksame Arbeitsleistung wird erzielt, ohne dass es viel Rücksicht auf zwischenmenschliche Beziehungen genommen wird
  − *9.9. Führungsstil* − hohe Personen- und Aufgabenorientierung: Arbeitsleistung von begeisterten Mitarbeitern. Verfolgung des gemeinsamen Zieles führt zu gutem Verhalten.

Bei der *dreidimensionalen Führungsstiltheorie von Reddin (1981)* kommt im 3-D-Konzept zur Aufgaben- und Beziehungsorientierung als dritte Dimension die Effektivität des Führungsstils hinzu. Durch die Kombination der *Ausprägungen Aufgaben- und Beziehungsorientierung* werden zunächst die *vier Führungsgrundstile* gebildet:

1. sich heraushalten (*separated*),
2. sich Aufgaben widmen (*dedicated*),
3. in Verbindung bleiben (*related*) und
4. integrieren (*integrated*).

Durch die Hinzunahme der Führungsstileffizienz als dritte Dimension ist der Führungserfolg nicht mehr alleine durch den Vorgesetzten bestimmt. Vielmehr sind die Stile unter jeweils anderen Bedingungen unterschiedlich effizient. Zu den Bedingungen gehören u. a. die Arbeitsanforderungen, der Führungsstil des nächsthöheren Vorgesetzten, die Kollegen und Mitarbeiter sowie die Organisationsstruktur und -kultur. Je nach Situation können dann die eingesetzten Führungsstile zu effektiven oder auch ineffektiven Führungsstilen werden. Allerdings bleibt die Frage offen, in welcher Situation welches Führungsverhalten eingesetzt werden sollte.

Die *Kritik* an den verhaltensorientierten Führungsansätzen besteht insbesondere darin, dass die situativen Bedingungen der Führung vernachlässigt werden (vgl. Neuberger 1995, S. 189). Gleichwohl führte die gewonnene Erkenntnis – gegenüber dem Postulat der eigenschaftsorientierten Führungsansätze –, dass nämlich erfolgreiche Führungspersönlichkeiten entwickelt und nicht geboren werden, zu der Schlussfolgerung, dass erfolgsrelevantes Verhalten auch (in welcher Weise auch immer) „trainiert" werden kann. In diesem Sinne zeigen neuere Studienergebnisse (vgl. Avolio et al. 2009), dass Maßnahmen der Führungskräfteentwicklung wie z. B. Training und Coaching in einem klaren Zusammenhang zu einer besseren Führungsleistung stehen.

3.4 Situationsorientierte Führungsansätze

Nachdem weder eigenschafts- noch verhaltensorientierte Ansätze Führungserfolg oder -misserfolg erschöpfend erklären konnten, suchten die Forscher *in den 1960er Jahren* vor allem nach *Situationsvariablen, die das Führungsergebnis beeinflussen.* Dabei wird die Auffassung vertreten, dass die Wirkung eines bestimmten Führungsstils im Hinblick auf den Führungserfolg insbesondere von der Führungssituation abhängig ist. Hierbei können folgende Ansätze unterschieden werden:

- Die *situative Führungstheorie nach Hersey und Blanchard (1969)* empfiehlt mit ihrem *Reifegradmodell* unterschiedliche Führungsstile in Abhängigkeit vom arbeitsbezogenen und psychologischen Reifegrad der Geführten. Aus den zwei grundlegenden direktiven, aufgabenorientierten und supportiven, mitarbeiterorientierten Führungsverhaltensweisen werden *vier mögliche Kombinationen von Aufgabenorientierung und Mitarbeiterorientierung* abgeleitet:
  - *Telling (unterweisen)*: niedrige Mitarbeiterorientierung und hohe Aufgabenorientierung bei niedrigem Reifegrad des Mitarbeiters
  - *Selling (verkaufen)*: hohe Mitarbeiter- und Aufgabenorientierung bei geringem bis mittlerem Reifegrad des Mitarbeiters
  - *Participating (partizipieren)*: hohe Mitarbeiterorientierung und niedrige Aufgabenorientierung bei mittlerem bis hohem Reifegrad des Mitarbeiters
  - *Delegating (delegieren)*: niedrige Mitarbeiter- und Aufgabenorientierung bei hohem Reifegrad des Mitarbeiters.
  Kritisiert wird am Reifegradmodell u. a. der Reifegrad des Mitarbeiters als einzige Einflussvariable sowie die hohen Anforderungen an die Führungskräfte durch das komplexe Modell.
- Aufbauend auf dem Reifegradmodell von Hersey und Blanchard (1969) empfiehlt die *Kontingenztheorie der Führungseffektivität (Kontingenzmodell) von* Fiedler (1967), die Führungskraft in eine Situation zu bringen, in der sie ihrem natürlichen Führungsstil entsprechend die besten Führungs-Leistungen erzielen kann. Um den *aufgaben- bzw. mitarbeiterorientierten Führungsstil* einer Person zu bestimmen, entwickelte Fiedler

eine eigene Messskala, die Least Preferred Coworker Scale (LPC). Zur Beschreibung der Situation werden drei Variablen „Beziehung zwischen Führendem und Geführten", „Aufgabenstruktur" und „Positionsmacht" herangezogen, die gemeinsam die *„Günstigkeit"* der Situation für Führungserfolg bestimmen. Ein hohes Maß an Macht und Einfluss ist gegeben, wenn alle drei Variablen positiv sind. Hierbei wirkt sich die Variable „Beziehung zwischen Führendem und Geführten" am stärksten und die Variable „Positionsmacht" am geringsten auf die situative „Günstigkeit" aus. Die Kontingenztheorie postuliert, dass durch die Bestimmung des Führungsstils der Führungskraft und der „Günstigkeit" der Situation eine Vorhersage des Führungserfolgs möglich ist. *Kritisiert* wird an der Kontingenztheorie, dass sie keinerlei Hinweise gibt, wie Führungskräfte (bzw. ihre Führungsstile) oder Situationen verändert werden können, wenn diese nicht übereinstimmen. Außerdem bietet sie auch keine Erklärung, warum gewisse Führungsstile in bestimmten Situationen erfolgreich sind – Fiedler selbst bezeichnet dies als Black-Box-Problem (vgl. Fiedler 1993).

- *Vroom und Yetton (1973)* bieten mit ihrem *normativen Entscheidungsmodell* eine Grundlage, um ihre Führungssituation zu strukturieren und den jeweils geeigneten Führungsstil zu wählen. Als Merkmale zur Strukturierung der Situation werden sechs Kriterien unterschieden: Qualitätsanforderung, Informationsgrad, Problemstruktur, Akzeptanz durch die Mitarbeiter, Zielkongruenz und Konfliktgrad. Je nach Einschätzung dieser Kriterien resultieren in einem Entscheidungsbaum verschiedene situationsangemessene Führungsstile, die von einer autoritären Entscheidung durch die Führungskraft über eine beratende Einbeziehung der Mitarbeiter bei der Entscheidungsfindung bis hin zur Gruppenentscheidung im Team reichen. In *Studien* konnte nachgewiesen werden, dass Führungskompetenz in Trainings, die die Prinzipien des Modells vermitteln, verbessert werden kann (vgl. Vroom und Jago 2007).

- Die *Weg-Ziel-Theorie der Führung von* Evans (1970) berücksichtigt als erste Theorie die Motivation der Geführten im Sinne einer Situationsvariablen (vgl. auch House 1971). Diese Theorie postuliert, dass Führungskräfte als Wegbereiter die Motivation der Geführten durch entsprechendes Führungsverhalten beeinflussen können, indem sie die Zielerreichung für die Geführten einfacher oder attraktiver machen. So ist es die Aufgabe der Führungskraft, den Geführten das Ziel zu erklären, für die Geführten relevante Ziel-Anreize zu setzen, den Weg zur Zielerreichung aufzuzeigen und sie auf diesem Weg zu unterstützen und organisationale Hindernisse aus dem Weg zu räumen. Den Kern des Modells bilden vier mögliche Verhaltensweisen der Führungskraft: Direktive, unterstützende, partizipative und leistungsorientierte Führung (vgl. House und Mitchell 1974). Diese Verhaltensweisen beeinflussen die Erwartungen der Mitarbeiter, die bestimmt werden durch die Situationsvariablen „Merkmale der Geführten" (nämlich das Bedürfnis nach persönlicher Zuwendung durch die Führungskraft, das Bedürfnis nach klaren Strukturen, der Drang zur Selbststeuerung und das Vertrauen in die eigenen Fähigkeiten) und „Merkmale der Arbeitsaufgabe" (nämlich die Organisation der Arbeitsgruppe und des Unternehmens, die Struktur der Aufgabe und das Stress- und Risikoniveau und die Vielfältigkeit bzw. Monotonie der Arbeit). Der Grundgedanke der

Weg-Ziel-Theorie ist, dass die Führungskraft den Geführten das geben soll, was ihnen in der Situation selbst fehlt, um sie zu motivieren.

An den situativen Führungsansätzen wird *kritisiert*, dass zentrale Grundbegriffe der Theorie so formuliert sind, dass man sie nicht (exakt) messen oder operationalisieren und damit auch nicht empirisch prüfen kann. Das betrifft die Aufgaben- und Beziehungsorientierung, den Reifegrad der Mitarbeiter gleichermaßen wie den Führungserfolg. Daneben bleibt die Kernkritik der eindimensionalen Fokussierung auf die Situationsvariablen. Gleichwohl ist das *Verdienst* dieser Theorien die noch heute gültige Erkenntnis, dass nicht in jeder Situation gleich geführt werden darf.

4 New Leadership – die vier integrativen Grundpfeiler einer neuen Führung

4.1 Executive Summary

Mit der zunehmenden Führungskomplexität, ausgelöst durch die *globalen und dynamischen Veränderungen* sowie den grundlegenden *Wertewandel* von Pflicht- und Akzeptanzwerten zu Selbstentfaltungs- und Autonomiewerten wurde der Führungsbegriff „Management" zunehmend durch „Leadership" ersetzt. Gleichzeitig werden die eindimensionalen traditionellen Führungsansätze durch *New Leadership* abgelöst. Auch wenn unterschiedliche Foki im Zentrum der Betrachtung liegen, weisen die modernen mehrdimensionalen und integrativen Führungsansätze *vier gemeinsame tragende Grundpfeiler* auf, die in der Grundidee zwar statisch, aber in der *konkreten Ausgestaltung organisationsspezifisch und dynamischer Natur* sind. Diese sind gemäß *InLeaVe®* New Leadership Modell:

- *Grundpfeiler 1 – Beziehung*: Der Führungsprozess wird als Beziehungs- und Interaktionsphänomen verstanden, d. h. Führung wird als eine wechselseitige Transformation von Führenden und Geführten verstanden. Gleichermaßen fließen Menschenbilder bei der Generierung von Führungsansätzen implizit oder explizit immer mit ein und die Individualität der Mitarbeiter rückt in den Vordergrund.
- *Grundpfeiler 2 – System*: Die Aufmerksamkeit richtet sich von der Individualebene zunehmend auf das holistische Organisationssystem und die Organisationskultur. Der Führungskontext wird dabei als komplex, vielschichtig, dynamisch und insbesondere mehrdeutig angesehen.
- *Grundpfeiler 3 – Partizipation*: Der hierarchischen und/oder autoritären Führung wird zunehmend eine Absage erteilt. Was zählt, ist Partizipation und Flexibilisierung in Form der agilen oder gar „geteilten" Führung – in welcher Form auch immer.
- *Grundpfeiler 4 – Sinn*: Werte- und Gesundheitsfragen werden in Zeiten einer zunehmend angespannten psychosozialen Lage immer lauter und „weiche" Führungsansätze werden durch neurowissenschaftliche Erkenntnisse bestätigt und wieder belebt (wie

etwa emotionale oder spirituelle Führung) bzw. weiter entwickelt (wie etwa gesunde oder achtsame Führung).

Ad 1) Grundpfeiler 1 – Beziehung. Die Leader-Member-Exchange-Theorie (LMX) als erste „Beziehungstheorie" postuliert, dass die Qualität der Austauschbeziehung zwischen der Führungskraft und den einzelnen Geführten jeweils unterschiedlich sein kann und eine förderliche gute Austauschbeziehung auf einer partnerschaftliche Beziehung mit gegenseitigem Vertrauen und Respekt zwischen Führendem und Geführtem basiert. Gegen das Paradigma der Führung durch Macht und Zwang stellen sich „dienende" (*Servant Leadership*) bzw. „emotionale" (*Emotionale Führung*) und „dialogische" (*Dialogische Führung*) Führungsmodelle, die fordern, dass Führungskräfte ihren Geführten dienen sollen, indem sie die geeigneten Führungs-Rahmenbedingungen bereit stellen bzw. mit ihren Geführten in einen offenen, emotionalen und dialogischen Austauschprozess gehen sollen. Die Individualität der Mitarbeiter kann es auch erforderlich machen, dass in einer Organisation *verschiedene oder kombinierte Führungssysteme (Top-Down/Bottom-Up bzw. Shared Leadership)* erforderlich werden. Eine *Renaissance und Weiterentwicklung* dieser „weichen" Führungsansätze erfahren diese *durch die „beweisenden" Erkenntnisse der Neurowissenschaften.*

Der Theorie der *Transformationalen Führung* wird als erstem Ansatz die Einbeziehung der intrinsischen Motivation und die Entwicklung der Führungskräfte und Geführten zugeschrieben. Die Theorie basiert auf der Annahme, dass Führung einen Prozess darstellt, der Führende und Geführte durch das magische Viereck Inspirierende Motivation, intellektuelle Stimulierung, individuelle Förderung und idealisierter Einfluss „transformiert" und so einerseits zu erhöhter Produktivität, aber andererseits auch zu einem moralischen Verhalten führt. Parallelen zu *ethischen Führungsansätzen* werden hier deutlich. Mit der verfolgten „Transformation" des Führungsansatzes gibt es auch Überschneidungen zu dem *in der Soziologie gängigen Ansatz des Lernprozesses der Führung*, der von einem Prozess des Austauschs und des Lernens zwischen Führenden und Geführten ausgeht. Der transformationale Führungsansatz wird meist durch den Vergleich zu dem *transaktionalen Führungsansatz* erklärt, der (nur) auf rationalen Austauschbeziehungen zwischen Führungskraft und Geführten basiert. Im Unterschied hierzu wird der *transformationale Führungsansatz* durch die Charakteristika *Sinnstiftung* und *Empowerment* der Führenden bestimmt. Die Begriffe transformationale und *charismatische Führung* werden in Forschung und Praxis unterschiedlich verwendet, z. T. synonym, z. T mit anderen Schwerpunkten und z. T. in einem unterschiedlichen Über- bzw. Unterordnungsverhältnis.

In den letzten Jahren rückte vor dem Hintergrund des geforderten Paradigmenwechsels in der Führung und des Rufes nach mehr Frauen in Führungspositionen immer mehr die *genderorientierte Führung* in den Blickpunkt. In Abweichung zur *Gleichheitstheorie* („Frauen und Männer führen gleich"), werden nach der *Differenztheorie* männlich- und weiblich-konnotierte Persönlichkeitseigenschaften bzw. Führungsvorstellungen festgestellt, die entsprechend zu unterschiedlichen Führungs-„Empfehlungen" führen. Hingegen rückt in der neueren Führungsforschung die *Komplementaritätstheorie* in Form der

Androgynität in den Vordergrund. Danach sind androgyne Führungskräfte in der Lage, in ihrem Verhalten männlich-konnotierte und weiblich-konnotierte Persönlichkeitseigenschaften zu kombinieren. Studien zeigen, dass androgyne Führungskräfte in ihrem Führungsstil als transformaler eingeschätzt und von ihren Mitarbeitenden positiver bewertet werden und bessere Organisationsergebnisse erzielen.

Ad 2) Grundpfeiler 2 – System. Die *Systemorientierten Führungsansätze* beziehen sich nicht mehr nur auf die Führungspersönlichkeit und ihr Verhalten, sondern versuchen, die Organisation als Ganzes, als System zu erfassen. Allen entwickelten systemischen Ansätzen ist gemeinsam, dass sich die Organisation durch *Selbstorganisation (Autopoiese)* selbst reguliert und nicht von außen direkt steuerbar ist. Somit unterscheiden sie sich grundlegendend von klassischen Managementkonzepten, in denen postuliert wird, dass Führungskräfte das Geschehen in Organisationen zielgerichtet und aktiv steuern. Systemisch denkende Führungspersönlichkeiten erkennen sich und ihre Geführten als zum jeweiligen System zugehörig. Die *(System)vernetzten Beziehungen* führen dazu, dass jede Verhaltensweise und Handlung eine Wirkung auf das (Gesamt)System hat. Systemische Führung betrachtet dabei weniger das einzelne Individuum als isoliert und unabhängig, sondern fokussiert verstärkt auf (Kommunikations-)Prozesse aus interaktiven Abhängigkeiten zwischen den einzelnen interagierenden Individuen des Systems (Mitarbeiter, Kollegen, Kunden, Lieferanten, etc.). Hindernisse aus den gegebenen Regelkreisen (z. B. verdeckte Kommunikationsmuster) können nachvollzogen und in Zusammenhang zu den sozialen Regeln (Organisationskultur) des jeweiligen Systems (auch zu seiner bisherigen Entwicklung) entsprechend abgestimmt werden. Systemisch handelnde Führungskräfte setzen dabei aufgrund ihrer Persönlichkeit und Haltung Entwicklungsprozesse in Gang und verbessern Strukturen und Beziehungen in Organisationen

Dabei gibt es *nicht „den" systemischen Führungsansatz*, sondern – je nach Disziplinpräferenz und Schwerpunktsetzung – sehr viele. So fokussiert der *synergetische Führungsansatz* auf eine Operationalisierung des Ansatzes, wenngleich auch bei diesem Ansatz immer noch die Haltung und Kultur im Vordergrund steht. Im (systemischen) Führungsprozess nimmt auch die Symbolisierung eine bedeutende Rolle ein: Nach der *symbolischen Führung* kommt es nicht allein nur darauf an, *was* im Führungsprozess geschieht, sondern *wie* die Führungspersönlichkeit agiert und wie dieses Tun von den Geführten gedeutet wird. Diesbezüglich gibt es organisations(teil)spezifische Symbole, Rituale und Traditionen, die für die Führungsakzeptanz eine bedeutende Rolle spielen. So liegen im Kern einer jeden Organisationskultur bestimmte Werte- und Glaubensvorstellungen, Unternehmensgrundsätze und -philosophien" zugrunde, die nicht einfach geschaffen und auch nicht willkürlich rasch modifiziert werden können.

Das *Social Identity Model of Leadership* postuliert, dass Führung umso größeren Einfluss auf die von ihnen geführten Gruppenmitglieder hat, je größer die *prototypische Passung* mit der Gruppe ist. Das bedeutet, dass die Vorstellung darüber, welche Eigenschaften Führungspersönlichkeiten besitzen sollten, kontextabhängig sind und sich je nach Gruppe bzw. Organisation unterscheiden können. Hierbei können Führungskräfte an ihrer Proto-typ-Wahrnehmung arbeiten.

Ad 3) Grundpfeiler 3 – Partizipation. Die Schnelllebigkeit innerhalb und außerhalb von Organisationen und die damit erforderlichen rasanten Veränderungen, gepaart mit einem grundsätzlichen Wertewandel und dem immer lauter werdenden Ruf nach *Partizipation und Flexibilisierung* rücken agile und demokratische bzw. kooperative Führungsansätze in den Vordergrund. Hierbei lassen sich *drei Hauptströmungen* wahrnehmen:

1. Die agile Führung,
2. die geteilte Führung und
3. Job Crafting Leadership

Agile Führung fordert, starre Planungen durch schlanke, überschaubare Planungs- und Umsetzungszyklen mit konkreten Ergebnissen zu ersetzen und interdisziplinär in kurzen Iterationen zu arbeiten, um schnell agieren und reagieren zu können. Abläufe und Priori-täten werden dabei regelmäßig kritisch hinterfragt; auf Fehler und geänderte Kundenvor-stellungen wird schnell und nachhaltig reagiert. Dabei werden Führungspersönlichkeiten die Dienstleister für ihre Mitarbeiter (Servant Leadership), wobei die Aufmerksamkeit besonders auf der individuellen Weiterentwicklung jedes einzelnen Mitarbeiters liegt. Gleichzeitig fördert dies eine Vertrauens-, Fehler- und Lernkultur.

Shared Leadership oder *geteilte Führung* bezeichnet die Verteilung von Führung auf unterschiedliche Akteure in dem Sinne, dass es in einem Team nicht nur eine Führungsper-sönlichkeit, sondern mehrere Führende gibt. Denkbare Extremformen sind die Aufteilung der klassischen (hierarchischen) Führung auf zwei oder mehrere (konstante) Führungs-persönlichkeiten im Sinne eines Job Sharings und die Ausübung der Führung durch alle Organisationsmitglieder. In systemischer Sicht wird ein wechselseitiges „Steuern" aller Beteiligten ohnehin zugrunde gelegt, die sich von der herkömmlichen individuellen Füh-rung mit einem hierarchischen und kontrollierenden Managementmodell abgrenzt: Stärke entsteht durch Gemeinschaft, Wertschätzung und Unterstützung, die es ermöglicht, gro-ßen Herausforderungen schnell und effizient zu begegnen. Für die Rolle der (derzeit noch) formalen Führungspersönlichkeit bedeutet dies, vor allem Selbstführung bei sich, seinem Team und der gesamten Organisation zu fördern und den Rahmen zu schaffen, in dem sich diese entwickeln kann.

Neben agilen und Shared Leadership Ansätzen rückte in den letzten Jahren auch *Job Crafting Leadership* in den Fokus. Dies beinhaltet eine proaktive, selbständig initiierte Veränderung eines individuellen Arbeitsplatzes durch den Inhaber des Arbeitsplatzes, wobei die Veränderung gemäß der eigenen Interessen, Stärken und Notwendigkeiten, im Gegensatz zum reinen Abarbeiten von Aufgaben oder von oben verordnete Arbeitsplatz-veränderungen erfolgt. Führungspersönlichkeiten kommt hier die überaus wichtige Rol-le der *Enabler* zu. Sie sind gefragt, die Umgebung für ein gelungenes Job Crafting zu schaffen und den Job Crafting Prozess (Erkennen, Begleiten und Evaluation) zu begleiten.

Somit erinnert dies wieder an die dienende Führungspersönlichkeit. Der Erfolg von Job
Crafting ist dabei gleichermaßen auch von der Ausprägung der Selbstreflexion und Selbstregulierung der Job Crafter und der organisationalen Rahmenbedingungen abhängig.

Ad 4) Grundpfeiler 4 – Sinn. *„Weiche" Führungsansätze* werden durch die *„beweisenden" Erkenntnisse der Neurowissenschaften* wiederbelebt und ausdifferenziert. *Neuroleadership* ist noch ein recht junges Forschungsgebiet und basiert auf den neueren
wissenschaftlichen Erkenntnissen über die Funktionsweise des Gehirns dank der bildge-
benden Verfahren. Goleman et al. haben sich bereits Anfang der 2000er Jahre in ihrem
Bestseller „Emotionale Führung" mit den besonderen Aspekten der Neuroanatomie von
Führung auseinander gesetzt. Andere Autoren postulieren u. a., dass *Veränderung Schmerz*
in Form physiologischer Anstrengung durch Umbildung von Vernetzungen im Gehirn ist.
Hierbei kommt *Neurostress*, also dauerstressbedingten biochemischen Veränderungen und
den daraus resultierenden stressbedingten Erkrankungen eine besondere Bedeutung zu.
Des Weiteren spielt die *aktive Aufmerksamkeit* auf innerpsychische und äußere Prozesse
eine wesentliche Rolle, da aktive Aufmerksamkeit für chemische und physiologische Veränderungen im Gehirn sorgen. Zusätzlich führt das aktive Lenken der Aufmerksamkeit zu
einer Entwicklung der Persönlichkeit. Darüber hinaus bestätigen Studien *humanistische
und behavioristische Grundannahmen*, nämlich die *Bedeutung des Belohnungssystems für
die Motivation* eines Mitarbeiters.

Einen weiteren Einfluss auf Neuroleadership nimmt die *Konsistenztheorie von Grawe* ein, welche auf die positiven Aspekte des „gehirngerechten" Führens fokussiert: Was
brauchen Menschen bei der Arbeit, um sich wohlzufühlen, zufrieden zu sein und gern
und gut zu arbeiten? Die Konsistenztheorie geht von *vier Ebenen* dieses *psychischen
„Wohlbefindens"* aus, die sich wechselseitig beeinflussen: 1) Streben nach Konsistenz, 2)
Streben nach Bedürfnisbefriedigung, 3) die motivationalen (Annäherungs- bzw. Vermei-
dungs-) Schemata und 4) die Verhaltensebene. Empirische Überprüfungen ergeben, dass
diese Ebenen (insbesondere die motivationalen Schemata) einen signifikanten Einfluss
auf Leistung bzw. Gesundheit aufweisen.

Folgende *Schlussfolgerungen* lassen sich *aus den Erkenntnissen des Neuroleadership*
für Organisationen und Führungspersönlichkeiten ableiten: Neuroleadership beweist,
- dass *menschengerechtes, emotionales, mitarbeiterorientiertes und partnerschaftliches
  Führen und* ein entsprechendes *Leadership-Umfeld positive Effekte* auf die Motivation
  und das Wohlbefinden von Menschen sowie auf die Ergebnisqualität haben;
- dass beruflich bedingter *Stress keine Lappalie* ist, sondern zu *bedeutenden psychischen
  und physischen Folgeerkrankungen* führen kann, die die Erkrankungsraten und entsprechend die Kosten in Unternehmen in die Höhe treiben. Im Zuge der demografischen
  Entwicklung können Unternehmen es sich nicht erlauben, die so wertvollen Fachkräfte
  zu verlieren. Dies erfordert eine entsprechende Anpassung der Organisationsstruktur
  und -kultur sowie ein „hirngerechtes" Entscheiden und Verhalten durch die Führungspersönlichkeiten. Ein bedeutender Eckpfeiler stellt hierbei die *Konfliktmanagement*

und Mediationskompetenz von Führungspersönlichkeiten und Führungssystemen dar. Des Weiteren geben Ansätze einer holistischen *„gesunden"* Führung, die sowohl präventive als auch kurative Handlungsweisen umfasst und auf die Gesamtorganisation ausgerichtet ist, hierzu weitere wertvolle Handlungsempfehlungen;

• dass sich *Aufmerksamkeit bzw. Achtsamkeit* zu einer *bedeutenden Erfolgsgröße* im Bereich Leadership entwickelt, da es nachweislich eine Persönlichkeitsentwicklung anstößt. Eine achtsame Führung beginnt dabei mit einer *reflektierten Selbstführung*, die unterschiedlich weiter entwickelt werden kann. In Businesskreisen findet zunehmend die *Meditation* Einzug. *Achtsame und spirituelle Führungsansätze*, die oftmals auf Religionen (wie etwa Christentum, oder Buddhismus) aufbauen, sind somit nicht (mehr) exotisch und esoterisch, sondern erlangen eine *wissenschaftliche Fundierung*.

4.2 Integrative Führungsansätze als Antwort auf die Führungskomplexität in Zeiten des Wertewandels sowie der globalen und dynamischen Veränderungen

Die Entwicklungen der Führungsansätze spiegeln die gleich laufenden Veränderungen innerhalb und außerhalb der Organisationen wider. Hierbei nahm (und nimmt) – neben der stets zunehmenden Führungskomplexität durch die *globalen und dynamischen Veränderungen* – der *Wertewandel* einen großen Einfluss. Mit dem Begriff „Wertewandel" wird eine „vielfach beschriebene und unterschiedlich kommentierte Verlagerung der Prioritäten in der Werteorientierung der Bevölkerung charakterisiert, die sich durch einen Bedeutungsverlust der sog. Pflicht- und Akzeptanzwerte auf der einen und einen Bedeutungsgewinn von *Selbstentfaltungs- und Autonomiewerten* auf der anderen Seite auszeichnet" (Oppolzer 1994, S. 350). Auch wenn der Wertewandel in allen Lebenswelten festgestellt wurde, so gehört zu den besonders vom Wertewandel betroffenen Bereichen die Haltung gegenüber Arbeit und Beruf (vgl. Fürstenberg 1993, S. 193–197). Allerdings ist dieser Wertewandel nicht mit einer Leistungsverweigerung gleichzusetzen: Leistung und Karriere haben weiterhin Bedeutung und das „Bedürfnis, in der Arbeit etwas zu leisten, ist größer denn je" (Opaschowsky 2013, S. 195). Vielmehr wird „die sinnlos erlebte Arbeit (…) in Frage gestellt, nicht die Arbeit an sich" (Regnet 2014, S. 35). Damit erweitert sich das (geforderte) Leadership-Verständnis um die Dimension der Sinnvermittlung:

> Leadership helps reduce ambiguity and uncertainty (…) they do so (…) to achieve concrete, longterm aims and goals. But they do more: Leaders make meaning (…) Leadership matters because leaders add clarity and direction to life and make life more meaningful. (Sashkin und Sashkin 2003, S. 8 f.).

Die Tab. 1 zeigt die Entwicklung der bedeutenden Rahmenbedingungen der Führung.

Die veränderten Rahmenbedingungen der Führung, gepaart mit der Erkenntnis, dass einzelne Variablen der Führung das komplexe Phänomen der Führung nicht mehr be-

Tab. 1 Veränderte Rahmenbedingungen der Führung

Rahmenbedingungen der Führung	Traditionelle Situation (Vergangenheit)	Neue Situation (Gegenwart)
Grundlegende Werte in der Arbeitswelt	(Materialistische) Pflicht- und Akzeptanzwerte wie etwa Disziplin, Unterordnung, Pflichtbewusstsein, Sicherheit und Wohlstand stehen im Zentrum → Erwerbsarbeit als hauptsächlicher Lebensinhalt und primäre Quelle persönlicher Identifikation → signifikante Bedeutung von materiellen Gratifikationen und Karriereambitionen	Selbstentfaltungs- und Autonomiewerte wie etwa Individualität, Selbstverwirklichung, Partizipation, Abwechslung und Freude erhalten eine zunehmende Bedeutung → wachsende Relevanz von persönlicher Entfaltung, Anerkennung und Mitbestimmung am Arbeitsplatz → Werte- und Sinnfragen gewinnen in der Arbeitswelt immer mehr an Bedeutung → zunehmende Bedeutung der Freizeit und des Privatlebens sowie der Work-Life-Balance → Gesundheit rückt in den Fokus – auch vor dem Hintergrund der gestiegenen psychosozialen Störungen und Belastungen am Arbeitsplatz → zunehmende Individualisierung: Die Wünsche und Ziele der Menschen sind ausgeprägter und differenzierter
Veränderung	Kontinuität: Stetige, berechenbare Entwicklungen → hohe Bedeutung der Erfahrung von Einzelnen → Ist-Denken → Lineares Denken	Wandel: Unstetige, unberechenbare Entwicklungen → Relativierung der Erfahrung: Viele Sichtweisen und Perspektiven führen zur optimalen Lösung → Soll-Denken → mehrdimensionales, agiles und vernetztes Denken
Strukturwandel, Technisierung und Digitalisierung	Zunehmend technischer Fortschritt (aber noch keine Digitalisierung) und Bedeutungszuwachs des Tertiären Sektors → Mehr Arbeitsverhältnisse im Dienstleistungssektor → Zunehmend stärkerer Fokus auf das „Humankapital"	Digitale (elektronische) Revolution und weiterer Bedeutungszuwachs des Tertiären Sektors → Informationsexplosion und damit einhergehende Komplexität → Virtuelle Organisation(seinheiten) → Schnelle und ständige Erreichbarkeit → Entgrenzungstendenzen von Work & Life
Komplexität	Niedrige Komplexität → Durchschaubare, verständliche Abläufe → Aufgaben-/Abteilungsorientierung → Regionalität → Lineares, fallweises Problemlösen	Hohe Komplexität → Nicht leicht durchschaubare und verständliche Abläufe → Unternehmens-/Umweltorientierung → Globalisierung → Komplexes, innovatives, agiles, systemisches und vernetztes Problemlösen

Abb. 2 InLeaVe® New
Leadership Modell

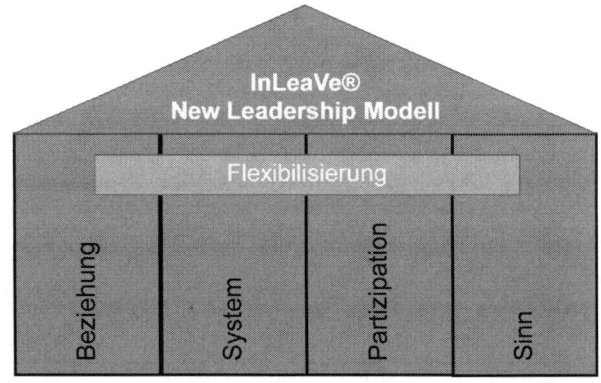

schreiben können, riefen *mehrdimensionale, integrative Führungsansätze* ins Leben. Im Gegensatz zu Erklärungsansätzen, die mehr auf den Status Quo bzw. die Vergangenheit gerichtet waren, rückten Führungsansätze in den Mittelpunkt, die stärker zukunftsorientiert und von der Entwicklungsfähigkeit von Führung in einer Organisation geprägt sind (vgl. Felfe 2009, S. 43; Felfe 2005, S. 18). Als Zeitpunkt für die Entstehung neuer Führungsansätze werden häufig die 1970er und 1980er Jahre genannt (vgl. Van Seters und Field 1990; Bryman 1999; Parry und Bryman 2006; Neuberger 2002; Northouse 2012; Alvesson und Spicer 2012). Bryman (1999, S. 32) spricht im Zusammenhang mit der transformationalen und charismatischen Führung von einem „New Leadership Approach" (vgl. auch Parry und Brymann 2006, S. 450). Auch wenn unterschiedliche Foki im Zentrum der New Leadership Ansätze stehen, weisen die modernen mehrdimensionalen und integrativen Führungsansätze gemäß *InLeaVe® New Leadership Modell vier gemeinsame tragende Grundpfeiler* auf:

- *Grundpfeiler 1 – Beziehung*
- *Grundpfeiler 2 – System*
- *Grundpfeiler 3 – Partizipation*
- *Grundpfeiler 4 – Sinn*

Die Grundpfeiler sind zwar in der Grundidee statisch, aber in der konkreten Ausgestaltung organisationsspezifisch und dynamischer Natur. Entsprechend liegt „Flexibilisierung" als Querelement über alle vier Grundpfeiler. Das *InLeaVe® New Leadership Modell* verdeutlicht in Abb. 2 diesen Zusammenhang.

4.3 Begriffskorrektur: Vom Management zu Leadership

Begleitend zu den veränderten Rahmenbedingungen der Führung unterliegt auch der *Führungsbegriff* selbst einer *Evolution*: Management wurde durch *Leadership* weitgehend abgelöst (kritisch hierzu Hegele-Raih 2004). Zaleznik (1977) und insbesondere Kotter

(1982) werfen den Begriff Leadership auf und erläutern den Unterschied zwischen Managern und wahren Leadern: Manager seien eher Verwalter, Leader dagegen *Visionäre*. Management stehe eher für das perfekte Organisieren der Abläufe, Planen und Kontrollieren. Leadership bedeute dagegen *Inspiration und Empowerment* der Geführten und schaffe *Kreativität, Innovation, Sinnerfüllung und Wandel*. Peters und Austin (1985) klagten in ihrem Bestseller „A Passion for Excellence", unsere Organisationen seien „overmanaged" und „underled". Es gebe zu viele Bürokraten, aber zu wenig mitreißende Führungspersönlichkeiten. In Anlehnung an Hauser (2013, S. 285 f.) ist zugleich das *Paradigma für Leadership* im Vergleich zur Management-Philosophie *radikal anders*:

> Während letztere von einer klaren Überlegenheit des omnipotenten Managements über die quasi zum Sachgegenstand degradierte Organisation ausgeht, erfordert die Leadership-Philosophie, die die Organisation als lebendigen Organismus ansieht, ein anderes Verständnis der Führungsrolle: So müssen echte Leader für die optimalen Rahmenbedingungen sorgen, um Stabilität und Entwicklung gleichermaßen zu ermöglichen.

4.4 Erster Grundpfeiler: Führung als Interaktions- und Beziehungsphänomen – transformationale Führung

Mit dem modernen Führungsverständnis rückten *interaktions- und beziehungsorientierte Ansätze* sowie die transformationale Führung in der Vordergrund der Betrachtung. Diese beleuchten die Interaktionen und Beziehungen der Führungspersönlichkeit(en) zu anderen Elementen (wie Geführte, Gruppe, Organisation) der Führung.

Eine der ersten interaktions- bzw. beziehungsorientierten Führungsansätze ist die *Theorie der Führungs-Dyaden von Danserau et al. (1975)*, die später zur *Leader-Member-Exchange-Theorie (LMX)* ausgearbeitet wurde (vgl. Graen und Uhl-Bien 1995; Liden et al. 1997). Der LMX-Ansatz postuliert, dass die Qualität der Austauschbeziehung (ausgedrückt auf einer LMX-Skala) zwischen der Führungspersönlichkeit und den einzelnen Geführten jeweils unterschiedlich sein kann – die Geführten werden nicht mehr als Kollektiv gesehen, sondern es wird ihre Individualität anerkannt. Je nach Beziehungsqualität können die Geführten in zwei verschiedene Gruppen unterteilt werden: in-group (Innengruppe), d. h. Mitarbeiter, die eine gute Beziehung zur Führungspersönlichkeit haben und Verantwortung über ihre eigene Rolle hinaus übernehmen, und out-group (Randgruppe), die genau (nur) die Rolle erfüllen, die die (formale) Aufgabenbeschreibung für sie vorsieht. Dabei konnte gezeigt werden, dass die Mitarbeiterfluktuation bei Innengruppenmitgliedern niedriger ist, und dass diese mehr positive Leistungsbeurteilungen und Beförderungen erhalten. Dementsprechend argumentieren Vertreter der LMX-Theorie, dass Führungspersönlichkeiten versuchen sollen, in-group-Beziehungen zu allen Geführten aufzubauen. Als Grundlagen dieser Beziehungen werden Fairness und eine offene Kommunikation angesehen. Als Ergebnis resultiert eine partnerschaftliche Beziehung zwischen Führungspersönlichkeit und Geführten, die auf gegenseitigem Vertrauen und Respekt fußt. Gerstner und Day (1997) unterstreichen in ihrer Metaanalyse signifikant positive Effekte zwischen

LMX und insbesondere subjektiven Einschätzungen durch Führungspersönlichkeit und Mitarbeiter hinsichtlich Zufriedenheit mit der Führung, allgemeiner Zufriedenheit, Commitment und bestehender Rollenklarheit von Mitarbeitern innerhalb ihres Unternehmens. Die Zusammenhänge zwischen LMX und objektiven Leistungsindikatoren, wie etwa Innovationsleistungen, fallen indes deutlich geringer aus (vgl. Gebert 2002). Zudem gibt die LMX-Theorie keine detaillierten Vorschläge, wie Führungspersönlichkeiten diese komplexen, qualitativ hochwertigen Beziehungen zu ihren Geführten aufbauen können.

Das *Servant-Leadership-Modell von* Greenleaf (1977) stellt sich gegen das Paradigma der Führung durch Macht und Zwang von oben und fordert, dass Führungspersönlichkeiten ihren Geführten dienen sollen. Das *Konzept der dienenden Führungspersönlichkeit* wird auch heute noch in vielen Führungsansätzen vertreten (vgl. ausführlich Schnorrenberg et al. 2014). Secretan (2006) schreibt in seinem Bestseller „Inspire" (*Inspirieren statt motivieren*), dass „die erste Priorität von Führungskräften neuen Typs das Dienen sei: Die dienende Führungspersönlichkeit weiß, dass Menschen sich danach sehnen, gehört und miteinbezogen zu werden – nicht in einer förmlichen Debatte, sondern im echten Dialog, nicht von Verstand zu Verstand, sondern von Herz zu Herz." (Secretan 2006, S. 198). Dies erinnert zugleich auch an die *emotionale Führungstheorie* von Daniel Goleman et al. (2003, S. 9), die besagt, dass die grundlegende Aufgabe von Führungspersönlichkeiten darin besteht, „in den Menschen, die sie führen, positive Gefühle zu erwecken", indem diese „*Resonanz* erzeugen – ein Reservoir an positiven Gefühlen, das das Beste in den Menschen hervorbringt. Parallel wurde auch das „dialogische" Gedankengut von der Hardenberg-Schule entwickelt, welches in die *Dialogische Führung* (vgl. Dietz und Kracht 2011; Dietz 2016) kulminierte. Diese „*weichen" Führungsansätze bestimmen bis heute den Leadership Gedanken* und rücken *durch die „beweisenden" Erkenntnisse von Neuroleadership* erneut in den Fokus der Aufmerksamkeit.

Choi und Mai-Dalton (1998, 1999) erweiterten die Idee der dienenden Führungspersönlichkeit um das Konzept der *selbstaufopfernden Führenden*, die bereitwillig ihre eigenen Interessen, Belohnungen und Privilegien aufgeben, um das Wohlergehen ihrer Geführten zu fördern. Auch diese Ideale finden sich heute noch beispielsweise im *Social Entrepreneurship* und in der *Corporate Social Responsibility*. Die Individualität der Mitarbeiter kann es auch erforderlich machen, dass in einer Organisation *verschiedene oder kombinierte Führungssysteme (Top-Down/Bottom-Up bzw. Shared Leadership)* erforderlich werden (vgl. hierzu die „gelebte Vielfalt" bei der Haufe-umantis AG (Stoffel 2016)).

Die Theorie der *Transformationalen Führung* wurde *erstmals* Ende der 1970er Jahre von *Burns (1978)* beschrieben und ist *auch heute noch von großer Bedeutung*, da diesem Ansatz die Einbeziehung der intrinsischen Motivation und die Entwicklung der Führungskräfte und Geführten zugeschrieben wird (vgl. Steiner und Felten 2013, S. 51). Die Theorie basiert auf der Annahme, dass Führung einen Prozess darstellt, der Führende und Geführte verändert, sie „transformiert" und so einerseits zu erhöhter Produktivität, aber andererseits auch zu einem moralischen Verhalten führt. Parallelen zu obigen dienenden, emotionalen und dialogischen sowie auch zu *ethischen Führungsansätzen* (z. B. Ciulla 2004) werden hier deutlich. Bass und Avolio (1994) unterscheiden *vier Dimensionen* (zum

„magischen Viereck" vgl. auch Steiner und Felten 2013, S. 51–53), die transformationales Führungsverhalten ausmachen:

- *Inspirierende Motivation:* Die transformationale Führungspersönlichkeit formuliert anspruchsvolle Ziele und entwickelt attraktive Zukunftsvisionen. Sie fördert gleichzeitig den Teamgeist und vermittelt Zuversicht und Vertrauen, dass die Gruppe die hohen Ziele auch erreichen kann.
- *Intellektuelle Stimulierung:* Die transformationale Führungspersönlichkeit regt die Mitarbeiter „als Spezialisten für ihr Aufgabengebiet" zu eigenständigem Problemlösen und zum kritischen Hinterfragen von Gewohnheiten an und fördert damit Kreativität und Innovationsbereitschaft.
- *Individuelle Förderung:* Die transformationale Führungspersönlichkeit geht auf die individuellen Bedürfnisse der Mitarbeiter ein und entwickelt gezielt ihre Fähigkeiten und Stärken on the job und off the job durch Lob und konstruktive Kritik, durch Übertragung von verantwortungsvollen Aufgaben und durch die Einbeziehung von Entscheidungen und spezifische Entwicklungsangebote. In der Rolle als Coach ermutigt und fordert die Führungspersönlichkeit ihre Mitarbeiter, die persönliche Entwicklung eigenverantwortlich zu „managen".
- *Idealisierter Einfluss:* Die transformationale Führungspersönlichkeit wird hohen moralischen Ansprüchen und Leistungsstandards gerecht, die sie authentisch lebt. Ihr Vorbildverhalten fördert das Vertrauen im Team, um gemeinsame Herausforderungen zu bewältigen. Durch ihre eigene Glaubwürdigkeit und Begeisterung erreicht sie eine charismatische Wirkung.

Mit der verfolgten „Transformation" des Führungsansatzes gibt es Parallelen zu dem *in der Soziologie gängigen Ansatz des Lernprozesses der Führung*, der von einem Prozess des Austauschs und des Lernens zwischen Führenden und Geführten ausgeht (vgl. hierzu ausführlich von Au 2016): Die Führungspersönlichkeit lernt sukzessive, welches Verhalten welche Reaktionen (z. B. Zustimmung oder Widerstand) der Mitarbeiter hervorruft. Die Mitarbeiter lernen, welches Verhalten bestimmte Konsequenzen durch die Führungspersönlichkeit auslöst. Die Führungsperson wird also immer sowohl durch persönliche Merkmale als auch durch Situationsvariablen geprägt, die das Führungsverhalten beeinflussen. Diese wird wiederum während der Führungstätigkeit durch Lernprozesse verändert.

Der transformationale Führungsansatz wird meist durch den Vergleich mit dem *transaktionalen Führungsansatz* erklärt. Letzterer beruht auf rationalen Austauschbeziehungen zwischen Führungskraft und Geführten: Die Geführten haben mit positiven oder negativen Konsequenzen bezogen auf ihr Verhalten zu rechnen. Die Führungskraft kontrolliert sowohl den Weg (sie kann erleichtern oder blockieren) als auch das Ziel (sie kann Belohnungen oder Bestrafungen vergeben). Im Unterschied hierzu wird der *transformationale Führungsansatz* durch folgende Charakteristika geprägt: Zum einem entwickelt die Führungskraft eine *sinnstiftende*, auf den Grundwerten der Organisation basierende und langfristige *Vision* für die gesamte Organisation, die als übergeordnetes Ordnungsprinzip für alle Aktivitäten auf allen Hierarchieebenen dient. Zum anderen sollen die Geführten durch *Empowerment* aktiv an der Umsetzung und Zielerreichung der Vision und den damit verbundenen sozialen Veränderungen partizipieren. Hierbei ist Aufgabe der Führungspersönlichkeit, sie darin zu unterstützen bzw. dazu in die Lage zu versetzen. Gemessen können transformationale und transaktionale Führung mit einem von Bass und Avolio (1990) entwickelten Fragebogen, den *Multifactor Leadership Questionaire (MLQ)* (vgl. auch Geyer und Steyrer 1998). Mit Hilfe des MLQ können Mitarbeiter ihren Vorgesetzten beurteilen.

Die Begriffe transformationale und *charismatische Führung* (vgl. grundlegend Paschen 2016) werden in Forschung und Praxis oftmals *synonym* verwendet (kritisch Yukl 2012). *Neuberger (2002)* unterscheidet hingegen die beiden Führungsansätze wie folgt: So würden transformationale Führungspersönlichkeiten primär beabsichtigen, dass die Geführten die Werte und Ziele der Organisation internalisieren. Somit ständen Empowerment, Förderung und Lernen der Geführten im Vordergrund. Hingegen ginge es den charismatischen Führungspersönlichkeiten eher darum, eine stärkere persönliche Identifikation mit ihrer Person bei den Geführten zu erzeugen. Entsprechend seien mit der „*dark side of charisma*" (Conger und Kanungo 1998) auch größere Gefahren des kritiklosen Nachfolgens verbunden. Andere Ansätze sehen die beiden *Begrifflichkeiten in einem Über- bzw. Unterordnungsverhältnis*: Während Conger und Kanungo (1998) Charisma als übergreifenden Begriff ansehen, sieht Bass (1985) die transformationale Führung als übergeordnetes Konzept an. Weitere (Aus-) Differenzierungen wurden vorgenommen (vgl. hierzu ausführlich Pelz 2016). Im Vergleich zu den transaktionalen Führungsansätzen konnte dabei mit einer Vielzahl von Studien nachgewiesen werden, dass transfomationale Führungsansätze einen höheren Beitrag zu verschiedenen Erfolgsfaktoren im Bereich Führung liefern (vgl. Lowe et al. 1996; Pelz 2016).

In den letzten Jahren rückt vor dem Hintergrund des geforderten Paradigmenwechsels (Forum Gute Führung 2015) und dem Ruf nach mehr *Frauen in Führungspositionen und Aufsichtsräten* die *genderorientierte Führung* immer mehr in den Blickpunkt (vgl. hierzu ausführlich Hernandez et al. 2016). In Abweichung zur *Gleichheitstheorie* „Frauen und Männer führen gleich" (vgl. hierzu Glaesner 2007, S. 43–45) kommt die Forschung zu den nachfolgenden Ergebnissen.

- *Differenztheorie*: Im Sinne der *eindimensionalen Führungsstiltheorie von Kurt Lewin* (vgl. Abschnitt 3.3.) entspricht der kooperative Führungsstil einer eher weiblichen und der autoritäre Stil einer eher männlichen Führungsvorstellung. Betrachtet man die drei Führungsverhaltensweisen, so weist die demokratische bzw. partizipative Führung die höchste Übereinstimmung mit weiblich-konnotierten Persönlichkeitseigenschaften auf. Um Führungswirksamkeit zu erhöhen, sollten demnach weibliche Führungskräfte vor allem kooperative Führungsverhaltensweisen nutzen. Empirische Studien bestätigen, dass Frauen kooperativer als Männer führen (vgl. Eagly und Johnson 1990, van Engen und Willemsen 2004). Bei der *zweidimensionalen Führungsstiltheorie von der Ohio State University* (vgl. Abschnitt 3.3.) weist die Mitarbeiterorientierung eine höhere

Übereinstimmung mit weiblich-konnotierten und die Aufgabenorientierung eine höhere Übereinstimmung mit männlich-konnotierten Persönlichkeitseigenschaften auf. Die
transformationale Führung wird aufgrund ihrer hohen Mitarbeiterorientierung als eher
weiblich-konnotierte Führung bezeichnet (vgl. Eagly und Karau 2002). Somit stellt
transformationales Führungsverhalten eine Möglichkeit für weibliche Führungskräfte
dar, die Inkongruenz zwischen den Erwartungen basierend auf ihrer weiblichen Ge-
schlechtsrolle (kommunal) und der Führungsrolle (agentisch) zu reduzieren und sollte daher stärker von Frauen als von Männern genutzt werden (vgl. Eagly und Karau
2002). Auch dieser Zusammenhang zwischen Geschlecht und transformationaler Führung wurde empirisch bestätigt (vgl. Eagly et al. 2003; Gartzia und van Engen 2012;
Lopez-Zafra et al. 2012). Frauen zeigen nicht nur mehr transformationales Führungsverhalten als Männer, sondern es wird auch stärker von ihnen erwartet (vgl. Vinkenburg
et al. 2011).

• *Komplementaritätstheorie*: Im Unterschied zu den oben dargestellten Gegensätzlich-
keiten der beiden Geschlechterrollen bzw. des weiblich- und männlich-konnotierten
Führungsverhaltens rückt in der neueren Führungsforschung zunehmend deren Kom-
plementarität in den Vordergrund. Bem (1974) spricht in diesem Zusammenhang von
Androgynität. Diese umfasst insbesondere die Fähigkeit, inkonsistente, d. h. nicht dem
biologischen Geschlecht entsprechende Persönlichkeitseigenschaften in das eigene
Selbst zu integrieren. Somit sind androgyne Führungskräfte in der Lage, in ihrem Verhalten männlich-konnotierte und weiblich-konnotierte Persönlichkeitseigenschaften zu
kombinieren (vgl. Gartzia und van Engen 2012; Kark et al. 2012). Studien zeigen, dass
androgyne Führungspersönlichkeiten in ihrem Führungsstil als transformaler eingeschätzt und von ihren Mitarbeitenden positiver bewertet werden (vgl. Kark et al. 2012).
Ferner sind androgyne Führungskräfte sehr effektiv im Erreichen positiver organisationaler Ergebnisse (vgl. Kaufman und Grace 2011).

4.5 Zweiter Grundpfeiler: Verabschiedung vom Individualmodell und Hinwendung zum systemischen Führungsansatz

Die in den *1960er Jahren* entwickelten und auch heute noch einen besonderen Stellenwert
einnehmenden *Systemorientierten Führungsansätze* beziehen sich nicht mehr nur auf die
Führungspersönlichkeit und ihr Verhalten, sondern versuchen die Organisation als Ganzes, als System zu erfassen. Allen entwickelten systemischen Ansätzen ist gemein, dass
sich die Organisation durch *Selbstorganisation (Autopoiese)* selbst reguliert und nicht von
außen direkt steuerbar ist. Somit unterscheiden sich die systemischen Ansätze grundlegendend von klassischen Managementkonzepten, in denen (fälschlicherweise) postuliert
wird, dass Führungskräfte das Geschehen in Organisationen zielgerichtet und aktiv steuern können:

Wer meint, dass ein Unternehmensleiter ein Unternehmen leiten kann,
der glaubt auch, dass ein Zitronenfalter Zitronen falten kann.

Die systemischen Ansätze basieren auf den *Erkenntnissen der Kybernetik und der neueren Systemtheorie nach Niklas* Luhmann (1987*)*. Das Wort Kybernetik ist aus dem griechischen Wort „kybernetike" abgeleitet und bedeutet Steuermann (vgl. Wiener 1968, S. 32). Kybernetik beschäftigt sich mit der Informationsverarbeitung in dynamischen Systemen und mit deren Regelung und Steuerung. Für die Bildung kybernetischer Modelle werden die *Struktur* (gekennzeichnet durch Systemgrenzen, Teilsysteme und Elemente des Teilsystems), die *Beziehung* (zwischen allen Systemelementen) sowie das *Verhalten* (Art der Beziehungen bzw. Relationen) der dynamischen Systeme erforscht (vgl. Fees 2015). Die Systemtheorie beinhaltet – neben dem Kerngedanken, dass es nicht eine einheitliche organisatorische, sondern nur eine „konstruierte" Wirklichkeit gibt – im Kern die folgenden *drei Leitdifferenzen* (vgl. Stippler 2010, S. 1–2):

1. *Teil – Ganzes:* Jedes System wird als Ganzes gesehen, wobei die Systemteile miteinander vernetzt und verbunden sind. Das Ganze ist somit mehr als die Summe der Teile. Es gibt Eigenschaften des Systems, die auch durch Kenntnis der einzelnen Elemente nicht vorhersehbar sind.
2. *System – Umwelt:* Jedes System wird als Wirklichkeitsbereich eigener Organisation und Struktur von seiner Umwelt abgegrenzt. Allerdings besteht eine Anpassungs- und Austauschbeziehung mit dieser Umwelt.
3. *Identität – Differenz:* Geschlossene Systeme heben sich durch Grenzziehung von ihrer Umwelt ab und konstituieren somit Identität. Diese Systeme sind nicht direktiv von außen steuerbar; Inputs jeglicher Art werden nach der eigenen Gesetzmäßigkeit des Systems (Selbstorganisation/Autopoiese) verarbeitet.

Systemisch denkende Führungspersönlichkeiten erkennen sich und ihre Geführten als zum jeweiligen System zugehörig. Die (System)vernetzten Beziehungen führen dazu, dass jede Verhaltensweise und Handlung eine Wirkung auf das (Gesamt)System hat. Systemische Führung betrachtet dabei weniger das einzelne Individuum als isoliert und unabhängig, sondern fokussiert verstärkt auf (Kommunikations-)Prozesse aus interaktiven Abhängigkeiten zwischen den einzelnen interagierenden Individuen des Systems (Mitarbeiter, Kollegen, Kunden, Lieferanten, etc.). Hindernisse aus den gegebenen Regelkreisen (z. B. verdeckte Kommunikationsmuster) können nachvollzogen und in Zusammenhang zu den sozialen Regeln (Organisationskultur) des jeweiligen Systems (auch zu seiner bisherigen Entwicklung) entsprechend abgestimmt werden. Systemisch handelnde *Führungspersönlichkeiten* setzen dabei aufgrund ihrer *Persönlichkeit und Haltung* Entwicklungsprozesse in Gang und *verbessern Strukturen und Beziehungen in Organisationen* (zu weiteren Details der systemischen Führung vgl. Schmid 2016). Damit ist ein Leader „dann am besten, wenn die Leute kaum merken, dass es ihn gibt" (LaoTze, zitiert nach Weinert 2004, S. 457).

Dabei gibt es *nicht „den" systemischen Führungsansatz*, sondern – je nach Disziplinpräferenz und Schwerpunktsetzung – sehr viele (vgl. Schmid 2016). So generieren beispielsweise Graf et al. (2016) auf der Basis von Theorien sozialer Systeme aus der

Soziologie (Willke 2000) und Sozialpsychologie (Witte 1994) den *synergetischen Führungsansatz* mit dem Fokus auf eine Operationalisierung, um „dem häufig in die Richtung der Systemtheorie formulierten Vorwurf der abschreckenden Unverständlichkeit zu entgehen und eine vorauseilende Ablehnung des synergetischen Ansatzes zu vermeiden" (Graf et al. 2016). Dabei räumen die Autoren gleichermaßen ein, dass „bei der Adaption der systemtheoretischen Perspektive auf die Führungsforschung nicht immer auf diese „Geheimsprache" verzichtet werden kann, weil in der systemtheoretischen Terminologie auch Phänomene erfasst werden, zu denen die übliche Beobachtungssprache keine Analogien bietet" (Graf et al. 2016).

Im (systemischen) Führungsprozess nimmt dabei auch die Symbolisierung eine bedeutende Rolle ein: Nach der *symbolischen Führung* kommt es nicht allein nur darauf an, *was* im Führungsprozess geschieht, sondern *wie* die Führungspersönlichkeit agiert und wie dieses Tun von den Geführten gedeutet wird (vgl. von Rosenstiel 2014, S. 23). So macht es einen Unterschied, ob eine Unternehmens- oder Führungsentscheidung durch eine E-Mail oder persönlich einem oder mehreren Geführten mitgeteilt wird. Diesbezüglich gibt es *organisations(teil)spezifische Symbole, Rituale und Traditionen*, die für die Führungsakzeptanz eine bedeutende Rolle spielen. So liegen im Kern einer jeden Organisationskultur bestimmte „Werte- und Glaubensvorstellungen, Unternehmensgrundsätze und -philosophien" zugrunde, die „nicht einfach geschaffen und auch nicht willkürlich rasch modifiziert" werden können. „Der Kulturkern … erwächst aus Tradition, wandelt sich aber mit veränderten Wertehaltungen der Mitarbeiter und der Einsicht in neue Anforderungen des Marktes und der Gesellschaft." (von Rosenstiel 2014, S. 23; zur bedeutenden Unternehmenskultur vgl. auch von Au 2016).

Das *Social Identity Model of Leadership* (vgl. Hogg und van Knippenberg 2003) postuliert, dass Führung einen umso größeren Einfluss auf die von ihnen geführten Gruppenmitglieder hat, je größer die „*prototypische Passung*" mit der Gruppe ist. Das bedeutet, dass die Vorstellung darüber, welche Eigenschaften Führungspersönlichkeiten besitzen sollten, kontextabhängig sind und sich je nach Gruppe bzw. Organisation unterscheiden können. Untersuchungen zeigen dabei, dass prototypische Führungskräfte mehr Sympathie und Einfluss haben, selbst wenn sie Fehler machen oder weniger fair bzw. partizipativ führen als Führungskräfte, die weniger prototypisch sind. Gleichzeitig können Führungskräfte an ihrer Prototyp-Wahrnehmung arbeiten (zum Social Identity Approach vgl. ausführlich Hernandez et al. 2016).

4.6 Dritter Grundpfeiler: Agile Führung, Shared und Job Crafting Leadership als Anforderung der zunehmenden Partizipation und Flexibilisierung

Die Schnelllebigkeit innerhalb und außerhalb von Organisationen und die damit erforderlichen rasanten Veränderungen sowie der immer lauter werdende Ruf nach Flexibilisierung und Partizipation rücken – vor dem Hintergrund des demografischen Wandels – agile und demokratische bzw. kooperative Führungsansätze in den Vordergrund. Hierbei lassen sich *drei (neue) Hauptströmungen* wahrnehmen:

1. *Die agile Führung,*
2. *die geteilte Führung und*
3. *Job Crafting Leadership*

Agile Führung (vgl. hierzu ausführlich Häusling und Rutz 2016) fordert, flink und beweglich (lateinisch agilis) zu sein, d. h. starre Planungen durch schlanke, überschaubare Planungs- und Umsetzungszyklen mit konkreten Ergebnissen zu ersetzen und interdisziplinär in kurzen Iterationen zu arbeiten, um schnell agieren und reagieren zu können. Abläufe und Prioritäten werden dabei regelmäßig kritisch hinterfragt; auf Fehler und geänderte Kundenvorstellungen wird schnell und nachhaltig reagiert. Um der Komplexität und der Geschwindigkeit des Umfeldes adäquat begegnen zu können, bedarf es nach Häusling und Rutz (2016) *sechs Ebenen der Organisationsanpassungen*:

1. Organisationsstrategie mit agilem Fokus.
2. Implementierung agiler „end-to-end"-Prozesse: Hier können Management-Frameworks aus der Softwareentwicklung – wie Scrum – einen wertvollen Beitrag leisten (vgl. auch Kasch 2013).
3. Implementierung einer agilen Organisationsstruktur: Netzwerkstrukturen statt hierarchisch geprägten Anordnungen, Interdisziplinäre Teams statt Ab-„Teilungen".
4. Implementierung einer agilen Organisationskultur mit einem positiven Mitarbeiter-Menschenbild (Y) von McGregor (1966) und einer ausgeprägten Vertrauens- und Fehler- und somit Lernkultur.
5. Führungspersönlichkeiten und Human Resources, die das agile Konzept tatsächlich „(vor-) leben", d. h. die operative Verantwortung in die Teams geben und sich ihren tatsächlichen Hauptaufgaben widmen: Strategieentwicklung, Bereitstellen adäquater Rahmenbedingungen und Mitarbeiterführung.
6. Moderne und flexible Personalinstrumente als „Wirk-Zeuge" nutzen, um ihre Mitarbeiter (lateral) zu führen und optimal zu unterstützen.

Damit werden Führungspersönlichkeiten die *Dienstleister für ihre Mitarbeiter* (vgl. auch Servant Leadership, Abschn. 4.4.), wobei die Aufmerksamkeit besonders auf der individuellen Weiterentwicklung jedes einzelnen Mitarbeiters liegt (vgl. Häusling und Rutz 2016). Gleichzeitig fördert dies eine Vertrauens-, Fehler- und Lernkultur (vgl. von Au 2016).

Shared Leadership oder *geteilte Führung* (vgl. hierzu ausführlich Werther 2016) bezeichnet die Verteilung von Führung auf unterschiedliche Akteure in dem Sinne, dass es in einem Team nicht nur einen, sondern mehrere Führende gibt. *Verwandte und teilweise synonym verwendete Konzepte* sind die *kollaborative Führung* (Kramer und Crespy 2011), die *komplementäre Führung* (Kaehler 2014) und die *distributive Führung* (Pearce et al. 2010) (zur Entwicklung und nicht mehr zeitgemäßen Hierarchie vgl. grundlegend Schwarz 2016).

Werther (2013, S. 13) *definiert* Shared Leadership wie folgt:

Geteilte Führung ist ein dynamischer sozialer Einflussprozess innerhalb eines Teams oder einer Organisation, bei dem mehrere formelle oder informelle Führungspersonen gemeinsam (d. h. zur gleichen Zeit) oder rotierend (d. h. zu verschiedenen Zeiten) auf ein kollektives Ziel hinwirken.

Hierbei gibt es (theoretisch) verschiedene Verteilungs- und Wirkungsmöglichkeiten. Eine *enge Form der geteilten Führung* wäre die Aufteilung der klassischen (hierachischen) Führung auf zwei oder mehrere (konstante) Führungspersönlichkeiten im Sinne eines *Job Sharings*. Eine *weitere (Extrem-) Form der geteilten Führung* wäre, dass *alle Organisationsmitglieder Führung* ausüben. Wimmer (2011) hat mit seiner *„organizational capability"* den Anspruch, Führungsdenken und -verantwortung auf allen Ebenen zu nutzen, um schneller und effektiver zu werden. Somit entspricht dieser Ansatz der geteilten Führung der *systemischen Sichtweise* (vgl. Abschnitt 4.5.), da hier ein wechselseitiges „Steuern" aller Beteiligten ohnehin zugrunde gelegt wird. In diesem Sinne unterscheidet auch Raelin (2003) die *„Leaderful Practice"* einer kollektiven Führung von der herkömmlichen individuellen Führung wie folgt: Die herkömmliche Führung basiert auf einem hierarchischen und kontrollierenden Managementmodell. Leaderful Practice hingegen stellt eine konsequente Fortführung des organisch-systemischen Leadership-Ansatzes dar. Stärke entsteht durch Gemeinschaft, Wertschätzung und Unterstützung, die es ermöglicht, großen Herausforderungen schnell und effizient zu begegnen (vgl. Hauser 2013). Pearce und Sims (2001) definieren Shared Leadership als eine Führung, die von Teammitgliedern ausgeht und nicht nur einfach von einem ernannten Führenden. Pearce und Conger (2003) verstehen unter ihr einen dynamischen, interaktiven Beeinflussungsprozess zwischen Individuen und Gruppen mit dem Ziel, einander zu führen, zur Erreichung von Gruppen- oder Organisationszielen oder beidem. Dieser Einfluss beinhalte oft laterale Beeinflussung, also durch Gleichrangige, zu anderen Zeiten aufwärtsgerichtete oder abwärtsgerichtete hierarchische Beeinflussung. Des Weiteren entstehe geteilte Führung, wenn Gruppenmitglieder die Rolle des Führenden aktiv und zielgerichtet aneinander abgeben, so wie es die Umwelt oder die Bedingungen erfordern, innerhalb derer die Gruppe operiert. Hoch und Dulebohn (2013) sind der Meinung, geteilte Führung beschreibe eine kollektive Team-Führung durch die Teammitglieder und sei charakterisiert durch kollaboratives Entscheiden und geteilte Verantwortung für die Ergebnisse.

Wie Pearce und Sims (2001) zusammenfassend feststellen, beinhalten alle Definitionen der geteilten Führung einen Beeinflussungsprozess, der auf mehr als nur hierarchisch abwärtsgerichteter Beeinflussung von (und Macht auf) Gefolgschaften oder Mitarbeitern durch einen ernannten Führenden beruht. Die zukunftsweisenden Entwicklungstendenzen des Shared Leadership- Gedankens erfordern vor allem, Bedingungen zu schaffen, unter denen sich eine *Leaderful Practice* im Unternehmen entwickeln kann (vgl. Hauser 2013). Zentral dafür ist „die innere Haltung mit nach außen gelebten Kompetenzen für mehr Kooperation, gemeinsames Engagement und Innovation" (Künkl et al. 2012, S. 45). Für die Rolle der (derzeit noch) formalen Führungspersönlichkeit bedeutet dies, vor allem *Selbstführung* bei sich, seinem Team und der gesamten Organisation zu fördern und den

Rahmen zu schaffen, in dem sie sich entwickeln kann (ähnlich Hauser 2013). Hierbei wird deutlich, dass bei der Entwicklung von Führungspersönlichkeiten und der gesamten Führungsorganisation nicht Tools und Methoden im Vordergrund stehen sollten, sondern vielmehr die *(Weiter-) Entwicklung der Haltung und der Reflexion aller Organisationsmitglieder* (vgl. auch von Au 2016).

Zusätzlich können *diagnostische Persönlichkeitstools*, wie z. B. *Facet5* (www.facet5.com), oder auch *Teamrollenmodelle*, wie z. B. *Belbin-Teamrollen* (www.belbin.de), hilfreich sein. Vertreter der *psychodynamischen Ansätze* (vgl. Stech 2007) argumentieren, dass Führungskräfte, die ihre eigene Persönlichkeit und Attribute kennen, als auch die Persönlichkeiten der Geführten, die Stärken ihrer Geführten fördern und ihre Schwächen ausgleichen können. Das Wissen, wie unterschiedliche Persönlichkeitstypen interagieren und was unterschiedliche Persönlichkeitstypen brauchen, um erfolgreich zu sein, bietet somit eine Möglichkeit zur Analyse und zur Verbesserung der Arbeitsbeziehungen (vgl. Stippler et al. 2010, S. 7).

Neben agilen und Shared Leadership Ansätzen rückt seit ein paar Jahren auch *Job Crafting Leadership* (vgl. hierzu ausführlich Müller 2016) in den Fokus. Crafting (von engl. „to craft" = fertigen) bezeichnet dabei die Herstellung neuer Gegenstände aus vorhandenen Materialien. Übertragen auf den Arbeitsplatz bedeutet Job Crafting eine proaktive, selbstständig initiierte Veränderung eines individuellen Arbeitsplatzes durch den Inhaber des Arbeitsplatzes, wobei die Veränderung gemäß der eigenen Interessen, Stärken und Notwendigkeiten – im Gegensatz zum reinen Abarbeiten von Aufgaben oder von oben verordnete Arbeitsplatzveränderungen – erfolgt. Basis ist eine funktionierende Selbstführung durch Selbstreflexion und Selbstregulierung. Ziele des aktiven Job Crafter sind u. a. eine erhöhte Arbeitsplatzzufriedenheit – durch die Orientierung an persönlichen Interessen, Zielen und Sinnhaftigkeit – und bessere Beziehungen am Arbeitsplatz, was sich auch positiv auf den Erfolg des Unternehmens auswirkt. Hierbei unterscheidet Müller (2016) *drei Job-Crafting-„Strategien"*:

1. *Veränderung des Aufgabenbereichs:* Ausweitung von favorisierten Aufgaben oder die Aufgabe bzw. Reduktion wenig favorisierter Aufgaben;
2. *Veränderung der Arbeitsbeziehungen:* Zusammenarbeit von Personen, die ein konstruktives Miteinander und Learning ermöglichen und
3. *Veränderung der Wahrnehmung der Arbeit:* Bedeutung und persönlicher Sinn der Arbeit werden durch Reframing verändert.

Führungspersönlichkeiten kommt hier die überaus wichtige Rolle der *Enabler* zu. Sie sind gefragt, die Umgebung für ein gelungenes Job Crafting zu schaffen und den Job Crafting Prozess (Erkennen, Begleiten und Evaluation) zu begleiten. Bestenfalls leistet das Unternehmen Unterstützung durch die Einführung von Job Crafting als innovatives Führungsinstrument, anderenfalls bahnt sich Job Crafting auch ohne formale Einführung als gewinnbringender Prozess zwischen Führungspersönlichkeit und Mitarbeiter einen Weg (vgl. Müller 2016). Bakker et al. (2012) und Müller (2016) zeigen auf, dass Führungskräfte einen immens fördernden Einfluss auf Job Crafting nehmen können, wenn sie eine Reihe von unterstützenden Maßnahmen in ihr Führungsrepertoire aufnehmen und es so den Job Craftern ermöglichen, kreativ und innovativ zu arbeiten. Die Aufgabe der Job Crafting Leader besteht darin, Mitarbeiter im Sinne ihrer Stärken und Interessen zu unterstützen, aber gleichzeitig auch eine Übereinstimmung mit den Zielen des Teams und des Unternehmens herzustellen (vgl. Müller 2016).

4.7 Vierter Grundpfeiler: Renaissance und Neuentdeckung „weicher" Führungsansätze wie emotionale, spirituelle, gesunde und achtsame Führung durch eine zunehmend angespannte psychosoziale Lage und durch die „beweisenden" Erkenntnisse von Neuro-Leadership

Daniel Goleman et al. (2002, 2003) haben sich in ihrem Bestseller „*Emotionale Führung*" bereits 2002 mit Aspekten der Neuroanatomie von Führung auseinander gesetzt. Sie stellten fest, dass „Intellekt und Emotion (…) von zwei verschiedenen neuralen Systemen versorgt werden, die jedoch eng mit einander verbunden sind. Die Schaltungen im Gehirn, die Denken und Fühlen verbinden, bilden die neurale Grundlage von emotional intelligenter Führung" (Goleman et al. 2003, S. 48). Die Begrifflichkeit Neuroleadership führten dann im Jahre 2006 der Unternehmensberater *David Rock und* der Neurowissenschaftler *Jeffrey Schwartz* mit ihrem Artikel „The Neuroscience of Leadership" ein (vgl. Rock und Schwartz 2006). Somit ist Neuroleadership ein noch recht junges Forschungsgebiet. Die wissenschaftlichen Erkenntnisse über die Funktionsweise des Gehirns haben im letzten Jahrzehnt sprunghaft zugenommen. Modernste Labormethoden und *bildgebende Verfahren* wie etwa die Magnetresonanztomographie ermöglichen es immer besser zu erkennen, wie psychische Prozesse und physiologische Abläufe zusammenhängen. Diese neurowissenschaftlichen Erkenntnisse erlauben Rückschlüsse, die im Organisationskontext und insbesondere für das Verhalten und die Effektivität von Führungspersönlichkeiten hilfreich sind.

Rock und Schwartz (2006) postulieren u. a., dass *Veränderung Schmerz* in Form physiologischer Anstrengung durch Umbildung von Vernetzungen im Gehirn ist („change is pain"). Hierbei kommt *Neurostress*, also dauerstressbedingten biochemischen Veränderungen und den daraus resultierenden stressbedingten Erkrankungen sowie Erkrankungen, die eine starke psychische Symptomatik aufweisen, wie Depression, Burnout, Angststörungen und Suchterkrankungen, die aber weitestgehend körperlich und zwar stoffwechselbedingt sind, eine besondere Bedeutung zu. Die Europäische Agentur für Sicherheit und Gesundheitsschutz am Arbeitsplatz (Hrsg. 2014) gibt an, dass fast 80 % der Führungskräfte sich besorgt über arbeitsbedingten Stress äußern. Nachweislich verursachen psychische Krankheiten knapp 15 % des Krankheitsstandes (vgl. DAK Gesundheit Hrsg. 2014). Weiter kann davon ausgegangen werden, dass weitere Krankheiten, wie z. B. ein Teil der Muskel-Skelett-Erkrankungen auf Stress zurück zu führen sind. Nach einer Schätzung von 21 leitenden Ärzten, (vgl. Galuska et al. 2011), die in 2011 einen (ersten) „Aufruf zur psychosozialen Lage" vorgenommen haben, leiden ca. 30 % der Bevölkerung innerhalb eines Jahres an einer diagnostizierbaren psychischen Störung. Dabei nehme der Anteil psychischer Erkrankungen an vorzeitigen Verrentungen kontinuierlich zu: diese seien inzwischen die häufigste Ursache für eine vorzeitige Verrentung (vgl. Galuska et al. 2011).

Des Weiteren spielt bei Rock und Schwartz (2006) die *aktive Aufmerksamkeit* auf innerpsychische und äußere Prozesse eine wesentliche Rolle, da aktive Aufmerksamkeit für chemische und physiologische Veränderungen im Gehirn sorge („focus is power"). Zusätzlich würde das aktive Lenken der Aufmerksamkeit zu einer Entwicklung der Persönlichkeit führen („Attention density shapes identity"). (Zur Achtsamkeit als bedeutende Führungskompetenz vgl. auch von Au und Seidel 2016).

Im deutschsprachigen Raum hat Elger (2009), Direktor der Klinik für Epileptologie am Universitätsklinikum Bonn, die erste Publikation zum Thema Neuroleadership im Jahr 2009 veröffentlicht. Er stellt fest, dass es sich bei Neuroleadership nicht um ein reines Veränderungsmanagement handelt, sondern dass dieser Ansatz ein *neues Verständnis für Abläufe und Tätigkeit im Arbeitsbereich von Führungskräften* erzeugen soll. Elger kennzeichnet *vier wesentliche Systeme* (Belohnungssystem, emotionales System, Gedächtnissystem, Entscheidungssystem) des Gehirns, die für Neuroleadership relevant sind. Sein Ansatz unterscheidet sich vom Ansatz von Rock und Schwartz („Behaviorism doesn't work" und „Humanism is overrated") insofern, als er *humanistische und behavioristische Grundannahmen* in seine Überlegungen mit einbezieht. So betont er die Bedeutung des Belohnungssystems für die Motivation eines Mitarbeiters.

Einen weiteren Einfluss auf Neuroleadership nimmt die *Konsistenztheorie von Grawe (2004)* ein, welche auf die *positiven Aspekte des „gehirngerechten" Führens* fokussiert: Was brauchen Menschen bei der Arbeit, um sich wohlzufühlen, zufrieden zu sein und gern und gut zu arbeiten? Die Konsistenztheorie geht von *vier Ebenen* dieses *psychischen „Wohlbefinden"* aus, die sich wechselseitig beeinflussen.

- *Ebene 1 – Streben nach Konsistenz:* Grawe (2004) vertritt die These, dass Menschen nach Konsistenz, d. h. einer Übereinstimmung bzw. Vereinbarkeit gleichzeitig ablaufender neuronaler und psychische Prozesse, streben.
- *Ebene 2 – Streben nach Bedürfnisbefriedigung:* Nach Grawe (2004) erfolgt menschliches Handeln zielgerichtet und dient primär der Bedürfnisbefriedigung. Neben den bekannten physiologischen Grundbedürfnissen – wie Essen, Trinken, Schlafen – stellt Grawe (2004) vier psychologische Grundbedürfnisse, „die bei allen Menschen vorhanden sind und deren Verletzung oder dauerhafte Nichtbefriedigung zu Schädigungen der psychischen Gesundheit und des Wohlbefindens führen", in den Vordergrund. Dabei zeige die neurobiologische Forschung die tiefe Verankerung dieser Grundbedürfnisse im menschlichen Gehirn. Die *vier Grundbedürfnisse* sind:
  1. *Bindung*, also der Wunsch, zu Bezugspersonen eine Bindung zu entwickeln.
  2. *Orientierung und Kontrolle*, der Wunsch nach Transparenz und Autonomie, Möglichkeiten, selbst wirksam zu werden und Verantwortung zu übernehmen.

3. *Selbstwerterhöhung und Selbstwertschutz* als Wahrnehmung der eigenen Daseins-
   berechtigung sowie Notwendigkeit, den Sinn der eigenen Tätigkeit zu erleben.

4. *Lustgewinn bzw. Unlustvermeidung*, wonach jeder Mensch danach strebt, unange-
   nehme Dinge zu vermeiden und die guten und schönen Dinge (wieder) zu erleben.

- *Ebene 3 – die motivationalen (Annäherungs- bzw. Vermeidungs-) Schemata:* Die aus
  frühkindlichen Lernprozessen entstandenen motivationalen, nicht direkt beobachtba-
  ren, sondern nur indirekt über Verhaltensweisen und zugehörige Gefühle sich erschlie-
  ßenden Schemata generieren das Spektrum der späteren (Verhaltens-) Reaktionen, um
  die o. g. Grundbedürfnisse zu befriedigen. Die leicht zu kontrollierenden Annäherungs-
  ziele können dabei nach Grawe (2004) in Teilziele untergliedert und mit intrinsischer
  Motivation verfolgt werden. Vermeidungsziele erfordern dagegen dauernde Kontrolle
  und eine verteilte statt fokussierte Aufmerksamkeit. Aufgrund potenzieller Probleme
  können diese nie mit Sicherheit erreicht werden und sind nicht von positiven, sondern
  von negativen Emotionen begleitet.

- *Ebene 4 – die Verhaltensebene*: Gemäß der in den Ebenen 1 bis 3 durchlebten bewussten und unbewussten Prozesse resultiert nach Grawe (2004) das konkrete Erleben und
  Verhalten des Individuums. Entsprechend versuchen Menschen diese vier Grundbedürfnisse laufend mit der äußeren Welt in Einklang zu bringen. Sie modellieren ihr Verhalten und beeinflussen die Umwelt, um eine Übereinstimmung von innen und außen
  herzustellen. Sie suchen – bewusst oder unbewusst – nach Kongruenz.

In einer *empirischen Überprüfung* weist Reinhardt (2014) nach, dass diese Grundbe-
dürfnisse (insbesondere die motivationalen Schemata) einen signifikanten Einfluss auf
Leistung bzw. Gesundheit aufweisen. Peters und Ghadiri (2011) definieren auf Basis der
Konsistenztheorie von Grawe (2004) Neuroleadership als Mitarbeiterführung, die durch
organisationale und personalwirtschaftliche Maßnahmen die neurowissenschaftlichen
Grundbedürfnisse erfüllt und somit zur Aktivierung des Belohnungssystems beiträgt.

Folgende *Schlussfolgerungen* lassen sich aus den Erkenntnissen des Neuroleadership
für Organisationen und Führungspersönlichkeiten ableiten:

- Auch schon früher war bekannt, dass *menschengerechtes, emotionales, mitarbeiterorientiertes und partnerschaftliches Führen* (z. B. demokratische Führung nach Kurt Lewin
  et al. (1939), emotionale Führung nach Goleman et al. 2003) und ein entsprechendes
  Leadership-Umfeld positive Effekte auf die Motivation und das Wohlbefinden von Menschen sowie auf die Ergebnisqualität haben (vgl. auch Positiv Leadership nach Seliger
  2016). Doch die Notwendigkeit, diese Führungskultur in der Gesamtorganisation wirklich zu leben, wurde in den Entscheidungsebenen von Unternehmen bisher noch nicht
  ausreichend gesehen. Der Verdienst von Neuroleadership ist, dass viele Führungskräfte
  mit wissenschaftlichen, *physiologischen Begründungen bzw. „Beweisen"* besser umgehen können als mit psychologisch abgeleiteten Verhaltensvorschlägen (vgl. Grawe 2004).

- Neuroleadership „beweist" gleichermaßen, dass beruflich bedingter *Stress keine Lappalie* ist, sondern zu *bedeutenden psychischen und physischen Folgeerkrankungen*

führen kann, die die Erkrankungsraten und entsprechend die Kosten in Unternehmen in die Höhe treiben. Im Zuge der demografischen Entwicklung können Unternehmen den Anstieg dieser sog. Volkskrankheiten vor allem in der Altersgruppe der über 50-Jährigen nicht mehr hinnehmen, da sie so wertvolle Fachkräfte verlieren und schlecht ersetzen können (vgl. Galuska u. a. 2011). Dies erfordert eine entsprechende *Anpassung der Organisationsstruktur und -kultur* sowie ein *„hirngerechtes" Entscheiden und Verhalten durch die Führungspersönlichkeiten* (vgl. Wandtner 2009). Ein bedeutender Eckpfeiler stellt hierbei die *Konfliktmanagement und Mediationskompetenz* von Führungspersönlichkeiten und der konstruktive Umgang von Fehlern in Führungssystemen dar (vgl. von Au 2006; von Au 2013b; Rascher und Schröder 2016). Des Weiteren geben Ansätze einer holistischen *„gesunden" Führung*, die sowohl präventive als auch kurative Handlungsweisen umfasst und auf die Gesamtorganisation ausgerichtet ist, hierzu weitere wertvolle Handlungsempfehlungen (vgl. Bruch und Kowalesvski 2013; Hahnzog 2016).

• Der *Fokus auf Aufmerksamkeit bzw. Achtsamkeit* (vgl. von Au und Seidel 2016) entwickelt sich zu einer bedeutenden Erfolgsgröße im Bereich Leadership, da es nachweislich eine Persönlichkeitsentwicklung anstößt. Hierbei liefert Neuroleadership gleichermaßen den Beweis für eine *grundsätzliche Änderbarkeit auch von tief verankerten Persönlichkeitsmerkmalen* (vgl. Davidson 2012). Eine achtsame Führung beginnt mit einer *reflektierten Selbstführung* (vgl. Gamma 2016; von Au 2016), die unterschiedlich weiter entwickelt werden kann. Zwischenzeitlich entstanden viele wissenschaftliche Beiträge und auch (Führungs-)Seminare zum Thema einer *achtsamen Führung*, die sich einer wachsenden Beliebtheit erfreuen (vgl. Kothes und Rosmann 2014). In Businesskreisen wird zunehmend die *Meditation* empfohlen (vgl. Tjan 2015). Achtsame und *spirituelle Führungsansätze*, die oftmals auf Religionen (wie etwa Christentum – vgl. Assländer und Grün 2007; Assländer 2016 – oder Buddhismus – vgl. Dalai Lama und van den Muyzenberg 2008) aufbauen, sind somit nicht (mehr) exotisch und esoterisch, sondern erlangen eine wissenschaftliche Fundierung. Zugleich bleibt der Fokus auf Achtsamkeit in einer hektischen und von Störungen geprägten Arbeitswelt eine immer größere Herausforderung (vgl. Rock und Schwartz 2006).

5 Zusammenfassung und Ausblick

Was ist „gute Führung"? Der Beitrag hat dargelegt, dass *Führung als ein phänomenologisches und multidimensionales Konstrukt* zu verstehen ist, welches insbesondere von den jeweils verfolgten Führungsansätzen und -theorien und den darin eingeschlossenen Menschenbildern und Wertevorstellungen abhängt. *Klassische Führungsansätze* wie personen-, verhaltens- und situationsorientierte Führungsansätze wurden Anfang der 1980er Jahre mit der zunehmenden Führungskomplexität – ausgelöst durch die globalen und dynamischen Veränderungen sowie eines grundlegenden Wertewandels – von *modernen Führungsansätzen* abgelöst, die allesamt mehrere integrative Variablen für Führung berücksichtigen. Auch wenn unterschiedliche Foki im Zentrum der Betrachtung liegen, weisen die modernen mehrdimensionalen und integrativen Führungsansätze *vier gemeinsame tragende Grundpfeiler* auf, die in der *Grundidee* zwar *statisch*, aber in der *konkreten Ausgestaltung organisationsspezifisch und dynamischer Natur* sind. Diese sind gemäß *InLeaVe® New Leadership Modell*:

*   *Grundpfeiler 1 – Beziehung:* Der Führungsprozess wird als Beziehungs- und Interaktionsphänomen verstanden, d. h. Führung wird als eine wechselseitige Transformation von Führenden und Geführten verstanden. Gleichermaßen fließen Menschenbilder bei der Generierung von Führungsansätzen implizit oder explizit immer mit ein.
*   *Grundpfeiler 2 – System:* Die Aufmerksamkeit richtet sich von der Individualebene zunehmend auf das holistische Organisationssystem und die Organisationskultur. Der Führungskontext wird dabei als komplex, vielschichtig, dynamisch und insbesondere mehrdeutig angesehen.
*   *Grundpfeiler 3 – Partizipation:* Der hierarchischen und/oder autoritären Führung wird zunehmend eine Absage erteilt. Was zählt, ist Partizipation und Flexibilisierung in Form der agilen oder gar „geteilten" Führung – in welcher Form auch immer.
*   *Grundpfeiler 4 – Sinn:* Werte- und Gesundheitsfragen werden in Zeiten einer zunehmend angespannten psychosozialen Lage immer lauter und „weiche" Führungsansätze werden durch neurowissenschaftliche Erkenntnisse bestätigt und wieder belebt (wie etwa emotionale oder spirituelle Führung) bzw. weiter entwickelt (wie etwa gesunde oder achtsame Führung).

Mit dem Fokus auf die (Führungs-) Haltung der Führungspersönlichkeiten und jedes Organisationsmitgliedes sowie auf die lernende Gruppen- und Organisationsintelligenz und -kultur und der damit verbundenen Abkehr von (streng) hierarchischen Struktur- und Entscheidungsmodellen und von „handfesten" (niemals existenten) Führungs-Tools werden die von Lang und Rybnikova (2014, S. 27–28) beschriebenen Grenzen von Führungsansätzen und Führungskonzepten immer fließender. Erstere werden dabei als Aussagensysteme über Führungsphänomene und das Führungsgeschehen, die bestimmte aktuelle Führungsphänomene erklären sollen, beschrieben. Führungskonzepte seien hingegen auf die vor allem auf die praktische Anwendung und Ausgestaltung von Führung im jeweiligen Kontext gerichtet.

Ein ganzheitliches *Leadership in seiner „Optimalform"* beinhaltet somit (von Au 2013a, S. 446 f.),

dass alle Organisationsmitglieder mit ihren Kompetenzen, Talenten und Persönlichkeitseigenschaften jeweils an den ‚richtigen' Aufgaben als Einzelne oder in der jeweils optimalen Teamkonstellation (hinsichtlich Kompetenzen, Typen und Rollen) arbeiten (Leistungsebene Können). Hierbei können die Teammitglieder einer ‚beseelten' und selbstverantwortlichen Arbeit nachgehen, mit der sie sich identifizieren können und somit intrinsisch (mit Flow-Erleben) motiviert sind (Leistungsebene Wollen). Gleichzeitig dürfen sie auch in einem inspirierenden Arbeits-Umfeld mit optimalen Leistungsbedingungen handeln (Leistungsebene Dürfen).

Es ist zu *wünschen*, dass sich die „weichen" Führungsansätze zum Wohle aller arbeitenden Menschen – auch für die derzeit nooh (teilweise) agierenden „Manager", „Narzissten", „rein Kognitiven" und „Skeptiker" spätestens mit den „beweisenden" Erkenntnissen der Neuro-Wissenschaften –, nachhaltig durchsetzen werden.

Literatur

Alvesson, M., & Spicer, A. (2012). Critical leadership studies: The case for critical performativity. *Human Relations, 65*(3), 367–390.

Assländer, F. (2016). Spiritualität und Führung. In C. von Au (Hrsg.), *Leadership und angewandte Psychologie* (Bd. 1). Wiesbaden: Springer.

Assländer, F., & Grün, A. (2007). *Spirituell führen mit Benedikt und der Bibel* (2. Aufl.). Münsterschwarzach: Vier-Türme.

von Au, C. (2006). *Führen mit Mediationskompetenz? Eine Analyse des erforderlichen und adäquaten Einsatzes von Mediationskompetenz im betrieblichen Führungsalltag. Reihe Personalwirtschaft*. Hamburg: Kovac.

von Au, C. (2013a). Leistung in Teams. In M. Landes & E. Steiner (Hrsg.), *Psychologie der Wirtschaft* (S. 427–455). Wiesbaden: Springer.

von Au, C. (2013b). Mediation in Organisationen. In M. Landes & E. Steiner (Hrsg.), *Psychologie der Wirtschaft* (S. 505–530). Wiesbaden: Springer.

von Au, C. (2016). Von Burnout, Boreout und Narzissmus zur holistischen, wertschätzenden und lernenden Führungskultur. In C. von Au (Hrsg.), *Leadership und angewandte Psychologie* (Bd. 2). Wiesbaden: Springer.

von Au, C., & Seidel, A. (2016). Achtsamkeit als bedeutende Führungskompetenz. In C. von Au (Hrsg.), *Leadership & Angewandte Psychologie* (Bd. 3). Wiesbaden: Springer.

Avolio, B., & Gardner, W. L. (2005). Authentic leadership development: Getting tot he root of positive forms of leadership. *Leadership Quarterly, 16,* 315–338.

Avolio, B., Walumba, F., & Weber, T. J. (2009). Leadership: Current theories and research and future directions. *Annual Review of Psychology, 60,* 421–449.

Bakker, A. B., Derks, D., & Tims, M. (2012). *Proactive personality and job performance: The role of job crafting and work performance*. Rotterdam: Sage.

Bartscher, T. (2015). Eigenschaftstheorie der Führung. In *Gabler Wirtschaftslexikon online*. http://wirtschaftslexikon.gabler.de/Definition/eigenschaftstheorie-der-fuehrung.html. Zugegriffen: 1. Juni 2015.

Bass, B. M. (1985). *Leadership and Performance beyond Expections*. New York: Free Press.

Bass, B. M. (2008). *The bass handbook on leadership, theory, research & managerial applications*. New York: Free Press.

Bass, B. M., & Avolio, B. (1980). *Transformational leadership development. Manual for the multifactor leadership questionnaire*. Palo Alto, CA: Mindgarden.

Bass, B. M., & Avolio, B. J. (1990). *Manual fort he multifactor leadership questionnaire*. Palo Alto, CA: Consulting Psychologist Press.

Bass, B. M., & Avolio, B. J. (Hrsg.) (1994). *Improving Organizational Effectiveness through Transformational Leadership*. Thousand Oaks, CA: Sage.

Bem, S. L. (1974). The measurement of psychological androgyny. *Journal of Consulting and Clinical Psychology, 42,* 155–162.

Berthel, J., & Becker, F. G. (2007). *Personal-Management* (8. Aufl.). Stuttgart: Schäffer-Poeschel.

Blake, R. R., & Mouton, J. S. (1964). *The new managerial grid: Key orientations for achieving production through people.* Houston: Gulf Publishing Company.

Bono, J. E., & Judge, T. A. (2004). Personality and transformational and transactional leadership: A meta-analysis. *Journal of Applied Psychology, 5*(89), 901–910.

Brose, P., & Hentzel, J. (1990). *Personalführungslehre. Grundlagen, Führungsstile, Funktion und Theorien der Führung.* Stuttgart: Schäffer-Poeschel.

Browne, C. (1955). „Laissez-faire" or „Anarchy" in leadership. *ETC: A Review of General Semantics, 13,* 62–70.

Bruch, H., & Kowalevski, S. (2013). *Gesunde Führung.* Universität St. Gallen, Institut für Führung und Personalmanagement. http://www.topjob.de/upload/presse/hintergrund/TJ_13_Studie_GesundeFuehrung.pdf. Zugegriffen: 1. Juni 2015.

Bryman, A. (1999). Leadership in organizations. In S. Clegg, C. Hardy, & W. Nord (Hrsg.), *Managing Organizations: Current Issues* (S. 26–42). London: Sage.

Burns, J. M. (1978). *Leadership.* New York: Harper & Row.

Choi, Y., & Mai-Dalton, R. R. (1998). On the leadership function of self-sacrifice. *The Leadership Quarterly, 9*(4), 475–501.

Choi, Y., & Mai-Dalton, R. R. (1999). The model of followers' responses to self-sacrificial leadership: A review of theory and research. *The Leadership Quarterly, 10,* 397–421.

Ciulla, J. (2004). Ethics and leadership effectiveness. In J. Antonakis, A. T. Cianciolo, & R. J. Sternberg (Hrsg.), *The nature of leadership* (S. 302–328). Thousand Oaks: SAGE Publications.

Comelli, G., & von Rosenstiel, L. (2009). *Führung durch Motivation. Mitarbeiter für Unternehmensziele gewinnen* (4. Aufl.). München: Vahlen.

Conger, J. A., & Kanungo, R. N. (1998). *Charismatic Leadership in Organizations.* Thousand Oaks, CA: Sage.

DAK Gesundheit. (Hrsg.). (2014). Gesundheitsreport 2014. http://www.google.deurl?sa=t&rct=j&q=&esrc=s&source=web&cd=1&ved=0CCEQFjAA&url=http%3A%2F%2Fwww.dak.de%2Fdak%2Fdownload%2FVollstaendiger_bundesweiter_Gesundheitsreport_2014-1374196.pdf&ei=0M5qVcawMIKlsgGSvreACQ&usg=AFQjCNGnYLnlay-DXatDhjgyMRIo2zcH7w&bvm=bv.94455598,d.bGg. Zugegriffen: 1. Juni 2015.

Dalai Lama, & van den Muyzenberg, L. (2009). *Führen, gestalten, bewegen: Werte und Weisheit für eine globalisierte Welt.* München: Heyne.

Dansereau, F., Graen, G., & Haga, W. J. (1975). A vertical dyad approach to leadership within formal organizations. *Organizational Behavior and Human Performance, 13,* 46–78.

Davidson, R. (2012). *The emotional life of your brain. How is unique patterns affect the way you think, feel, live – And how you can change them.* New York: Hudson Street Press.

Deloitte. (Hrsg.). (2015). Global human capital trends 2015. http://www2.deloitte.com/de/de/pages/human-capital/articles/global-human-capital-trends-2015.html. Zugegriffen: 10. Juni 2015.

Dietz, K.-M. (2016). Handeln aus sich selbst heraus: Von der Führung zur Selbstführung im Horizont einer Dialogischen Unternehmenskultur. In C. von Au (Hrsg.), *Leadership und angewandte Psychologie* (Bd. 1). Wiesbaden: Springer.

Dietz, K.-M., & Kracht, K. (2011). *Dialogische Führung: Grundlagen, Praxis, Fallbeispiel: dm-Drogeriemarkt* (3. Aufl.). Frankfurt a. M.: Campus.

Dörr, S., Schmidt-Huber, M., Winkler, B., & Klebl, U. (2013). Führung. In M. Landes & E. Steiner (Hrsg.), *Psychologie der Wirtschaft* (S. 247–278). Wiesbaden: Springer.

Eagly, A. H., & Johnson, B. T. (1990). Gender and leadership style: A meta-analysis. *Psychological Bulletin, 108,* 233–256.

Eagly, A. H., & Karau, S. J. (2002). Role congruity theory of prejudice toward female leaders. *Psychological Review, 109,* 573–598.

Eagly, A. H., Johannesen-Schmidt, M. C., & van Engen, M. L. (2003). Transformational, transactional, and laissez-faire leadership styles: A meta-analysis comparing women and men. *Psychological Bulletin, 129,* 569–491.

Elger, C. S. (2009). *Neuroleadership*. Planegg: Haufe-Lexware.

Enste, D. H., Eyerund, T., & Knelsen, I. (2015). Führung im Wandel. Führungsstile und gesellschaftliche Megatrends im 21. Jahrhundert. Roman Herzog Institut. München. http://www.romanherzoginstitut.de/uploads/tx_mspublication/RHI-Diskussion_Nr._22.pdf. Zugegriffen: 10. Juni 2015.

Europäische Agentur für Sicherheit und Gesundheit am Arbeitsplatz. (Hrsg.). (2014). Psychosoziale Risiken in Europa: Prävalenz und Präventivstrategien. https://osha.europa.eu/de/publications/reports/executive-summary-psychosocial-risks-in-europe-prevalence-and-strategies-for-prevention. Zugegriffen: 31. Mai 2015.

Evans, M. G. (1970). The effects of supervisory behavior on the path-goal relationship. *Organizational Behavior and Human Performance, 5*(3), 277–298.

Feess, E. (2015). Kybernetik, Gabler Wirtschaftslexikon online. http://wirtschaftslexikon.gabler.de/Archiv/12591/kybernetik-v7.html. Zugegriffen: 31. Mai 2015.

Felfe, J. (2005). *Charisma, transformationale Führung und Commitment*. Köln: Kölner Studien.

Felfe, J. (2009). *Mitarbeiter führen*. Göttingen: Hofgrede.

Fiedler, F. E. (1967). *A theory of leadership effectiveness*. New York: McGraw Hill.

Fiedler, F. E. (1993). The leadership situation and the black box in contingency theories. In M. M. Chmers & R. Ayman (Hrsg.), *Leadership, theory, and research, perspectives and directions*. New York: Academic.

Forum „Gute Führung". (Hrsg.). (2015). http://www.forum-gute-fuehrung.de/hintergrund. Zugegriffen: 1. Juni 2015.

Fürstenberg, F. (1993). Veränderte Arbeits- und Leistungseinstellungen und arbeitspolitische Gestaltungsansätze. *Zeitschrift für Arbeitswissenschaften, 47*(4), 193–197.

Gallup (Hrsg.) (2015). Präsentation zum Engagement Index 2014. http://www.gallup.com/de-de/181871/engagement-index-deutschland.aspx. Zugegriffen: 30. Juni 2015.

Galuska, J., et al. (2011). Aufruf zur psychosozialen Lage. Eine Initiative von 21 leitenden Ärzten. http://www.psychosoziale-lage.de/. Zugegriffen: 31. Mai 2015.

Gamma, A. (2016). Von der Kust sich selbst und andere zu führen. In C. von Au (Hrsg.), *Leadership und angewandte Psychologie* (Bd. 1). Wiesbaden: Springer.

Gartzia, L., & van Engen, M. (2012). Are (male) leaders „feminine" enough? Gendered traits of identity as mediators of sex differences in leadership styles. *Gender in Management: An International Journal, 27,* 296–314.

Gebert, D. (2002). *Führung und Innovation*. Stuttgart: Kohlhammer.

Gerstner, C. R., & Day, D. V. (1997). Meta-analytic review of leader-member exchange theory: Correlates and construct issues. *Journal of Applied Psychology, 82,* 827–844.

Geyer, A., & Steyrer, J. (1998). Messung und erfolgswirksamkeit transformationaler führung. *Zeitschrift für Personalführung, 12,* 377–401.

Glaesner, K. (2007). *Geheimrezept weiblicher Führung? Hintergründe, Mythen und Konzepte zum weiblichen Führungsstil*. Kassel: Universitätsverlag.

Goleman, D., Boyatzis, R., & McKee, A. (2002). *Primal leadership. realizing the power of emotional intelligence*. Boston: Harvard Business School Press.

Goleman, D., Boyatzis, R., & McKee, A. (2003). *Emotionale Führung*. Berlin: Ullstein.

Graen, G. B., & Uhl-Bien, M. (1995). Relationship-based approach to leadership: Development of Leader-Member Exchange (LMX) theory of leadership over 25 years: Applying a multi-level multi-domain perspective. *Leadership Quarterly, 25,* 219–247.

Graf, N., Könnecke, C., & Witte, E. (2016). Synergetische Führung – Systemsteuerung als Führungsaufgabe. In C. von Au (Hrsg.), *Leadership und angewandte Psychologie* (Bd. 2). Wiesbaden: Springer.

Greenleaf, R. K. (1977). *Servant leadership: A journey into the nature of legitimate power and greatness*. New York: Pualist Press.

Hahnzog, S. (2016). Gesund Führen in KMU. In C. von Au (Hrsg.), *Leadership und angewandte Psychologie* (Bd. 2). Wiesbaden: Springer.

Hauser, B. (2013). Wo ist die Führungskraft? Management, Leadership, Shared Leadership und die Evolution der Führungsrolle. In M. Landes & E. Steiner (Hrsg.), *Psychologie der Wirtschaft* (S. 279–295). Wiesbaden: Springer.

Häusling, A., & Rutz, B. (2016). Agile Führungsstruktur und -kultur zur Förderung der Selbstorganisation – Ausgestaltung und Herausforderungen. In C. von Au (Hrsg.), *Leadership und angewandte Psychologie* (Bd. 2). Wiesbaden: Springer.

Hegele-Raih, C. (2004). Was ist…: Wie ist es eigentlich dazu gekommen, dass heute alles von Leadership spricht? Schließlich bedeutet Leadership übersetzt einfach Führung. *Harvard Business Manager, 4.* http://www.harvardbusinessmanager.de/heft/artikel/a-620896.html. Zugegriffen: 20. Juni 2015.

Hentze, J., Graf, A., Kammel, A., & Lindert, K. (2005). *Personalführungslehre* (4. Aufl.). Bern: Haupt.

Hernandez-Bark, A., von Quaquebeke, N., & von Dick, R. (2016). Wird Führung weiblicher? Warum Krisen nach anderer Führung verlangen. In. C. von Au (Hrsg.), *Leadership und angewandte Psychologie* (Bd. 2). Wiesbaden: Springer.

Hersey, P., & Blanchard, K. H. (1969). Life cycle theory of leadership. *Training and Development Journal, 23*(2), 26–34.

Hoch, J. E., & Dulebohn, J. H. (2013). Shared leadership in enterprise resource planning and human resource management system implementation. *Human Resource Management Review, 1,* 116–120.

Hogg, M. A., & van Knippenberg, D. (2003). Social identity and leadership processes in groups. In M. P. Zanna (Hrsg.), *Advances in Experimental Social Psychology, 35* (S. 1–52). San Diego, CA: Academic Press.

Hossiep, R., & Mühlhaus, O. (2015). *Personalauswahl und -entwicklung mit Persönlichkeitstests* (2. Aufl.). Göttingen: Hofgrede.

House, R. J. (1971). A path-goal theory of leader effectiveness. *Administrative Science Quarterly, 16,* 321–328.

House, R. J., & Mitchell, R. R. (1974). Path-goal theory of leadership. *Journal of Contemporary Business, 3,* 81–97.

John, O. P., Naumann, L. P., & Soto, C. J. (2008). Paradigm shift to the integrative big five trait taxonomy. In O. P. John, R. W. Robins, & L. A. Pervin (Hrsg.), *Handbook of personality theory and research* (3. Aufl., S. 114–117). New York: Guilford.

Judge, T. A., Bono, J. E., Ilies, R., & Gerhardt, M. W. (2002). Personality and leadership: A qualitative and qunatitative review. *Journal of Applied Psychology, 4*(87), 765–780.

Kaduk, S., & Osmetz, D. (2016). Musterbrecher – Die Kunst, das Spiel zu drehen. In C. von Au (Hrsg.), *Leadership und angewandte Psychologie* (Bd. 1). Wiesbaden: Springer.

Kaehler, B. (2014). *Komplementäre Führung – Ein praxiserprobtes Modell der organisationalen Führung.* Wiesbaden: Springer Gabler.

Kark, R., Waismel-Manor, R., & Shamir, B. (2012). Does valuing androgyny and femininity lead to a female advantage? The relationship between gender-role, transformational leadership and identification. *The Leadership Quarterly, 23,* 620–640.

Kasch, W. (2013). Wenn der Chef agil ist. *wirtschaft + weiterbildung 11/12,* 34–35.

Kaufman, E. K., & Grace, P. E. (2011). Women in grassroots leadership: Barriers and biases experienced in a membership organization dominated by men. *Journal of Leadership Studies, 4*(4), 6–16.

Kothes, P. J., & Rosmann, N. (2014). *Mit Achtsamkeit in Führung.* Stuttgart: Klett-Cotta Verlag.

Kotter, J. P. (1982). „What effective general managers really do." *Harvard Business Review, 60*(6), 156–168.

Kramer, M. W., & Crespy, D. A. (2011). Communicating collaborative leadership. *The Leadership Quarterly, 22,* 1024–1037.

Künkl, P., Pooya, N., & Gross, M. (2012). Visionen entwickeln. Was wir von der Generation Y lernen können. *Organisationsentwicklung, 4,* 38–45.

Lewin, K., Lippitt, R., & White, R. K. (1939). Patterns of aggressive behavior in experimentally created social climates. *Journal of Science Psychology, 10,* 271–299.

Liden, R. C., Sparrowe, R. T., & Wayne, S. J. (1997). Leader-member exchange theory: The past and potential for the fututre. *Research in Personnel and Human Resources Management, 15,* 47–119.

Lopez-Zafra, E., Garcia-Retamero, R., & Berrios-Martos, M. P. (2012). The relationship between transformational leadership and emotional intelligence from a gendered approach. *The Psychological Record, 62,* 97–114.

Lowe, K. B., Kroeck, K. G., & Sivasubramaniam, N. (1996). Effectiveness correlates of transformational and transactional leadersip: A meta-analytic review of the MLQ literature. *Leadership Quarterly, 7*(3), 385–425.

Lück, H. (1996). *Die Feldtheorie und Kurt Lewin, eine Einführung.* Weinheim: Psychologie Verlags Union.

Luhmann, N. (1987). *Soziale Systeme. Grundriss einer allgemeinen Theorie.* Berlin: Suhrkamp.

Macharzina, K., & Wolf, J. (2008). *Unternehmensführung* (6. Aufl.). Wiesbaden: Gabler.

Malik, F. (2006). *Führen, Leisten, Leben.* Frankfurt a. M.: Campus.

McGregor, D. (1966). The Human Side of Enterprise. *REFLEXTIONS 2*(1), 6–15. http://www.kean.edu/~lelovitz/docs/EDD6005/humansideofenterprise.pdf. Zugegriffen: 15. Dezember 2015.

Müller, E. B. (2016). Job crafting leadership. In C. von Au (Hrsg.), *Leadership und angewandte Psychologie* (Bd. 1). Wiesbaden: Springer.

Neuberger, O. (1995). *Führen und Geführt werden.* Stuttgart: Ferdinand Enke.

Neuberger, O. (2002). *Führen und führen lassen.* Stuttgart: Lucius & Lucius.

Northouse, P. G. (2007). *Leadership theory and practice.* Thousand Oaks: SAGE Publications.

Northouse, P. G. (2012). Leadership: Theory and Practice. Thousand Oaks: Sage.

Opaschowsky, H. W. (2013). Deutschland 2030. Gütersloh: Gütersloher Verlagshaus.

Oppolzer, A. (1994) Wertewandel und Arbeitswelt. GMH, 6 (S. 349–357). http://library.fes.de/gmh/main/pdf-files/gmh/1994/1994-06-a-349.pdf. Zugegriffen: 15. Dezember 2015.

Parry, K., & Bryman, A. (2006). Leadership in organization. In S. G. Clegg, C. Hardy, & W. R. Nord (Hrsg.), SAGE Handbook of Organization Studies (S. 447–468). London: Sage.

Paschen, M. (2016). Führen mit Charisma – Sinnstiftung und Vertrauensbildung. In C. von Au (Hrsg.), *Leadership und angewandte Psychologie* (Bd. 2). Wiesbaden: Springer.

Pearce, C. L., & Conger, J. A. (Hrsg.). (2003). *Shared leadership – Reframing the hows and whys of leadership.* Thousand Oaks: SAGE Publications.

Pearce, C. L., & Sims, H. P. (2001). Shared leadership – Toward a multi-level theory of leadership. *Advances in Interdisciplinary Studies of Work Teams, 7,* 115–139.

Pearce, C. L., Hoch, J. E., Jeppesen, H. J., & Wegge, J. (2010). New forms of management – Shared and distributed leadership in organizations. *Journal of Personnel Psychology, 4,* 151–153.

Pelz, W. (2016). Transformationale Führung. In C. von Au (Hrsg.), *Leadership und angewandte Psychologie* (Bd. 1). Wiesbaden: Springer.

Peters, T., & Austin, N. (1985). *A passion for excellence.* New York: Random House.

Peters, T., & Ghadiri, A. (2011). *Neuroleadership – Grundlagen, Konzepte, Beispiele.* Wiesbaden: Gabler.

Pinnow, D. F. (2005). *Führen – Worauf es wirklich ankommt.* Wiesbaden: Springer Gabler.

Raelin, J. A. (2003). *Creating leaderful organizations.* San Francisco: Berrett-Koehler.

Rascher, S., & Schröder, R. (2016). Die Gestaltung einer konstruktiven Fehlerkultur als Führungsaufgabe in High Reliability Organizations (HRO) am Beispiel der zivilen Luftfahrt. In C. von Au (Hrsg.), *Leadership und angewandte Psychologie* (Bd. 2). Wiesbaden: Springer.

Reddin, W. J. (1981). *Das 3-D-Programm zur Leistungssteigerung des Managements*. Landsberg am Lech: Moderne Industrie.

Regnet, E. (2014). Der Weg in die Zukunft – Anforderungen an die Führungskraft. In L. von Rosenstiel, E. Regnet, & M. Domsch (Hrsg.), *Führung von Mitarbeitern* (7. Aufl., S. 29–45). Stuttgart: Schäffer-Poeschl.

Reinhardt, R. (2014). Neuroleadership: Ein innovatives Konzept zur Förderung von Leistung und Gesundheit. *Personal Quarterly, 2,* 40–45.

Rock, D., & Schwartz, J. (2006). The neuroscience of leadership, www.strategy-business.com/article/06207. Zugegriffen: 1. Juni 2015.

von Rosenstiel, L. (2014). Grundlagen der Führung. In L. von Rosenstiel, E. Regnet, & M. Domsch (Hrsg.), *Führung von Mitarbeitern* (7. Aufl., S. 3–28). Stuttgart: Schäffer-Poeschl.

Sashkin, M., & Sashkin, M. G. (2003). *Leadership that matters*. San Francisco: Berrett-Koehler.

Schmid, B. (2016). Führen aus systemischer Sicht. In C. von Au (Hrsg.), *Leadership und angewandte Psychologie* (Bd. 1). Wiesbaden: Springer.

Schnorrenberg, L. J., Stahl, H. K., Hinterhuber, H. H., & Pircher-Friedrich, A. M. (2014). *Servant Leadership. Prinzipien dienender Führung im Unternehmen* (2. Aufl.). Berlin: ESV.

Schwarz, G. (2016). Zur Stammesgeschichte von Führung – Gruppendynamik und die „Heilige Ordnung der Männer". In C. von Au (Hrsg.), *Leadership und angewandte Psychologie* (Bd. 1). Wiesbaden: Springer.

Secretan, L. (2006). *Inspirieren statt motivieren! Mit Leidenschaft zum Erfolg – so leben und führen Sie besser*. Bielefeld: Kamphausen.

Seliger, R. (2016). Positive Leadership – Führen mit Energie. In C. von Au (Hrsg.), *Leadership und angewandte Psychologie* (Bd. 1). Wiesbaden: Springer.

Stech, E. (2007). Psychodynamic approach. In P. G. Northouse (Hrsg.), *Leadership: Theory and practice* (S. 237–264). Thousand Oaks: SAGE Publications.

Steiner, F., & Felten, M. (2015). Führen heißt transformieren können, *Versicherungswirtschaft, 4,* 51–53.

Stippler, M. (2010). Systemische Führung. In Bertelsmann Stiftung (Hrsg.), *Führung. Ansätze – Entwicklungen – Trends*. Bertelsmann Stiftung Leadership Series, Teil 2, Gütersloh.

Stoffel, M. (2016). Leadership 4.0 – Unternehmen brauchen ein neues „Betriebssystem". In C. von Au (Hrsg.), *Leadership und angewandte Psychologie* (Bd. 1). Wiesbaden: Springer.

Tjan, A. K. (2015). Fünf Wege der besseren Führung. *Harvard Business Manager*. http://www.harvardbusinessmanager.de/blogs/fuenf-wege-zu-besserer-fuehrung-a-1020627.html. Zugegriffen: 1. Juni 2015.

Van Engen, M. L., & Willemsen, T. M. (2004). Gender and leadership styles: A meta-analysis on research published in the 1990s. *Psychological Reports, 94,* 3–18.

Van Seters, D. A., & Field, R. H. G. (1990). The Evolution of Leadership Theory. *Journal of Organizational Change Management, 3*(3), 29–45.

Vinkenburg, C. J., Van Engen, M. L., Eagly, A. H., & Johannesen-Schmidt, M. C. (2011). An exploration of stereotypical beliefs about leadership styles: Is transformational leadership a route to women's promotion. *The Leadership Quarterly, 22,* 10–21.

Vroom, V. H., & Jago, A. G. (2007). The role of situation in leadership. *American Psychologist, 62,* 17–24.

Vroom, V. H., & Yetton, P. W. (1973). Leadership and decision making. Pittsburg: University of Pittsburg.

Wandtner, R. (2. Juli 2009). Führen mit mehr Geist oder Hirn. *FAZ*. http://www.faz.net/aktuell/feuilleton/geisteswissenschaften/neuroleadership-fuehren-mit-mehr-geist-oder-mehr-hirn-1815065.html. Zugegriffen: 30. Mai 2015.

Weinert, A. B. (2004). *Organisations- und Personalpsychologie* (5. Aufl.). Weinheim: Beltz.

Werther, S. (2013). *Geteilte Führung – Ein Paradigmenwechsel in der Führungsforschung*. Wiesbaden: Springer Gabler.

Werther, S. (2016). Shared leadership. In C. von Au (Hrsg.), *Leadership und angewandte Psychologie* (Bd. 1). Wiesbaden: Springer.

Wiener, N. (1968). *Kybernetik* (2. Aufl.). Düsseldorf: Econ.

Wilke, H. (2000). *Systemtheorie I: Grundlagen* (7. Aufl.). Stuttgart: UTP.

Wimmer, R. (2011). Die Steuerung des Unsteuerbaren: Konstruktivismus in der Organisationsberatung und im Management. In B. Pörksen (Hrsg.), *Schlüsselwerke des Konstruktivismus* (S. 520–547). Wiesbaden: Springer.

Winkler, B. (2012). Shared Leadership Ansätze nutzen. *Organisationsentwicklung, 3,* 4–6.

Witte, E. H. (1994). *Sozialpsychologie. Ein Lehrbuch.* München: Psychologie Verlags Union.

Wunderer, R., & Grunwald, W. (1980). *Grundlagen der Führung. Band 1. Führungslehre.* Berlin: De Gruyter.

Yukl, G. (2012). *Leadership in Organizations* (8. Aufl.). Boston: Pearson.

Zaleznik, A. (1998). „Managers and leaders: Are they different?" *Harvard Business Review, 55*(3), 67–78.

Prof. Dr. oec. publ. Corinna von Au, Dipl.-Kffr., Dipl.-Hdl., M.A., M.M., verfügt über langjährige Projekt- und Linienverantwortung in verschiedenen Unternehmen und Branchen. Seit 2005 lehrt und forscht sie als Professorin in den Bereichen Wirtschaftspsychologie und Schlüsselqualifikationen an der Hochschule für angewandtes Management. Zudem ist sie als zertifizierte systemische Beraterin, Coach, Organisationsentwicklerin und Mediatorin sowie seit 2015 zusätzlich als Institutsleitung von InLeaVe® – Institut für Leadership & Veränderung (www.inleave.de) tätig.

Von der Kunst, sich selbst und andere zu führen

Anna Gamma

Inhaltsverzeichnis

A. Gamma (✉)
Institut Zen & Leadership, Bürgenstrasse 36, 6005 Luzern, Schweiz
E-Mail: ag@annagamma.ch

© Springer Fachmedien Wiesbaden 2016
C. von Au (Hrsg.), *Wirksame und nachhaltige Führungsansätze*,
Leadership und Angewandte Psychologie, DOI 10.1007/978-3-658-11956-0_2

1   Einleitung

Werde, der du bist.
Nietzsche

Wer andere kennt, ist klug. Wer sich kennt, ist weise.
Wer andere bezwingt, ist kraftvoll. Wer sich selbst bezwingt, ist unbezwingbar.
Laotse

Diese Zitate aus der westlichen und östlichen Philosophie fassen im Wesentlichen zusammen, worum es in diesem Beitrag geht: Wer führen will oder zu führen hat, muss Menschenkenntnis haben und wer sich selbst nicht kennt, kann weder sich noch andere führen.

Der Mensch ist ein Werdewesen mit seiner je einzigartigen Geschichte. Trotzdem lassen sich Etappen auf dem Weg beschreiben, sich selbst kennen zu lernen und der Mensch zu werden, der einzigartig in uns angelegt ist. Im Folgenden wird eine westliche und östliche „Landkarte" vorgestellt (vgl. auch Wartenweiler 2010) und Anregungen zum Thema der *Kunst*, sich selbst und andere zu führen, abgeleitet.

Die *erste Landkarte* stammt von C. G. Jung, einem Schweizer Psychiater und Tiefenpsychologen. Entsprechend dem vorherrschenden mentalen Bewusstsein unserer Zeit beschreibt er die Persönlichkeitsentwicklung in einem Modell und klaren Begriffen (vgl. Jacobi 1977, S. 38–207). Der psychische Reifungs- und Wachstumsprozess führt zur inneren Mitte unseres Seins und kann parallel zum körperlichen Reifungs- und Alterungsprozess verlaufen. Das „kann" bezieht sich auf die Freiheit des Menschen, denn ohne sein aktives Mittun, seine Arbeit an der eigenen Persönlichkeit, wird die Persönlichkeitsentwicklung nie zur vollen Reife gelangen.

Die *zweite* nicht weniger bedeutungsvolle, jedoch wesentlich ältere *Landkarte* ist im ersten Jahrtausend in China von herausragenden Zen-Meistern entwickelt worden (vgl. Kapleau 1998, S. 407). Ihre Sprache ist entsprechend dem vorherrschenden mythischen Bewusstsein jener Zeit die Sprache von Bildern und Poesie. Sie kann jedoch auch für Führungskräfte im 21. Jahrhundert Inspiration sein und Weisung geben in der Frage, wie die Kunst, sich selbst und andere zu führen, gefördert werden kann.

Im folgenden Text sind keine Handlungsanweisungen für die erfolgreiche Führung eines Unternehmens, eines Projektes oder einer Sitzung zu finden. Nicht Fachkompetenz steht im Mittelpunkt der Darlegung, sondern die Kultivierung von Selbst- und Sozialkompetenz.

2   „Werde, der du bist" – die vier Entwicklungsphasen nach C. G. Jung

C. G. Jung konnte in der Begleitung von Menschen auf dem Weg der Persönlichkeitsentwicklung und der Selbstfindung vier wesentliche Entwicklungsphasen ausfindig machen (Jacobi 1977, S. 38–207), beginnend in der Adoleszenz:

1. Anpassung und die Mitwelt
2. Schattenintegration
3. Verbindung von männlichen und weiblichen Persönlichkeitsanteilen
4. Selbstwerdung und Selbstführung

Während die erste Phase von allen mehr oder weniger erfolgreich erreicht wird, bedürfen alle weiteren Etappen der Entscheidung und Entschlossenheit, sich auf den Weg zu sich selbst aufzumachen, der manchmal beschwerlich ist, aber immer wieder auch erfüllende Ausblicke gewährt, bis der Mensch zu sich selbst gefunden hat und aus der eigenen Wesensmitte sein Leben und Arbeiten zu gestalten vermag.

Auch wenn die Etappen in einer Abfolge beschrieben werden, verlaufen sie im wirklichen Leben nicht linear, sondern vielmehr in einer unendlichen *Spiralbewegung*. Lebensthemen und Lebensaufgaben wollen in jeder neuen Situation und in jedem Lebensalter, insbesondere in den Übergängen, je neu bedacht und beantwortet werden.

2.1   Anpassung und die Mitwelt

Die *erste Phase* auf dem Weg zu sich selbst nennt Jung „Persona" (Jacobi 1977, S. 38) nach dem lateinischen Wort „per-sonare", was durchklingen bedeutet. Mit anderen Worten, die Persona darf nichts Hartes, Festes sein, sie muss durchlässig und transparent bleiben, soll ihre volle Kraft in der Persönlichkeit zum Ausdruck kommen können.

Die Persona wird in der Lebensphase entwickelt, in der der meist noch junge Mensch das Elternhaus verlässt, in der beruflichen Ausbildung steht und sich sowohl entsprechendes Faktenwissen aneignet wie auch berufstypische Verhaltensweisen einübt. Sie bildet die Membran, mit der das Individuum mit der Außenwelt in Berührung tritt und besteht aus dem Verhaltensrepertoire, das den Umgang mit der Mitwelt regelt und bestenfalls vereinfacht. Man eignet sich entsprechendes Wissen an, wie man sich in bestimmten Kontexten zu verhalten hat. Ein Lehrling hat sich anders zu verhalten wie eine Person in Führungsverantwortung, eine Chefärztin hat andere Umgangsformen als ein Physiotherapeut. Der Mensch lernt sich anzupassen und einzuordnen.

Für den Selbstwerdungsprozess ist es zunächst wichtig, eine gut funktionierende Persona aufzubauen. Damit dies geschehen kann, müssen nach C. G. Jung drei Bereiche berücksichtigt werden (vgl. Jacobi 1977, S. 39):

1. Ideales Selbstbild: Die ideale Vorstellung, die der Mensch für die bestimmte Funktion und Rolle in sich trägt.
2. Idealvorstellungen der Mitwelt: Funktion und Rolle müssen dem allgemeinen Bild der Mitwelt entsprechen.
3. Persönliche Voraussetzungen: Die Bewältigung jeder Aufgabe verlangt bestimmte mentale, psychische und physische Voraussetzungen. Nicht jeder Traumberuf kann realisiert werden. Das Scheitern ist vorprogrammiert, wenn bestimmte Bedingungen nicht erfüllt werden können.

Wirken diese drei Faktoren – ideales Selbstbild, Idealvorstellungen der Mitwelt und persönliche Voraussetzungen – in einem dynamischen Gleichgewicht zusammen, dann erscheint das Verhalten der Menschen leicht und natürlich. Die Gefahr besteht, dass im Laufe der Zeit die Persona aus Bequemlichkeit immer seltener abgelegt wird, sozusagen zur zweiten Natur wird und allmählich zur Maske erstarrt. Diese Entwicklung kulminiert in der Identifikation mit Amt und Titel. An diesem Ort angekommen, verwechseln die Menschen die Persona mit ihrem wahren Wesen. Nur vordergründig ist dieser Zustand bequem, da man bloß die äußeren Anforderungen des Alltags zu bewältigen hat. Doch mehr oder weniger bewusst lauert die bedrohliche Frage, wer bin ich dann noch, wenn Status und Funktion verloren gehen. Zeichen dafür sind psychische und psychosomatische Erkrankungen, wenn Job, Funktion oder Rolle der Persönlichkeit nicht entsprechen, aber auch die gehäuften Herzinfarkte rund um das Pensionierungsalter. Auch die Suizidrate steigt, nachdem erfolgreiche Führungskräfte aus Amt und Würde entlassen sind. Diese Entwicklung zeigte sich insbesondere nach der letzten großen Finanzkrise (vgl. Wolfersdorf 2009). Verhärtet sich die Persona, kann die Persönlichkeit nicht mehr durchscheinen und man sucht vergeblich hinter der perfekten Schale eine Persönlichkeit. So hat sich das Verhalten beim Treffen mit Freunden wesentlich vom Leitungsverhalten in einer Geschäftsleitungssitzung zu unterscheiden, wollen wir Freunde nicht verlieren. Die Gefahren der Persona Identifikation lauern insbesondere in kompetitiven Unternehmenskulturen. Um darin nicht nur zu überleben, sondern auch erfolgreich in der Karriereleiter voran zu kommen, sind kriegerische Haltungen und entsprechendes Verhalten gefordert. Und um nicht zu sehr verletzt zu werden, werden innere Mauern aufgebaut und Rüstungen angezogen. Wird diese Abwehrstrategie zur Gewohnheit, fällt es schwer, mit den eigenen Kindern spielerisch umzugehen oder beglückende Intimität, die von einer großen Offenheit und gegenseitigem Vertrauen lebt, mit dem Partner leben zu können.

Wer sich selbst und andere führen und auch im Pensionierungsalter gut und glücklich leben will, tut gut daran, in gelegentlichen, persönlichen Standortbestimmungen und Mitarbeitergesprächen zu prüfen, welche Faktoren im Aufbau der Persona den Ton angeben, fragt nach ihrem dynamischen Gleichgewicht und unterstützt das gelegentliche „Austreten" aus Amt und würdevollen Positionen.

2.2   Schattenintegration

Die *zweite Phase*, die zur Selbsterkenntnis führt und uns darin unterstützt, dass die Persona elastisch bleiben kann, bezeichnet C. G. Jung als „Schatten", den dunklen Bruder, die dunkle Schwester in uns (vgl. Jacobi 1977, S. 168–176). In ihm sind alle Inhalte aufgenommen, die sich unseren moralischen und ästhetischen Prinzipien widersetzen. Sie werden, da sie unserem Idealbild nicht entsprechen und wir uns vielleicht sogar vor den geheimnisvoll in uns lauernden negativen Aspekten fürchten, in den unbewussten Bereich, als nicht zu uns gehörend verdrängt und mit der Zeit gänzlich abgespalten.

Die Schatten zeigen sich in der Führungsarbeit, wenn wir uns beispielsweise ganz plötzlich unsozial verhalten, der Ärger mit uns durchgeht oder wir nörgelnd und kleinlich sind, obwohl wir diese Verhaltensweisen innerlich ablehnen und dann selbst mit uns unzufrieden sind. Eine weitere Möglichkeit, die ungeliebten Schattenanteile unserer Persönlichkeit kennen zu lernen, besteht darin, dass wir unser Aufgebracht sein über das Verhalten eines anderen Menschen genauer betrachten. Dauert unser Unmut länger an oder können wir ihn etwa gar nicht loswerden, so spiegelt uns der andere Mensch Persönlichkeitsanteile wider, die wir an uns nicht schätzen, die aber noch im unbewussten Bereich darauf warten, von uns angenommen und integriert zu werden. Diese Arbeit kosten Mut und Selbstdisziplin, denn es ist einfacher, sich über andere Menschen zu beklagen, wie an sich selber zu arbeiten. Jung (1984b, S. 86) beschreibt diese Phase der Selbstwerdung mit folgenden Worten:

> Wenn man sich aber jemand vorstellt, der tapfer genug ist, seine Projektionen allesamt zurück zu ziehen, dann ergibt sich ein Individuum, dass sich eines beträchtlichen Schattens bewusst ist. Ein solcher Mensch hat sich allerdings neue Probleme und Konflikte aufgeladen. Er ist sich selbst eine ernste Aufgabe geworden, da er jetzt nicht mehr sagen kann, dass die anderen dies oder jenes tun, dass sie im Fehler sind, und dass man gegen sie kämpfen muss. Er lebt im Haus der Selbstbesinnung, der inneren Sammlung. Solch eine Mensch weiss, dass, was immer in der Welt verkehrt ist, auch in ihn selbst ist, und wenn er nur lernt mit seinem eigenen Schatten fertig zu werden, dann hat er etwas Wirkliches für die Welt getan. Es ist ihm dann gelungen, wenigstens einen aller kleinsten Teil der ungelösten, riesenhaften Fragen unserer Tage zu beantworten.

Jung lädt uns ein, gelegentlich zu überprüfen, an welchen Verhaltensweisen wir uns stoßen, negativ bewerten und uns und andere deswegen gar abwerten. Ein wichtiger Schritt in der Selbstführung ist vollzogen, wenn wir lernen hinzuschauen und zu erkennen, wer wir wirklich – mit Grenzen, Möglichkeiten, Potenzialen und Stärken – sind und nicht bloß, wer wir sein möchten. Wer dann noch lernt, nicht gegen den Fehler in sich anzukämpfen, sondern für das Fehlende da zu sein, hat an Kompetenz, sich und andere zu führen, gewonnen.

2.3 Verbindung von männlichen und weiblichen Persönlichkeitsanteilen

Die *dritte Phase* der Selbstfindung beschreibt Jung als „Animus und Anima" (vgl. Jacobi 1977, S. 176–192). Jeder Mensch trägt das gegengeschlechtliche Seelenbild in seinem seelischen Innenraum. Um eine freie, selbstbewusste Persönlichkeit zu werden, hat der Mensch im Laufe seines Lebens die weiblichen und männlichen Seelen-Anteile in sich zu entdecken, anzunehmen und zu entfalten. Die Frau im Manne und der Mann in der Frau sind zunächst unbewusst. Sie werden gebildet durch die Erfahrungen mit der eigenen Mutter bzw. dem Vater und durch die in unserem Kulturraum erfolgversprechenden, wertvollen weiblichen und männlichen Verhaltensweisen. Animus und Anima haben verschiedene Gesichter. Wer sie erkennen will, suche nach männlichen bzw. weiblichen Gestalten in Träumen und Phantasien. In der Außenwelt tritt die Anima dem Mann als faszinierende, anziehende Frau entgegen und der Animus der Frau entsprechend als bewundernswerter, begehrenswerter Mann. Da der andere dem gegengeschlechtlichen Seelenbild nie vollkommen entspricht, sind Enttäuschungen und Konflikte unvermeidbar. Meistens wird erst dann deutlich, dass die Beziehung von Projektionen, der Liebe zum eigenen Seelenbild im anderen Menschen, geprägt war. Wird die Projektion als solche erkannt, bietet sich die Möglichkeit, den bewunderungswürdigen Aspekt des Gegenübers in sich selbst zur Entfaltung zu bringen. In diesem Prozess gewinnen wir durch Mühsal und Anstrengungen ein hohes Maß an Selbstkompetenz und innerer Freiheit. Jacobi (1977, S. 189 f.), eine bedeutende Schülerin von Jung, findet dazu folgende Worte:

> Hat man das gegengeschlechtliche in der eigenen Seele durchschaut und bewusst gemacht, so hat man sich und seine Emotionen und Affekte weitgehend in der eigenen Hand. Das bedeutet vor allem wirkliche Unabhängigkeit, wenn auch gleichzeitig Einsamkeit – jene Einsamkeit des innerlich freien Menschen, den keine Liebesbeziehung oder Partnerschaft mehr in Ketten zu schlagen vermag, für den das andere Geschlecht seine Unheimlichkeit verloren hat, weil er dessen Wesenszüge in den Tiefen der eigenen Seele kennenlernte… seine Einsamkeit entfremdet ihn der Welt nicht, sie schafft nur die richtige Distanz zu ihr. Und indem sie ihn fester verankert in seinem eigenen Wesen, ermöglicht sie ihm sogar ein rückhaltloseres, weil seine Eigenart nicht mehr gefährdendes Eingehen auf seinen Mitmenschen.

Wer in seiner Kompetenz, sich und andere zu führen, wachsen will, findet und fördert dementsprechend männliche und weibliche Haltungen und Verhaltensweisen. Männer können beispielsweise Mitgefühl für die Mitarbeitenden zulassen, ohne die Klarheit der Zielerreichung und damit verbundenen Forderungen an die Mitarbeitenden zu verlieren. Und Frauen in Führungspositionen sind, wenn nötig, fähig, harte Entscheidungen zu fällen und durchzutragen, ohne Mitmenschlichkeit zu verlieren. Menschen, die sich das gegengeschlechtliche Seelenbild mehr und mehr bewusst gemacht haben, gewinnen an innerer Stärke und damit an Macht.

2.4   Selbstwerdung und Selbstführung

Mit dem Bewusstwerden des gegengeschlechtlichen Seelenbildes findet eine Bereicherung und Erweiterung der Persönlichkeit statt. Wir werden reif für die *vierte Phase*, die innere Begegnung mit dem alten Weisen, der grenzenloses Wissen und Verstehen verkörpert und eine naturverbundene klare Geistigkeit zum Ausdruck bringt. Diese Gestalt ist die männliche Hälfte der „großen Mutter" (Jacobi 1977, S. 1197). Sie steht für die Fülle des Seins und das Wissen um die Gesetze der Natur von Leben und Tod. Wer in Berührung kommt mit diesen seelischen Urgestalten, Jung nennt sie „Archetypen" (vgl. Jung 1984a, S. 77–113), gewinnt große Kraft und positive Ausstrahlung, und der Weg zur Erfahrung des Selbst steht offen. Die Gefahr besteht darin, sich mit diesen Kräften zu identifizieren und dadurch überheblich und selbstherrlich zu werden. Deshalb ist wichtig, sich von diesen Kräften unterscheiden zu lernen. Paradox genug, dass sie uns erst dann wirklich zur Verfügung stehen, wenn wir uns nicht mehr mit ihnen identifizieren.

Die Kunst, sich selbst zu führen, gipfelt in der Erfahrung des *Selbst*, dem Mittelpunkt der Persönlichkeit. Dieses Zentrum, der Ort der schöpferischen Wandlung und des inneren

Feuers, wird präsent und erfahrbar, wer mit den Jahren gelernt hat, die Persona Anteile zu erkennen und zu transzendieren, wer die dunklen Seiten in sich anzunehmen weiß, wer männliche und weibliche Persönlichkeitsanteile entfaltet hat und dadurch Zugang gewonnen hat zu den Urkräften der Seele.

Das Selbst ist nicht verfügbar. Es kann auch nicht logisch rational definiert werden. Es lässt sich am besten mit Metaphern beschreiben wie *innere Mitte*, Seelenfunke oder innere Heimat. Gelingt es, sich mit einer gewissen Regelmäßigkeit mit der inneren Mitte zu verbinden und mit der Zeit auch darin zu verankern, nimmt die innere Freiheit zu, auch wenn die äußeren Umstände große Anpassungsleistungen erfordern. Gelassenheit ist zur Grundhaltung geworden. Die Angst verliert den bedrohlichen, einengenden und nicht selten lähmenden Charakter. Sie wird zwar immer noch erfahren, doch sie bestimmt immer weniger das Verhalten im Umgang mit inneren und äußeren Herausforderungen. Hat der Mensch diese Phase erreicht, so ist er zur authentischen Persönlichkeit gereift. Er ist endlich angekommen, muss nicht mehr eine Rolle spielen, um anerkannt zu werden und erfolgreich zu sein. Er weiß und lebt auch demgemäß, dass die Kunst, sich selbst zu führen darin besteht, sich vom Selbst, dem eigenen Wesenskern führen zu lassen. Führungskunst heißt demzufolge ganz einfach, sich führen lassen. In diese Richtung weist auch das berühmte Zitat des ebenso berühmten Malers Pablo Picasso hin (vgl. Gyger 2006, S. 158):

> Ich suche nicht – ich finde. Suchen ist das Ausgehen von alten Beständen und ein Finden wollen von bereits Bekanntem. Finden, das ist das völlig Neue. Alle Wege sind offen, und was gefunden wird, ist unbekannt. Es ist ein Wagnis, ein heiliges Abenteuer. Die Ungewissheit solcher Wagnisse können eigentlich nur jene auf sich nehmen, die im Ungeborgenen sich geborgen wissen, die in der Ungewissheit, in der Führerlosigkeit geführt werden, die sich im Dunkeln einem sichtbaren Stern überlassen, die sich vom Ziele ziehen lassen und nicht selbst das Ziel bestimmen.

3 „Wer sich selbst bezwingt, ist unbezwingbar" – die Ochsenspur in der Zen-Philosophie

Zu den Erforschern der geistig-seelischen Innenwelt und den dazu gehörenden Fragen, wer wir sind und wie wir ein sinnerfülltes Leben führen können, gehören auch große Gestalten aus dem östlichen Kulturraum. Kakuan Shien, ein chinesischer Zen-Meister, der im 12. Jahrhundert lebte, lehrte in einer Zen-Linie, in der im Zentrum der Belehrung Bilder und erläuternde, poetische Texte standen. Bilder wie Texte der wohl berühmtesten Zen-Geschichte „vom Ochsen und dem Hirten" (vgl. Brantschen 1992, S. 47–68) weisen auf die Etappen des tiefgreifenden Transformationsprozesses hin, der *auf dem Weg in die eigene Mitte* durchschritten wird. Auch hier gilt: die Abfolge der einzelnen Wegabschnitte hat wohl eine bestimmte Logik. Doch das Leben, der Reifungsprozess eines Menschen, ganz konkret der Führungsalltag ist durch eine komplexe Dynamik gekennzeichnet. Manchmal scheinen wir in Riesensprüngen voran zu kommen, dann fallen wir wieder zurück, manchmal sogar auf Feld eins.

Im Zentrum dieser Lehrgeschichte stehen ein *Ochse und sein Hirt*. Der Ochse ist Sinnbild für unser wahres Selbst, die Quelle des Lebens in uns, während der Hirt unser im Alltag gefangenes egozentrisches Ich verkörpert. Er weiß nicht mehr, dass er verbunden mit allen Wesen und eins mit dem Leben ist. In Wirklichkeit ist der Ochse nämlich nie verloren gegangen, kann er auch nicht, bloß ist dem Hirten die Verbindung zu ihm abhanden gekommen. So beginnt die Geschichte denn mit der Suche nach dem Ochsen.

3.1 Die Suche nach dem Ochsen

Auf dem *ersten Bild* von „Ochse und Hirte" (vgl. Wikimedia Commons Hrsg. 2015) steht ein Mensch suchend in der Mitte einer Landschaft. Kein Weg zeigt die Richtung. Er scheint verloren.

Wer kennt diese Situation nicht? Verloren im Vielerlei des Alltags und gefangen in den alltäglichen Anforderungen fehlt meistens der Zugang zur nährenden, Halt gebenden Tiefe. Abgeschnitten von der eigenen inneren Mitte und unverbunden mit dem Strom des Lebens spielt sich das eigene Leben an der Oberfläche ab. Das erste Ochsenbild beschreibt diese Situation, die Verlorenheit in der Geschäftigkeit des Alltags vieler Menschen von heute, ganz besonders auch von Führungskräften. Es fehlt die Zeit und die Ruhe, sich den Tiefenimpulsen und der leisen inneren Stimme zuzuwenden, die ein sicherer Kompass für gleichermaßen eigenständige wie nachhaltige Entscheidungen ist. Es gibt viel zu tun, der Leistungsdruck ist hoch, die Arbeit will nicht weniger werden, und wir hinken den Terminen hinterher. Im Extrem finden wir uns im ständig sich schneller drehenden Hamsterrad wieder und ein Ausstieg scheint unmöglich, ja geradezu gefährlich. Immer wieder werden wir im Laufe unseres Lebens, manchmal auch täglich, an den Ort geführt, wo wir uns fragen: Das kann doch nicht alles gewesen sein?

Eine Zeit lang kann es wohl Spaß machen, sich in Aktivitäten zu stürzen, sich in Beruf und Freizeit bis an die Grenzen zu messen. Doch allmählich macht diese Haltung einer gewissen inneren Leere Platz. Äußere Ziele verlieren an Faszination. Eine bestimmte Verdrossenheit macht sich breit. Fast automatisch greifen wir in solchen Situationen nach äußeren, materiellen Mitteln, um die latente Unzufriedenheit zu befriedigen. Dank des materiellen Wohlstands in Westeuropa können immer neue äußere Wunscherfüllungen dieses Unbehagen überdecken. Die Unzufriedenheit über das bereits Erreichte ist sozusagen nicht groß genug. Es ist wohl ein Wissen da, dass etwas Wesentliches fehlt, doch mangelt es an innerer Kraft, die Erkenntnis umzusetzen und sich auf die innere Suche zu begeben. So gibt es einen Zustand vor dem ersten Ochsenbild, nämlich das Verweilen und Ausruhen auf dem bereits Erreichten.

Verbindet sich das Unbehagen mit einer inneren Unruhe, welche uns immer wieder die Frage stellt, was die eigentliche Aufgabe im Leben ist, in der die einzigartige Persönlichkeit zum Ausdruck gebracht werden kann, beginnt die wirkliche Suche. Die Kraft dazu gewinnen wir nicht durch andere Menschen. Sie können uns wohl ermutigen und inspirieren. Es gibt auch kein Medikament, welches uns die Entscheidung abnehmen wird. Es braucht Entschlossenheit, die genährt ist von einem guten Willen, den Weg nach Innen anzutreten.

So erfordert das Erlernen der Kunst, sich selbst und andere zuführen, zunächst einmal mit einer gewissen Regelmäßigkeit im Laufe des Tages Atempausen einzulegen, Aktivitäten zu unterbrechen und ab und zu innezuhalten. Dann gewinnen wir die notwendige Distanz zu uns und den Herausforderungen. Wir gehen nicht länger im Vielerlei des Alltag verloren und erwerben die Fähigkeit, aus der übergeordneten Perspektive mit Gelassenheit Prioritäten zu setzen.

3.2 Das Finden der Ochsenspur

Auf dem *zweiten Bild* von „Ochse und Hirte" (vgl. Wikimedia Commons Hrsg. 2015) sehen wir den Hirten immer noch allein, jedoch nicht mehr ratlos umherblickend. Er hat eine Spur gefunden.

Der Mensch in dieser Phase wendet sich regelmässig nach Innen und bringt eine gewisse Ordnung in sein Leben. Nietzsche (1981, S. 577) mahnt in diesem Zusammenhang:

> Wer viel einst zu verkünden hat, schweigt viel in sich hinein: Wer einst den Blitz zu zünden hat, muss lange Wolke sein.

Meditative Übungen und/oder Beten sind nicht länger „Pflichtübungen", sie sind sozusagen zum täglichen Brot geworden. Der Raum der inneren Autonomie wächst. Es ist ein Wissen präsent, was Körper und Seele gut tut und so kann auf Zerstreuungen einfacher verzichten werden. Die Kraft steht selbstverständlicher zur Verfügung, die „guten" Vorsätze auch umzusetzen. Immer weniger von äußeren Umständen und eigenen Bedürfnissen getrieben, werden wir mehr und mehr zum aktiven Gestalter unseres Lebens. Festgefahrene Muster wie beispielsweise gerne an sich und anderen rumzunörgeln, werden als negative Reaktionsweisen erkannt und können losgelassen werden. Lieb gewonnene Gewohnheiten wie nach den Nachrichten vor dem Fernseher einfach sitzen zu bleiben, machen einer neuen Lebendigkeit Platz. Spaziergang statt Fernsehabend, auch Zeiten der Stille und des Alleinseins werden wichtig. Auf der seelischen Ebene wächst die befreiende Erkenntnis, sich nicht mehr länger nur als Opfer widriger äußerer Umstände zu sehen. Vielmehr wird nach Möglichkeiten gesucht, an Schwierigkeiten und Herausforderungen zu lernen und zu wachsen. Gefühle, auch negative wie Zorn und Hass, können als solche erst einmal wahrgenommen und dann auch angenommen werden. Dies ist ein erster wichtiger Schritt zur Transformation dieser Kräfte. Auch das Hängen bleiben in eigenen Gedankenmustern, Meinungen und Vorurteilen wird erkannt und kann nach und nach aufgegeben werden. Ein wichtiger persönlicher Wachstumsschritt ist damit getan, eine Entscheidung nicht nur getroffen, sondern auch umgesetzt, nämlich an und mit sich zu arbeiten. Denn da wo ich bin, im Hier und Jetzt beginnt die ganz persönliche Spur.

In dieser Phase wird auch die Beschäftigung mit existenziellen Fragen drängender: Woher kommt der Mensch? Wohin gehen wir? Was ist der Sinn des Lebens? Warum gibt es Leiden, und dies nicht erst, seit es Menschen auf unserem Planeten gibt? Auf all diese Fragen gibt es keine abschließend gültigen Antworten. Es sind vielmehr Fragen, die uns umformen, wenn wir es wagen, in sie hineinzuwachsen. Dabei reift in uns eine Ahnung, dass alles Leben eins ist, und wir getragen sind vom Urstrom des Lebens.

Wenn das Innehalten und still werden zur persönlichen, guten Gewohnheit geworden ist, werden Führungskräfte auch fähig, beispielsweise selbstverständlich Sitzungen mit einem kurzen Schweigen einzuleiten. Diese Schaffenspause dient dazu, die Beschäftigung mit eben noch dringenden Aufgaben loszulassen und ganz im Hier und Jetzt anzukommen. Teams, die miteinander qualifiziert schweigen können, und nicht nur körperlich, sondern auch geistig präsent sind, werden gerade deshalb zu Spitzenleistungen fähig.

3.3   Das Erblicken des Ochsen

Das *dritte Bild* von „Ochse und Hirte" (vgl. Wikimedia Commons Hrsg. 2015) zeigt ein erstes Etappenziel auf dem Weg nach Innen zum eigenen Wesenskern. Der Hirt hat an Schwung zugelegt. Er hat nicht nur eine Spur gefunden, er hat den Ochsen entdeckt, dem er nachspringt. Vom Tier ist nur sein Hinterteil zu sehen. Es fehlt der Blick auf die ganze Gestalt.

In der Zen-Tradition wird hier von der Erleuchtung gesprochen, der Erfahrung der Einheit allen Lebens, der Einheit mit dem Universum und Leere aller Dinge. Wann und wo immer diese Erfahrung einbricht, sie erschüttert den Menschen in seinem ganzen Wesen, in seinen Grundfesten. Die Kategorien von mein und dein, gut und böse, hell und dunkel werden transzendiert. Alle Spaltung und Trennung, alle Egozentrik ist eingeschmolzen in den Urgrund des Lebens. Die Unterscheidung zwischen dem Subjekt, das beobachtet, und dem Objekt, das beobachtet wird, fällt in sich zusammen. Hier heißt es nicht: „Ich werdend spreche ich Du", sondern „Ich bin Du". Der Suchende ist angekommen, da wo es nichts zu suchen und zu finden gibt, denn der Ursprung ist in allem unverhüllt gegenwärtig. Paul Watzlawik (1991, S. 122) schreibt dazu:

> Auf einmal war es ihm klar, dass die Suche der einzige Grund des bisherigen Nichtfindens gewesen war; dass man da draussen in der Welt nicht finden und daher nie haben kann, was man immer schon ist.

Tiefes Glück und innerer Friede begleiten solche Erfahrungen. Gleichzeitig wachsen innere Klarheit, Wachheit und ein tiefes Vertrauen in das Leben selbst. Sehnsüchte und Ängste verlieren an Macht über uns. Enttäuschungen und Rückschläge werfen uns nicht mehr so aus der Bahn wie bisher.

Es gibt viele Wege, den Ochsen zu finden. Man braucht dazu nicht ausschließlich den Pfad des Zen zu gehen. Manchen Menschen wird diese Erfahrung geschenkt, ohne dass sie eine spirituelle Praxis bewusst pflegen. Sie bricht sozusagen unvorbereitet in ihr Leben ein. Anderen ist empfohlen, Stille zu suchen und still zu werden, sich zu entleeren vom

Alltagskram, frei zu werden vom Gedankenkarussell, das sich ohne unser aktives Dazutun unablässig dreht und manchmal so laut wird, dass wir nachts wach werden. Neben der Stille begünstigt eine bestimmte Lebenshaltung das Erwachen zur eigenen Tiefe. Im westlichen Kulturraum ist unser Tagesbewusstsein damit beschäftigt, die Außenwelt zu beobachten, zu erfassen, einzuordnen und in den Griff zu bekommen, ja wenn immer möglich auch zu kontrollieren. Dafür zahlen wir einen hohen Preis. Lernen und üben wir nicht, unsere Haltung auf Empfang einzustellen, werden wir Gefangene der Außenwelt. Wenn es uns gelingt, Menschen, Tiere, Pflanzen – alle Objekte – einzuladen und das diskursive Denken passiv zu legen, so werden wir mit der Zeit offen für die Tiefendimension von uns selbst und der Mitwelt. Befreit von Vorurteilen, von Vorstellungen, wie das Gegenüber zu sein hat, kann sich Wesentliches offenbaren. Wir beginnen, nicht nur mit den physischen Augen, sondern auch mit den Augen des Herzens zu sehen.

Die Erfahrung der Einheit allen Lebens ist kein intellektuelles Erkennen. Es ist vielmehr ein Ergriffen sein von der Einheit des Seins, der Weite und Unendlichkeit des Geistes, dem leeren Raum der ewigen Gegenwart. Krishnamurti (2006, S. 515) bringt diese Erfahrung auf den Punkt:

> Wenn Sie eine Reise in sich selbst hinein unternehmen, sich all des Inhalts entledigen, den sie angesammelt haben, und ganz, ganz tief eindringen, dann ist da dieser weite Raum, die so genannte Leere, die voller Energie ist.

Für den Selbstwerdungsprozess ist wichtig zu wissen, dass eine Erleuchtung noch keinen Erleuchteten ausmacht. Ein langer Wandlungsweg steht noch bevor. Und damit sind wir bei den nächsten beiden Bilder angekommen.

3.4 Das Einfangen und Zähmen des Ochsens

Die *Bilder vier und fünf* von „Ochse und Hirte" (vgl. Wikimedia Commons Hrsg. 2015) zeigen die Mühsal des Einfangens und Zähmens des Ochsens mit Leitseil und Peitsche. Der Ochse ist in seiner ganzen Gestalt sichtbar, aber noch ungestüm – nicht verlässlich verbunden mit dem Hirten.

Eine Gipfelerfahrung, wie sie im vorherigen Bild beschrieben ist, verändert unseren Alltag noch nicht. Das Leben aus der Erfahrung der Einheit ist noch nicht selbstverständlich gegenwärtig. Allzu oft verlieren wir uns noch in den alltäglichen Tätigkeiten und Anforderungen und finden uns gleichsam wieder im ersten Bild vor. Es geht hier ganz einfach nur darum, einzuüben, in all unserem Tun gegenwärtig zu sein. Wenn wir sitzen, dann sitzen wir. Wenn wir gehen, sind wir nicht schon am Ziel angekommen. Bis diese *achtsame, bewusste Haltung* zur neuen Gewohnheit wird, geht ein jahrelanger Lernprozess voraus, der genau genommen auch nie wirklich zu Ende kommt. Die Meister mahnen hier zur Disziplin: „Achte eifrig auf deinen äußeren Menschen, damit er geeint werde mit dem Innern" (Der Weg der Meister 1984, S. 10). Es gilt, jeden Tag, jeden Moment, je neu im gegenwärtigen Augenblick, Hier und Jetzt anzukommen. Die Arbeit an sich selbst ist angesagt, nun jedoch nicht länger gesteuert von Idealbildern, sondern aus innerem Antrieb, der personalen Mitte. Alte Gewohnheiten aus dem dualistischen Weltbild wie – hier bin ich und da draußen ist die mir mehr oder weniger wohlgesinnte Außenwelt – brauchen Zeit, bis sie losgelassen werden können. Am schwersten ist wohl die Überwindung der Opfer-Täter-Dynamik. Wenn wir ganz ehrlich sind, so müssen wir feststellen, dass dieses Muster fast automatisch in uns abläuft. Geht es uns einmal nicht so gut, finden wir ganz bestimmt eine äußere Ursache – Menschen, Situationen und Ereignisse –, die Schuld sind an unserem Ungemach, unserer Missstimmung oder unserem Leiden. So ist es doch viel einfacher, anderen Schuld zuzuweisen, als an sich selbst zu arbeiten. Halten wir an dieser Einstellung fest, so zahlen wir einen hohen Preis. Wir bleiben unfrei und verpassen, unser Leben selbst in die Hände zu nehmen. Gelingt dieser Schritt, so erfahren wir, dass wir glücklich sein können, auch wenn wir kein Glück haben.

Wird die Erfahrung der Einheit und Leere aller Dinge vertieft, so bewirkt sie auch eine Neuorganisation der Grundtriebe des Menschen: Besitz, Macht und Sexualität. Sie werden immer weniger zur eigenen Befriedigung, sondern immer mehr im Dienste des Lebens gelebt. Bis vor einigen Jahrzehnten wurden spirituell Suchende angehalten, die stärksten, menschlichen Triebkräfte abzutöten, eben mit Peitsche und Leitseil. Heute geht es darum, diese Kräfte einzufangen und zu transformieren. Nicht mehr „du sollst und du musst", sondern aus einem inneren Antrieb heißt es neu: „nimm all deine Kräfte an und diene mit ihnen dem Leben und der Liebe". Lernen wir, in dieser Weise mit den Triebkräften umzugehen, dann werden wir freier im Umgang mit Besitz, weil wir wissen, dass mehr Haben nicht glücklicher macht. Das Wissen ist zur lebendigen Erfahrung geworden, dass ein Mehr an materiellem Besitz den tiefsten Hunger und unsere Sehnsucht nach Mehr sein nicht stillen kann. Seinsqualitäten wie innerer Friede, Gelassenheit und Freude gewinnen mehr an Bedeutung. Auch der Umgang mit Macht verändert sich. Aus Macht über andere wird Freude an geteilter Macht, Macht für und mit anderen. Gyger (2005, S. 145) schreibt in diesem Kontext: „Die neue Macht wird geboren in der Stille des Herzens vor allem Tun." Trotz der sexuellen Revolution in den sechziger Jahren des letzten Jahrhunderts sind wir vielfach immer noch nicht frei im Umgang mit ihr. Können wir uns öffnen für die Erfahrung, dass auch sie eingebunden ist in den Urgrund allen Seins, wird sie als göttliche Schöpferkraft erkannt.

Johannes Tauler (Der Weg der Meister 1984, S. 16) ermahnte seine Schüler mit folgenden Worten: „Es muss eine kraftvolle Einkehr geschehen, eine innere Sammlung aller Kräfte, der niedersten wie der höchsten, ein Einswerden aus aller Zerstreuung." Menschen, die in dieser Weise lernen, die Urkräfte in sich anzunehmen, zu integrieren und zu transzendieren, werden in einer besonderen Weise machtvoll. Sie haben Seins-Macht entwickelt, innere Autorität, die nicht gebunden ist an Status, Rolle und Bildung. Heinrich Seuse findet zu diesem Stadium einfache, weise Worte: „Wer alle Zeit bei sich selbst daheim ist, gewinnt gar große Kraft" (Der Weg der Meister 1984, S. 236).

Die Bilder vom Einfangen und Zähmen des Ochsen verdeutlichen Aspekte, die wesentlich zur Kunst, sich und andere zu führen, gehören. Sie regen an, alles, was sich an inneren, positiv oder negativ bewerteten Regungen zeigt, wahrzunehmen, anzunehmen und zu transformieren. Aus der Verbundenheit mit dem inneren Wesen gelingt es einfacher, Gewohnheiten loszulassen, welche der Erfahrung der Einheit allen Lebens im Wege stehen. Gerade weil man die Mühsal der Arbeit an sich selbst kennt, wächst das Mitgefühl für andere Menschen. Dies ist eine Haltung, die nicht beschönigt, auch nicht falsch harmonisiert, sondern den Raum öffnet, damit das Gegenüber Kraft gewinnt, die Arbeit an sich selbst weiter zu führen und somit die wohl faszinierendste Reise, nämlich zu sich selbst, unter die Füße zu nehmen. Dieser Entwicklungsschritt findet im nächsten Bild zur Vollendung.

3.5 Der Heimritt des Ochsens

Nachdem der Ochse eingefangen und gezähmt ist, kann der Hirt ihn reiten. Das Ringen und Kämpfen ist vorbei. Auf dem *sechsten Bild* von „Ochse und Hirte" (vgl. Wikimedia Commons Hrsg. 2015) sitzt er vergnügt und heiter auf dem breiten Rücken und spielt auf der Flöte. Sein Vertrauen, seine Verbundenheit und Einheit mit dem Ochsen wird so umfassend, dass er sogar – wie auf einigen Darstellung zu sehen ist –, rücklings auf dem Tier zu reiten vermag.

In der abendländischen Tradition gibt es eine Parallele zu diesem Bild. Niklaus Brantschen (2009, S. 21) schreibt dazu: „Tugend ist die in der Übung gewonnene Leichtigkeit und Freude, Gutes zu tun. Der Raum der inneren Freiheit ist so vertraut und verfügbar geworden, dass wir in jedem Moment mit innerer Gewissheit wissen, was zu tun ist." Und Meister Eckehart (Der Weg der Meister 1984, S. 290) beschreibt diese Geisteshaltung wie folgt: „Wie wunderbar: draußen stehen wie drinnen, begreifen und umgriffen werden, schauen und das Geschaute sein, halten und gehalten werden – das ist das Ziel." Der Mensch ist zur Persönlichkeit gereift, in der meisterlich zu leben zum Bedürfnis geworden ist. Ein wesentliches Element hierfür ist die Bereitschaft, „Ja" zu sagen in allen Lebenssituationen: „Ja" zum eigenen Leben, zur eigenen Geschichte, den Gaben und Talenten, aber auch zu den Grenzen, dem Versagen und der Schuld. Das „Nein" gehört auch dazu, wenn es darum geht, sich selbst zu grenzen, beispielsweise, wenn wir uns in unfruchtbaren Gedanken und in der Opferhaltung gefangen wissen. Es geht aber auch um Kraft zum „Nein", wenn in gesellschaftlichen Fragen Widerstand angesagt ist.

Im Blick auf das eigene Leben steht nicht mehr so sehr die Frage im Mittelpunkt: Wer bin ich? Dafür gewinnt Bestreben und Absicht an Priorität, mit den eigenen Talenten und Gaben dem großen Ganzen, dem Leben überhaupt zu dienen. Dieses Bild bringt eine harmonische, friedvolle Stimmung zum Ausdruck, und darin liegt gleichsam auch die Gefahr auf dieser Stufe. Es ist die Gefahr, hier stehen zu bleiben, die Stille, den inneren Frieden und die heitere Gelassenheit zu genießen und darin zu verweilen. Darum hört hier die Ochsengeschichte noch nicht auf. Das letzte Ziel des Weges – die Zielgestalt – ist noch nicht erreicht.

3.6   Das Ziel des Zen-Weges: Betreten des Marktes mit offenen Händen

Im letzten *Bild zehn* von „Ochse und Hirte" (vgl. Wikimedia Commons Hrsg 2015) sehen wir am Ziel des Weges nicht einen abgeklärten, weisen alten Mann. Nein, ganz im Gegenteil. Auf dem Bild ist ein Mann in einfacher Kleidung, mit einem dicken Bauch, lachend und in heiterer Ausstrahlung auf die Menschen zugehend, gezeigt.

Das Besondere an diesem Menschen ist, dass er alles Besonders sein abgelegt hat. An ihm haftet kein Dünkel, denn er ist befreit von allen Anhaftungen an Vorlieben, Denkgewohnheiten, Vorstellungen, Konzepten, Theorien und Lehrmeinungen. Er bewegt sich ohne Allüren mitten im Leben und sondert sich nicht ab. Er ist sozusagen frei von sich selbst geworden, denn er lebt im Einklang mit dem ursprünglichen Wesen. Die Einheitserfahrung hat sich gewissermaßen in ihm bis in die Knochen vertieft, dass er sich frei in Raum und Zeit zu bewegen vermag. Zeitfreiheit kennzeichnet ihn und sein Zuhause findet er überall, denn das Universum ist seine Heimat geworden.

Der Mensch in dieser Phase lebt aus der Quelle, die unablässig in seinem eigenen Inneren sprudelt. Er hat den Meister, die Meisterin in sich gefunden. Der Marktplatz, auf dem er lebt und sich bewegt, ist das alltägliche Leben. Der Mensch mischt sich ein, Tatendrang, Lebendigkeit, Zufriedenheit und Lebensfreude sind seine ständigen Begleiter. Sein Herz ist weit geöffnet. Er lässt sich so von der Freude und dem Leid der Welt berühren. So lacht ein Auge, während sein anderes weint. Aus der Verbundenheit mit allem Sein arbeitet er an der Transformation der Welt.

4   Zusammenfassung und Ausblick

Der Weg der Selbstfindung, der die Basis ist für die Kunst, sich selbst und andere zu führen, ist ein faszinierender Entwicklungsprozess. Er führt spiralförmig von Stufe zu Stufe, die im Laufe eines geglückten Lebens immer wieder neu gegangen werden. C. G. Jung entwarf ein Modell, das von der Anpassung an die Mitwelt (die sich in jüngster Zeit immer schneller verändert), über die Annahme von negativ bewerteten Persönlichkeitsanteilen zur Integration von männlichen und weiblichen Attributen führt. Diese Stufen sind Voraussetzung für die Erfahrung von großen seelischen Urkräften. Sie sind sozusagen die Türhüter der personalen Mitte – des Selbst. Im Hause des Seins angekommen erkennen wir demütig, dass wir mehr geführt sind, als selber führen.

Der Weg, der in der östlichen Weisheitstradition entwickelt wurde, zeigt ähnliche, aber trotzdem verschiedene Etappen. Sich selbst zu werden, ist mit innerer Arbeit verbunden. Ein wesentlicher Moment dabei ist, innezuhalten und sich auch Zeiten einzuplanen, um aus der Betriebsamkeit des Alltags auszusteigen. Wenn sich äußere und innere Stille einstellt, dann öffnet sich der weite Raum des Geistes und des großen Herzens – Qualitäten, die zur Ausübung der Kunst, sich und andere zu führen, ein solides Fundament bilden.

Zentrale übergeordnete Themen von heute, die nicht nur Führungskräfte beschäftigen, sind die wachsende Beschleunigung und Komplexität, die durch die rasante technologische

Entwicklung angetrieben wird. Hinzu kommt die stetig anschwellende Migrationsbewegung, bedingt durch den Klimawandel, das ökonomische Ungleichgewicht und die Zunahme von innerstaatlichen Verwerfungen. Es gibt keine Patentrezepte, um diesen gewaltigen Aufgaben gewachsen zu sein. Jeder Mensch kann jedoch einen Beitrag zur Bewältigung der unlösbar scheinenden Schwierigkeiten leisten. Denn:

- Wer sich täglich darin übt innezuhalten, erfährt immer öfter, dass er zeitfrei in der Zeit zu stehen vermag.
- Wer sich regelmäßig der inneren, seelischen Komplexität zuwendet, gewinnt an Leichtigkeit im Umgang mit der äußeren Komplexität.
- Wer Offenheit für die Einheit allen Seins lebt, kann mit Diversity – der kulturellen, geschlechtlichen, religiösen Vielfalt – souverän umgehen, da er existenziell um die Einheit in der Verschiedenheit weiß.

Aus meiner Sicht haben Führungskräfte, die an Schaltstellen wirken, eine besondere Verantwortung. Sie haben Vorbildfunktion und geben damit wesentliche Orientierung. Mit ihrer Haltung und ihrem Verhalten bestimmen sie zudem essentiell die Unternehmenskultur. Wie jede Kunst, die nicht weiter geübt wird, an Qualität verliert, so ist es auch mit der Kunst, sich selbst und andere zu führen. Und es gilt ebenso: wie in der Ausübung jeder Kunst, gewinnt auch die Kunst, sich und andere zu führen, mit den Jahren an Leichtigkeit und Freude.

Literatur

Brantschen, N. (1992). *Der Weg ist in dir.* Zürich: Benziger.
Brantschen, N. (2009). *Vom Vorteil, gut zu sein.* München: Goldmann.
Der Weg der Meister. (1984). *Texte von Meister Eckehart, Johannes Tauler, Heinrich Seuse, Angelus Silesius.* Dietfurt: Meditationshaus St. Franziskus.
Gyger, P. (2005). *Maria, Tochter der Erde – Königin des Alls.* München: Kösel.
Gyger, P. (2006). *Hört die Stimme des Herzens.* München: Kösel.
Jacobi, J. (1977). *Die Psychologie von C. G. Jung.* Frankfurt a. M.: Fischer.
Jung, C. G. (1984a). *Grundwerk C. G. Jung* (Bd. 2). Olten & Freiburg: Walter.
Jung, C. G. (1984b). *Grundwerk C. G. Jung* (Bd. 4). Olten & Freiburg: Walter.
Kapleau, P. (1998). *Die drei Pfeiler des Zen.* Leipzig: Barth.
Krishnamurti, J. (2006). *Vollkommene Freiheit* (5. Aufl.). Frankfurt a. M.: Fischer.
Nietzsche, F. (1981). *Briefe von Friedrich Nietzsche.* Berlin: De Gruyter.
Wartenweiler, D. (2010). *Der wahre Mensch ohne Rang und Namen.* Ostfildern: Patmos.
Watzlawick, P. (1991). *Vom Schlechten des Guten.* München: Piper.
Wikimedia Commons. (Hrsg.). (2015). Looking for the Ox, by Tenshō Shūbun.jpg. https://commons.wikimedia.org/wiki/File:%22Looking_for_the_Ox%22,_by_Tensh%C5%8D_Sh%C5%ABbun.jpg. Zugegriffen: 20. Nov. 2015.
Wolfersdorf, M. (2009). Die harte Variante. http://www.wiwo.de/unternehmen/suizidforscher-wolfersdorf-im-interview-die-harte-variante/5500984.html. Zugegriffen: 1. Juni 2015.

Dr. Anna Gamma ist Psychologin und autorisierte Zen-Meisterin. Sie war langjährige Leiterin des Lassalle-Instituts (Schweiz). Aktuell leitet sie das Institut Zen & Leadership und das Zen Zentrum Offener Kreis in Luzern. Sie wirkt als Dozentin, Referentin, Executive Coach und Autorin.

Positive Leadership – Führen mit Energie

Ruth Seliger

Inhaltsverzeichnis

R. Seliger (✉)
Trainconsulting, Mariahilfer Straße 88a, 1070 Wien, Österreich
E-Mail: r.seliger@trainconsulting.eu

© Springer Fachmedien Wiesbaden 2016
C. von Au (Hrsg.), *Wirksame und nachhaltige Führungsansätze,*
Leadership und Angewandte Psychologie, DOI 10.1007/978-3-658-11956-0_3

1 Einleitung

Wie können Organisationen erfolgreich bleiben, wenn die Welt turbulenter, komplexer und dynamischer wird? Die bisherigen Erfolgsstrategien stammen aus einer anderen Zeit. Das Rollenmodell für Organisationen ist nach wie vor das römische Heer mit seinen klaren Strukturen und Hierarchien: die Arbeitsweise von Organisationen ist am naturwissenschaftlich-technischen Paradigma des Messens, Planens und Reparierens ausgerichtet. Die sich neu gestaltende Welt stellt große Herausforderungen an Organisationen und ihre Führung. Positive Leadership ist eine der Antworten und Teil eines Paradigmenwechsels, der in diesem Beitrag vorgestellt wird.

Ausgehend von *zwei Beispielen von dysfunktionalen, erschöpften Organisationen* wird erläutert, auf welchen Prinzipien und Annahmen ein *neues Verständnis von Führung* aufbauen könnte. Auf der Basis eines systemischen Verständnisses von Organisationen wird dargestellt, dass Organisationen Kommunikationssysteme sind, in derem inhaltlichen Kern Arbeit als vergegenständlichte Energie steht. Darauf baut das Konzept von Positive Leadership (vgl. Seliger 2014) auf: es versteht Führung als eine Funktion, deren wesentliche Aufgabe in der Steuerung von produktiver organisationaler Energie liegt. Den Abschluss des Beitrags bildet ein Fragenkatalog, um Positive Leadership in der Praxis anzuwenden.

2 Erschöpfte Organisationen

Erstes Beispiel aus der Praxis

Das mittelständische familiengeführte Unternehmen ist auf die Erzeugung von besonderen Teilen der Motorenproduktion spezialisiert. Der Erfolg der letzten Jahre hat das Unternehmen wachsen und sich auf internationale Gebiete in Asien und USA ausbreiten lassen. Eigentlich könnte man zufrieden sein.

Die Personalentwicklerin beschreibt die Situation im Haus aber als schwierig: viele Krankenstände, Burnout, schlechte Ergebnisse bei der üblichen Mitarbeiterbefragung. Das Management reagiert in gewohnter Weise: Man holt einen Berater des Vertrauens, der die Prozesse optimieren soll. Die Personalentwicklung setzt durch, dass mit systemischer Beratung das „große Bild" der Situation erfasst und bearbeitet werden soll. Wir kommen ins Spiel.

Eine eingehende Organisations-Analyse bringt hervor, dass vom Management im Zuge der Wachstumsprozesse immer wieder neue Organisations-Formen eingeführt wurden – je nachdem, welcher Berater gerade im Haus war und welche Modelle dieser ins Haus brachte. Allerdings wurden bei jeder Einführung neuer Strukturen die alten nicht entsorgt, sondern bewahrt. Das führte dazu, dass das Unternehmen zur gleichen Zeit in Divisionen gegliedert war, eine Prozessorganisation pflegte, in einer Matrix arbeitete und eine Projektorganisation vorhanden war. Wenn es um Entscheidungen ging, dann galten darüber hinaus zugleich offizielle und informelle Entscheidungsprinzipien: obwohl alle Entscheidungsprozeduren feinsäuberlich in dicken Handbüchern festgeschrieben waren, wurde, wenn es Spitz auf Knopf stand, dann doch nach der alten Regel des „Ober sticht Unter" entschieden. Und so kam es immer wieder vor, dass ratlose Mitarbeiter auf der Suche nach Klarheit und eindeutigen Entscheidungen herumirrten, bis sie das taten, was ihnen am sinnvollsten erschien: sie gingen die informellen Wege – zu jenen Personen, mit denen sie sich am besten verstanden. Oder sie wurden krank.

Zweites Beispiel aus der Praxis

Als Berater waren wir angefragt, ein Führungsleitbild in einer Organisation der Automotive-Branche unternehmensweit „auszurollen". Das Unternehmen ist weltweit tätig, seit einiger Zeit (wieder) zentralisiert und arbeitet als Matrix. Unsere direkten Auftraggeber sind hohe Manager der globalen Personal- und Organisationsentwicklung. Geplant sind 25 große Führungs-Konferenzen weltweit.

Bereits sehr früh stoßen wir in unserer Zusammenarbeit auf unüberwindliche Barrieren. Jede Empfehlung, die wir für den geplanten Roll-Out-Prozess geben, muss über viele Hierarchiestufen hinweg kommuniziert und mit vielen „Schnittstellen" abgestimmt werden. Es bedarf vieler Schleifen, um teilweise unbedeutende Entscheidungen zu treffen. Direkte Abstimmung und Planung mit den „Kunden" oder „Betroffenen" – den Führungskräften – „geht bei uns nicht". Unsere internen Partner wirken selbst erschöpft, genervt, unzufrieden. Die Organisation zeigt sich von ihrer Struktur her ähnlich kleinteilig gebaut wie ein Motor: für jedes noch so winzige Zahnrächen gibt es eine eigene Abteilung mit Abteilungsleiter. Jedes abteilungsübergreifende Projekt erzeugt viele Schnittstellen und großen Abstimmungsbedarf. Die strenge Hierarchie und der große Respekt vor den oberen Management-Ebenen erfordert viel „politisches" Verhalten. Die vielen kleinen und größeren Mauern in der Organisation erzeugen ihrerseits wieder Misstrauen, Abschirmungs-Tendenzen und viel Innensicht. Am Ende eines anstrengenden Planungsprozesses werden die Konferenzen durchgeführt und von den Führungskräften global als Erfolg und positiv bewertet. Schließlich sind alle – interne wie externe Kräfte – zwar erleichtert, dass der Roll-out gelungen ist, aber alle sind vollkommen erschöpft und frustriert. Es will so keine rechte Freude über den Erfolg aufkommen.

Die Kosten, die in der schwierigen Planungsphase entstanden waren, sind extrem hoch. Die Organisation „leistet" sich den Luxus von Kleinteiligkeit und aufwendigen Abstimmungsprozessen. Die Entwicklung eines Konferenz-Designs – auch wenn es weltweit mehrmals durchgeführt wird – kostet im Allgemeinen etwa 10 Berater-Tage. In unserem Projekt mussten wir etwa 50 Berater-Tage veranschlagen, dazu kamen noch einmal so viele Tage für die 5 (!) internen Experten.

Das sind nur zwei *Beispiele* für das, was hier als *„dysfunktionale" Organisationen* bezeichnet wird. So oder so ähnlich geht es in sehr vielen Organisationen zu. Viele Organisationen sind zwar erfolgreich, aber sie zahlen einen zu hohen Preis dafür. Vieles könnten sie einfacher, schneller und auch billiger haben. Zu oft beobachten wir Organisationen dabei, ihre Ressourcen und die Menschen regelrecht zu verbrennen. Die wesentlichen Ursachen dafür sind dysfunktionale Organisations-Muster und eine Führung, die daran festhält.

Dysfunktionalität kann man daran erkennen, dass eine Organisation ihre Aufgabe so erreicht, dass sie ihre Mittel dafür möglichst effizient einsetzt. Eine Organisation ist dann dysfunktional, wenn ihre Strukturen, Prozesse, die Werte und Prinzipien die Organisation nicht unterstützen, sondern daran hindern, ihre Ressourcen gut zu nützen. Dysfunktionale Organisationen sind *Energiebremsen*.

3 Organisation ist Energie

3.1 Energie entsteht durch Sinn

Organisationen sind *soziale Systeme* (vgl. Luhmann 2000), die aus gutem Grund in die Welt gesetzt werden: in ihnen und durch sie soll etwas hergestellt werden: Produkte, Dienstleistungen, Wissen. Organisationen kommen immer schon mit einem Auftrag auf die Welt. Sie haben von Anfang an Sinn. Auftraggeber und Sinnstifter von Organisationen können Personen („Gründer"), Organisationen („Spin-offs" oder auch interne Abteilungen) oder gesellschaftliche Bereiche (Regierungen, Zivilgesellschaft) sein.

Der *Sinn* von Organisationen entsteht letztlich dadurch, dass die geschaffenen Produkte, Dienstleistungen oder Wissensleistungen für jemanden – die „Kunden" der Organisation – wertvoll sind, Bedürfnisse befriedigen oder etwas sicherstellen, was die Kunden nicht selbst herstellen könnten. Mitunter sind die Kunden von Organisationen einzelne Personen („Konsumenten"), andere Organisationen (bei „Zulieferern") oder auch die gesamte Gesellschaft (wie bei öffentlichen Institutionen oder nichtstaatlichen Organisationen (NGO).

Der Sinn beziehungsweise das Wissen um ihren Sinn gibt Organisationen *Energie*. Sinn bedeutet für jedes Einzelnen in einer Organisation, ein großes Bild davon zu haben, wozu die Organisation da ist und wofür jeder Einzelne Arbeit leistet. Wenn eine Organisation vergisst, wozu sie auf der Welt ist, geht ihr der Sinn verloren – und damit ihre eigentliche Lebensenergie.

3.2 Arbeit ist Energie

Organisationen erfüllen ihre Aufgabe dadurch, dass *Arbeit* geleistet wird, um Produkte, Dienstleistungen oder Wissen zu erzeugen. Von Arbeit sprechen wir, wenn Menschen Organisationen ihre Energie so zur Verfügung stellen und so einsetzen, dass die erwünschten Ergebnisse – seien sie materieller oder ideeller Natur – entstehen können. Produkte und Dienstleistungen sind daher „vergegenständlichte" Energie.

Im Kontext von Organisation wird menschliche Energie zu „Leistung"; diese wird zu Produkten.

3.3 Kommunikation ist Energie

Wirkungsvoll wird individuelle Leistung für Organisationen allerdings erst dann, wenn die Beiträge der einzelnen „Energie-Lieferanten" sinnvoll in Bezug auf die erwünschten Ergebnisse aufeinander abgestimmt und koordiniert werden. Das ist das Wesen von Organisation. „Organisation" bedeutet in diesem Sinne, ein in Bezug auf die zu leistenden Ergebnisse wirkungsvolles Zusammenspiel der individuellen Leistungen zu gestalten. Ist dies gegeben, dann fließt die Energie und damit die Arbeit wie von selbst.

Luhmann (2000) spricht davon, dass Organisationen letzten Endes aus *Kommunikation* bestehen. Kommunikation ist das Kernelement von Organisationen. Kommunikation ist zugleich ein hochkomplexer Prozess, der sich aus dem Prozess des Wahrnehmens und Entwickelns von Wirklichkeitskonstruktionen (Landkarten), den daraus erfolgenden Verhalten der beteiligten Personen sowie der wechselseitigen Wahrnehmungen und Reaktionen auf diese Verhalten zusammensetzt.

Energie entsteht aus dem konkreten Verhalten und Handeln, das Menschen in die Organisation einbringen, das im Kontext von Organisation und Arbeit schließlich als „Leistung" definiert wird, und an dem Organisationen interessiert sind. Die „Landkarten" sind die individuelle „Hintergrundmusik", die das Verhalten steuert. Das Verhalten jedes einzelnen Akteurs ist von dessen persönlichen Landkarten – sprich: den individuellen Einschätzungen und Bewertungen von Situationen, den jeweiligen Bedürfnissen, Zielen, Interessen, Gefühlslagen sowie den Mustern und Gewohnheiten – abhängig.

Wie also bringt eine Organisation Menschen dazu, ihre Energie in die Organisation einzubringen? Das ist für viele Organisationen ein Problem, denn auf diese individuellen Landkarten kann man kaum Einfluss nehmen.

4 Die Aufgabe von Führung

4.1 Führungs-Arbeit ist Energie

Das Organisationsleben besteht aus Energie, die organisiert werden muss. Das ist die Aufgabe von Führung. Führung soll gewährleisten, dass menschliche Energie, die zu Leistung wird und schließlich in Produkten vergegenständlicht ist, optimal in der Organisation fließen kann.

Führung kann diese Aufgabe durch eine besondere Form ihrer Leistung erfüllen: durch Entscheidungen. Führung ist eine besondere Rolle in jeder Organisation: sie erzeugt über das Medium des Entscheidens jene Rahmenbedingungen, unter denen Menschen ihre Energie einbringen, aber auch jene, unter denen Führung selbst führt. Führung ist damit eine extrem komplexe Aufgabe, die permanent unterschiedliche Perspektiven einnehmen muss:

- Die *Innenperspektive* zeigt, ob die Innenwelt der Organisation – ihre Strukturen, Prozesse, die Kultur, die Muster und Spielregeln – so beschaffen ist, dass die organisationale Energie produktiv ist, gut fließen kann und mit möglichst geringem Aufwand möglichst gute Ergebnisse und Leistungen möglich macht,
- Die *Außenperspektive* beleuchtet, ob die Energie der Umwelt – der Märkte, der Kunden, des gesellschaftlichen Umfeldes, der wissenschaftlichen Entwicklungen – zu den eigenen Erzeugnissen und Leistungen passt, ob die Organisation also erfolgreich und überlebensfähig ist.

Dabei muss Führung mit einem besonderen Dilemma umgehen: Führung ist zwar ein organisationales „System", das den Auftrag hat, die Interessen der Organisation zu vertreten, aber sie wird, wie jede andere Tätigkeit in der Organisation, von Menschen ausgeführt, die selbst wieder von ihren eigenen Landkarten und Bedürfnissen getrieben sind. Führung muss sich also selbst führen – sei es als individuelle Führungsperson, sei es als organisationales System.

Führung richtet ihre Entscheidungs-Arbeit daher auf drei Themen:

- *Sich selbst*: die Reflexion und Steuerung des eigenen (individuellen und auch organisationalen) Führungshandelns,
- *Menschen*: die Gestaltung der direkten oder indirekten Kommunikation, die die Leistungsprozesse betreffen,
- *Organisation*: die Gestaltung der Rahmenbedingungen für die zu leistende Arbeit, also Fragen von strategischen Ausrichtungen, Strukturen und Prozessen, Werten und Mustern oder auch Kultur.

4.2 Führungs-Arbeit ist Entscheiden

Alles Führen ist *Entscheiden*. Es ist dies eine ganz besondere Dienstleistung für die Organisation. Hinter jeder Entscheidung liegt allerdings eine übergeordnete Entscheidung, nämlich die, nach welchen Prinzipien oder Werten entschieden wird. Auch dieses „Entscheiden, wie entschieden wird", muss entschieden werden.

In den meisten Organisationen, die wir kennengelernt haben, werden diese Meta-Entscheidungen der Führung nicht bewusst getroffen, häufig haben sich Prinzipien einfach im Laufe der Geschichte entwickelt, sie gehören zur DNA der Organisation und werden im Weiteren nicht diskutiert oder gar geändert. Diese Entscheidungsprinzipien können sehr dysfunktional für die Arbeit und Effizienz – also für den Energiefluss der Organisation werden.

Die beiden eingangs beschriebenen Fallbeispiele zeigen, dass bei Entscheidungen über Strukturen, Prozesse oder Spielregeln Entscheidungsprämissen gesetzt wurden, die die Menschen und die gesamte Organisation eher lähmen, als dass sie die produktive Arbeit unterstützen. So wird etwa in technischen Unternehmen sehr oft davon ausgegangen, dass die Organisation dann am besten läuft, wenn jeder Mensch ganz genau weiß, was er zu tun hat, seine Spielräume kennt und sich an die Regeln hält. Probleme werden damit erklärt, dass die Menschen sich nicht an Regeln halten. Die Regeln selbst werden nicht hinterfragt. Diese Annahme wird dann in einer sehr fein gegliederten Struktur manifestiert. Organigramme solcher Organisationen sehen aus wie der Bauplan einer Maschine. Probleme treten auf, wenn komplexe Themen beantwortet werden sollen, wenn die Situation nicht zur Struktur passt. Dann beginnt der energieraubende Versuch, innerhalb dieser Strukturen Probleme zu lösen, es entstehen Konflikte, weil Grenzen permanent verletzt werden (müssen). Die Energie der gesamten Organisation ist mit der Balance von Problemen beschäftigt.

Nach welchen Kriterien sollen Organisationen also entscheiden, um nicht zu dysfunktionalen Organisationen zu werden? Um diese Frage zu beantworten, machen wir uns mit den Prinzipien von Positive Leadership vertraut.

5   Positive Leadership

Positive Leadership ist heute zu einem wachsenden Forschungs- und Handlungsfeld geworden, das einen massiven Paradigmenwechsel in unserem Verständnis von Rolle, Aufgabe und Verhalten von Führung bedeutet. *Alte Bilder* von Helden, Vätern oder charismatischen Strategen sind definitiv an ihre Grenzen gekommen. Die *neuen Bilder* zeigen Führung – so wie hier auch vorgestellt – als anspruchsvolle Dienstleistung, die weniger die Eitelkeiten bedient, als vielmehr verantwortungsvoll auf die zu leistende Arbeit blickt.

Positive Leadership entsteht *nicht zufällig* jetzt. Die alten Bilder waren erfolgreich, solange die Welt als planbar und stabil erschien – obwohl sie das ja nie wirklich war. Aber die Dynamik der Entwicklungen in allen Lebensthemen der Welt wirft neue Fragen auf, auf die die alten Formen von Führung keine Antworten haben. Command and Control wirkt einfach nicht so gut, wenn man es mit qualifizierten Experten zu tun hat, deren Projekte man selbst nicht mehr verstehen kann, oder wenn Umweltfragen neuen Technologien erfordern, wenn die Internationalisierung es unmöglich macht, direkt zu kontrollieren und Kunden täglich neue Wünsche haben.

Positive Leadership ist ein Feld, an dem Experten aus *unterschiedlichen Wissenschaftsgebieten* (vgl. Seligman 2005; Cameron 2008; Cooperrider et al. 2000) seit etwa zehn Jahren arbeiten, und in das sie neue Erkenntnisse einspeisen: Psychologie, Gehirnforschung, Organisationsforschung, Verhaltensökonomie – und nicht zuletzt systemisches Denken – integrieren sich zu etwas Neuem, das Führung und Organisationen befruchtet.

5.1   Die drei Kernthemen von Positive Leadership: Sinn, Zuversicht und Einfluss

Aus den unterschiedlichen Wissensgebieten und Methoden lassen sich die *drei Kernthemen* „Sinn", „Zuversicht" und „Einfluss" von Positive Leadership ableiten und zusammenfassen.

Sinn ist zentrale Kategorie von Positive Leadership. „Sinn" umfasst unterschiedliche Dimensionen, die Führung betreffen:

- Auf die *Vergangenheit* bezogen bedeutet „Sinn" die Quelle, die Ursache der Dinge, die uns beschäftigen, zu erkennen. Es ist Antwort auf die Frage, warum, aus welchem Grund die Dinge so geworden sind, wie wir sie heute erkennen. Es ist die Frage nach der ursprünglichen Aufgabe und dem Nutzen, den Organisationen stiften (können, wollen).
- Auf die *Gegenwart* bezogen beschreibt „Sinn" einen Gesamtzusammenhang, das „große Bild". Wir verstehen eine Situation besser, wenn wir sie in einem größeren Kontext, in ihren Verwicklungen und Vernetzungen sehen können. Dann können wir unseren Wahrnehmungen erst Be-Deutung geben. Komplexe Organisationen können nicht mehr einfach erfasst werden. Das Big Picture bringt für alle ein neues Bild, ein neues Verständnis und neue Bedeutung der eigenen Arbeit.
- Auf die *Zukunft* bezogen gibt „Sinn" Orientierung, indem es auf die Frage nach dem Wozu und Wohin antwortet. Der Sinn einer Situation wird sich dann erschließen, wenn wir die Richtung der Entwicklung erkennen können. Wenn Organisationen Bilder für ihre Zukunft, ihre Visionen, entwickeln, schaffen sie Sinn im Heute.

Den Sinn einer Organisation, der eigenen Rolle und Aufgabe zu verstehen, gibt ihren Mitgliedern *Energie*. Organisationen, die sich die Sinn-Frage nicht (mehr) stellen, verlieren deutlich an Energie. Andererseits gewinnen Menschen, die den Sinn ihrer Arbeit (wieder) erkennen, indem sie den Gesamtzusammenhang sehen, den Anteil, den sie am gemeinsamen Erfolg haben, augenblicklich an Kraft. Erst wenn Organisationen sich Zeit für Be-Sinnung nehmen, entsteht frische Energie, auch wenn eine Situation gerade sehr schwierig erscheint.

Zuversicht als zweite Kategorie ist die Überschrift über das große Kapitel „Ressourcen". Zuversicht bedeutet, dass wir uns unserer Ressourcen, Stärken, Qualitäten und Chancen besinnen und daraus Optimismus schöpfen, um auch noch so schwierige Situationen zu meistern. Das Bewusstsein über die eigenen Ressourcen gibt Kraft, den Sinn der Organisation zu erfüllen. Zuversicht entsteht in einer Organisation, wenn die gemeinsame Aufmerksamkeit darauf gerichtet wird, was gut funktioniert, was hilft, Probleme zu lösen oder notwendige Veränderungen anzugehen. Zuversicht entsteht aus einer auf die eigenen Stärken fokussierten Erforschung der eigenen Geschichte und Gegenwart. Organisationen, in denen viel gejammert und die Aufmerksamkeit stärker auf Defizite, Fehler, Mängel gerichtet wird, entzieht sich selbst viel Energie. Verliert eine Organisation die Zuversicht, dass sie ihre Probleme meistern kann, verliert sie das Bewusstsein ihrer Stärken, verliert sie Energie. Die Folge ist destruktiver Pessimismus, Verzagtheit und Burnout.

Einfluss ist die dritte Kategorie, auf der Positive Leadership beruht.

> „I'd rather be a hammer than a nail", sangen Simon and Garfunkel in „El Condor pasa".

Wir kennen es alle: wir sind lieber Täter als Opfer, lieber aktive Gestalter als passiv Gestaltete. Erst jene Dinge, an denen wir aktiv mitgewirkt haben, die wir mit unserer Kraft mit gestaltet haben, sind wirklich „unsere". Es sind die Dinge, denen wir unsere Energie eingehaucht und die wir damit zum Leben erweckt haben, die wir lieben. Organisationen neigen dazu, Menschen in ihre Strukturen „einzubauen", ihnen eher weniger als mehr

Spielräume, Verantwortung und Mitgestaltungsmöglichkeiten zu geben. Das bringen Hierarchien mit sich. Und zugleich wundern und ärgern sich vor allem Führungskräfte über Mitarbeiter, die keine „Eigenverantwortung" zeigen. Viele Beispiele – beginnend mit der einzigartigen Atmosphäre von Start-up-Organisationen – zeigen deutlich, dass dort, wo Menschen auf ihre Arbeit, auf ihre Ergebnisse und auch auf ihre Organisation viel Einfluss nehmen können, wo sie gefragt, einbezogen und mit größeren Entscheidungsmöglichkeiten ausgestattet werden, hohe Energie in Form von Freude und Verantwortung entsteht. Ohne Einfluss kein Flow.

5.2 Positive Leadership Modell mit den drei Führungs-Dimensionen und Quellen

Wenn wir die bisherigen Gedanken über Führung und Energie zusammenfügen, dann entsteht das Modell von Positive Leadership mit jeweils drei Dimensionen und Quellen.

Führung hat drei Dimensionen (vgl. Abb. 1):

Energie in Organisationen hat drei Quellen (vgl. Abb. 2)

Positive Leadership umfasst nun beide Dimensionen (vgl. Abb. 3)

Abb. 1 Die drei Dimensionen von Leadership

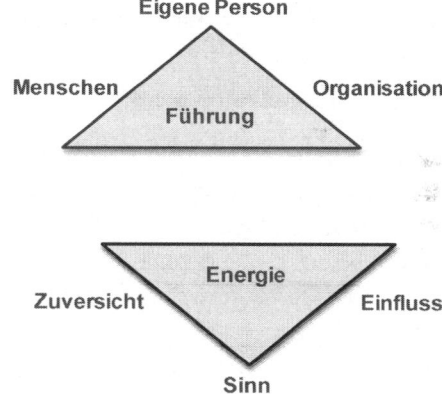

Abb. 2 Die drei Quellen von Energie

Abb. 3 Die drei Dimensionen und Quellen von Positive Leadership

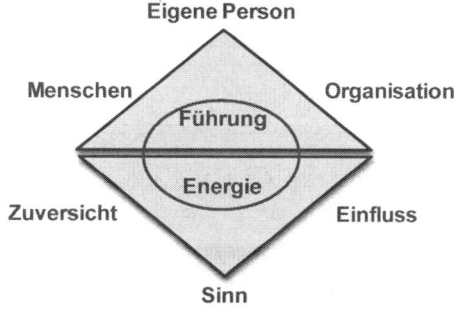

6   Nach welchen Kriterien soll Führung entscheiden?

Das Kerngeschäft von Führung ist das „Herstellen" von Entscheidungen, die die Komplexität der Organisation reduzieren und sie handlungsfähig machen. Allen Entscheidungen liegt das Vorhandensein von Alternativen und zugleich der Mangel an eindeutigen Entscheidungskriterien zugrunde – ansonsten sind es keine Entscheidungen, die diesen Namen verdienen.

Heinz von Foerster (1993) hat dafür den Begriff der *prinzipiell unentscheidbaren Entscheidungen* geprägt. Für „prinzipiell entscheidbare Entscheidungen" gibt es bereits Antworten, etwa: „Wie viel Geld sparen wir ein, wenn wir 10 % unserer Mitarbeiter abbauen?" Für „prinzipiell unentscheidbare Fragen" gibt es keine vorhandenen Antworten, etwa: „Was ist die beste Führung?" oder „wie soll unsere Organisation in 10 Jahren aussehen?". Bei der zweiten Kategorie von Entscheidungen ist man frei und damit verantwortlich für die Entscheidungs-Kriterien, die man den eigenen Entscheidungen zugrunde legt. Das Problem ist: die meisten Fragen, mit denen wir uns herumschlagen, sind „prinzipiell unentscheidbar". Und es werden immer mehr, je turbulenter die Welt wird und uns alle vor neue Fragen stellt, auf die wir keine Antworten in der Schublade haben.

Genau hier setzt Führung ein, und hier ist das *Ende von Management*. Wir haben uns oft gefragt, was die Unternehmensführer wohl antworten würden bei der Frage, wie sie sich ihre Organisation in einem Zustand vorstellen, in dem diese voll produktiver Energie ist, in der die Arbeit mit Freude, hoher Qualität und effizient gemacht wird: was wäre dann wohl anders als heute? Wie würden Strukturen, Prozesse, Regeln, Rollen, Infrastruktur oder Werte dann aussehen? Nach welchen Prinzipien und Kriterien wird derzeit in den Organisationen entschieden? Oft basieren Metaentscheidungen auf Kriterien, die eher Partikularaspekte im Blick haben und nicht das große Bild der Organisation. Es geht um mehr Macht, mehr Profit, um Marktanteile. Der Sinn der Organisation, nämlich Produkte, Dienstleistungen oder Wissen herzustellen, geht dabei ebenso verloren wie die Frage der nachhaltigen Überlebensfähigkeit in turbulenten und unsicheren Zeiten.

Der *systemische Blick* auf Organisationen ist immer einer, der das „ganze System" in seiner Umwelt, in seinen inneren Vernetzungen, in seiner Geschichte und in seiner Zukunft betrachtet. Vor allem aber ist der systemische Blick ein auf die vorhandenen Ressourcen gerichteter Blick. Führung muss bei ihren Entscheidungen diesen Blick immer haben, ansonsten greifen ihre Entscheidungen zu kurz und wirken im besten Fall nicht.

Wenden wir die Erkenntnisse von Positive Leadership auf das Kerngeschäft von Führung an, nämlich Entscheidungen zu „produzieren", dann ergibt sich klar: Positive Leadership bedeutet, dass Führung die Frage der Organisations-Energie ins Zentrum ihrer Entscheidungen stellt. *Entscheidungen von Führung sollten immer auf die Frage bezogen sein, ob die Organisation dadurch mehr oder weniger Energie gewinnt, ob die Arbeit dadurch leichter, effizienter und besser gemacht werden kann, und ob die von den Menschen eingebrachte Energie gut fließt – oder nicht.* Der erste Schritt in diese Richtung könnte eine Selbstevaluation mit folgenden Fragen sein:

- Nach welchen – bewussten oder unbewussten – Regeln und Kriterien werden derzeit die meisten Entscheidungen in unserer Organisation getroffen?
- Sind die aufgrund von Entscheidungen definierten Strukturen, Prozesse, Rollen, Regeln und Werte dem Ziel, dass unsere Produkte mit hoher Effizient, Freude und Qualität hergestellt werden, förderlich oder hinderlich?
- Woran messen wir heute unsere Ergebnisse? Dienen diese Mess-Kriterien dem produktiven Energiefluss oder eher nicht?
- Woran erkennen wir, ob in unserer Organisation hohe produktive Energie fließt oder ob die Energie eher gering oder sogar destruktiv ist (vgl. Bruch 2009)? Welche Indikatoren haben wir dafür?
- Welche Maßnahmen setzen wir heute, um unsere Energie gut im Sinne unserer Aufgabe zu entwickeln?
- In welchen Situationen haben wir immer wieder besonders hohe und positive Energie? Welche Entscheidungen haben dazu geführt?
- Wo sind in unserer Organisation regelrechte „Energie-Vampire" zugange? Durch welche unserer Entscheidungen haben diese so viel Einfluss bekommen?

Die Untersuchung der eigenen Organisation mit der „Energie-Brille" bringt möglicherweise vollkommen neue Erkenntnisse, die man nützen kann, um neue und wirkungsvolle Kriterien für Entscheidungen zu erarbeiten.

7 Woher nimmt Führung Energie?

All das bisher Gesagte klingt wahrscheinlich *recht anstrengend*. „Führung ist ja schon schwierig genug!" werden Sie vielleicht sagen, „und jetzt auch das noch!" Woher soll ich/ sollen wir denn die Kraft nehmen, nach diesen Ansprüchen zu führen? Die Frage ist, ob Führen nach den „alten" Modellen von Command and Control so viel einfacher ist. Wir haben in unserer Arbeit mit Führung und Führungskräften immer wieder die Klage gehört, wie anstrengend es sei, Mitarbeiter zu motivieren, sie also in Bewegung zu bringen, ihre Arbeit zu organisieren und zu kontrollieren, immer wieder gegen den Widerstand und die Trägheit anzukämpfen, sich selbst immer wieder zu motivieren, wenn die Vorgaben von oben einem vollkommen sinnlos erscheinen usw. Mir sind viele erschöpfte Führungskräfte begegnet, die sich fragen, warum sie diese Aufgabe übernommen haben.

Führung ist nicht einfach und nicht leicht. Es ist keine Aufgabe, die man nebenher, also neben der – oft als „eigentliche" Arbeit bezeichneten – operativen Arbeit ausführt. Führung ist anspruchsvoll, komplex und bedeutet vor allem, mit Unsicherheit und Ungewissheit umgehen zu müssen. Dort, wo alles klar und sicher ist, braucht man keine Führung. Und Führung ist eine „Dauer-Leistung", keine situative Aufgabe, die man in den Kalender einplant.

Positive Leadership ist aber ein Silberstreif am Horizont. Positive Leadership beginnt bei Ihnen, in Ihrem Kopf und bei Ihren Annahmen – über sich selbst und vor allem über

Ihre Mitarbeiter. Stellen Sie sich vor, dass alle jene Aufgaben, von denen Sie denken, dass sie zu Ihrer Führungsaufgabe gehören, wegfallen, und Ihre wichtigste Aufgabe darin besteht, die Energie Ihrer Mitarbeiter und die in Ihrer Organisation zu nutzen, sich gleichsam mit ihr zu verbünden. Was Sie dafür tun müssen, ist nicht wirklich anstrengend. Malen Sie sich ein neues Bild:

- Gehen Sie davon aus, dass Ihre Mitarbeiter voll Energie und Interesse sind, Leistung zu erbringen – und dafür auch Anerkennung (nicht „Lob") erhalten. Vergessen Sie also, dass Ihre Mitarbeiter – von Ihnen – „motiviert" werden müssen.
- Entscheiden Sie sich dafür, die Stärken, Qualitäten und Potenziale Ihrer Mitarbeiter mehr in den Blick zu nehmen als deren Schwächen.
- Finden Sie jene Aufgaben für Ihre Mitarbeiter, die deren Fähigkeiten und Interessen am besten entsprechen und in denen sie diese Stärken möglichst oft einsetzen können.
- Vertrauen Sie darauf, dass Ihre Mitarbeiter ihre Aufgabe mit Energie und Kompetenz lösen und verzichten Sie auf zu viel Kontrolle.
- Geben Sie Ihren Mitarbeitern ein möglichst großes und klares Bild von der Aufgabe, die sie zu bearbeiten haben, zeigen Sie den Sinn und den Nutzen klar auf und benennen Sie den Beitrag, den Ihre Mitarbeiter leisten, damit dieser Sinn realisiert wird.
- Geben Sie Ihren Mitarbeitern die Ziele und damit das gewünschte Ergebnis ihrer Arbeit vor, überlassen Sie den Weg dorthin den Mitarbeitern.
- Unterstützen Sie die informellen Vernetzungen und die Kooperation, die Ihre Mitarbeiter eingehen, um Probleme zu lösen.
- Hören Sie genau hin, wenn Ihre Mitarbeiter berichten, dass gewisse Regeln, Strukturen oder Prozesse den gesetzten Zielen und Aufgaben nicht förderlich sind. Suchen Sie gemeinsam mit ihnen nach Alternativen.
- Schätzen Sie Feedback als Vertrauensbeweis und nehmen Sie es ernst.
- Geben Sie Ihren Mitarbeitern größere Entscheidungsspielräume.
- Richten Sie eine passende Regelkommunikation ein, damit sichergestellt ist, dass wichtige Themen bearbeitet werden können.
- Gestalten Sie diese Kommunikation als gemeinsames Suchen nach Lösungen.
- Beginnen Sie Ihre Meetings mit der Frage, was seit dem letzten Meeting gelungen ist.
- Analysieren Sie außergewöhnliche Erfolge zumindest genauso sorgfältig wie Misserfolge und Fehler. Lernen Sie gemeinsam mit Ihren Mitarbeitern aus Erfolgen.
- ....

Diese Liste könnte man noch lange fortsetzen. Wenn Sie diesen einfachen Empfehlungen folgen, werden Sie erleben, dass Sie sich nicht nur weniger anstrengen und daher für Führung weniger Kraft brauchen, sondern dass Sie auch viel Energie zurückbekommen. Menschen, die ihre Fähigkeiten im Beruf einsetzen können und die ein klares Bild über ihre Aufgaben haben, die für ihre Leistungen entsprechende Anerkennung erhalten, arbeiten wie von selbst. Führung besteht darin, diesen *Flow* möglich zu machen und die *Rahmenbedingungen* dafür zu schaffen.

Es steht nirgendwo geschrieben, dass Führung mühsam sein muss. Auf dem Energie-Modell aufbauend kann Führung Freude machen, indem sie erfolgreich ist, weniger gegen Widerstände kämpft, sondern vielmehr mit dem „Flow" geht.

Um diesen Weg zu gehen, sollten Sie sich allerdings etwas Zeit für sich selbst nehmen, um auch Ihre eigenen Stärken, Ziele und Potenziale auszuleuchten. Sie selbst sind Ihr wichtigstes Führungs-Instrument. *Es beginnt immer bei uns selbst:* Führung richtet sich zu allererst auf sich selbst. Selbst-Führung betrifft zum einen die Reflexion als einzelne Führungskraft, zum anderen aber auch die *gemeinsame Reflexion des „Systems Führung" in der Organisation.* Die *Reflexion auf der persönlichen Ebene* richtet sich auf

- *die Person*, also ihre besonderen Fähigkeiten, Interesse, Ziele, Muster, die man für die Aufgabe des Führens mitbringt,
- *die Rolle der Führung*, also die Frage: wer bin ich in meiner Organisation, wie gestalte ich meine Aufgaben, wie klar bin ich mir über die Erwartungen, die an diese Rolle gerichtet werden, über die Komplexität meiner Funktion,
- *das Zusammenspiel von „Person" und „Rolle":* wo vermischen sich persönliche Muster mit den Anforderungen an die Rolle, wo muss ich mich in meiner Rolle anders verhalten, als ich es in einer anderen Rolle, etwa „privat" tun würde.

Aus der Perspektive von Positive Leadership sind diese Reflexionen noch mit dem besonderen *Fokus von Energie* ausgestattet:

- Welchen *Sinn* gebe ich meiner Rolle, was macht sie für mich wichtig? Welchen Nutzen stifte ich in meiner Rolle für meine Organisation, meine Mitarbeiter, für mich selbst?
- Was sind meine besonderen *Talente, Fähigkeiten, meine Leidenschaften*, die ich für diese Rolle mitbringe? Was gelingt mir besonders gut? Worauf bin ich stolz?
- Wo sind meine *Gestaltungs-Spielräume*? Nütze ich sie aus?

Ähnliche Fragen sollte sich das *System Führung* regelmäßig stellen. Unabhängig von der Führungsebene oder der inhaltlichen Funktion der Führungsaufgabe sitzen alle Führungskräfte in einem Boot: sie steuern die Organisation, sie werden als *Vorbilder* gesehen – ob ihnen das bewusst und angenehm ist oder nicht. Führung sollte sich daher regelmäßig die Frage stellen, warum und wie sie ihre Aufgabe wahrnimmt, ob und wie sie mit ihrer Arbeit dazu beiträgt, die Energie der Organisation zu heben, produktiv zu gestalten oder eher nicht. Führung muss sich regelmäßig fragen, ob sie für ihre Aufgabe optimal organisiert ist, ob die Werte, nach denen sie entscheidet, noch die relevanten für den Flow der Energie der Organisation sind. Diese Reflexion findet am besten in sog. „Leitbild-Prozessen" statt, wenn „alles, was führt" sich gemeinsam Gedanken über diese Fragen macht und ihre Erkenntnisse in ein Leitbild gießt. Ein „Leitbild-Prozess" ist ein idealer Rahmen für gemeinsame Reflexion und Bewusstseinsarbeit der Führung. Führungs-Leitbilder haben oft relevante Werte der Organisation und des Führens zum Inhalt. Diese Werte zeigen an, worauf sich Führung bei Entscheidungen stützen will. Die Werte zeigen zugleich auch die erwünschte Unternehmens-Kultur an und sollten daher immer mit dem Blick auf die Energie der Organisation definiert werden. Ein gutes Führungs-Leitbild sollte ein wichtiger Energiebringer der Führung sein.

8 Zusammenfassung und Ausblick

Positive Leadership ist keine esoterische oder neue softe Ausgabe von Führung. Positive Leadership kommt aus dem wissenschaftlichen Feld und bewährt sich seit längerer Zeit gerade dort, wo wir es mit „harten Themen" zu tun haben: bei Personalabbau, bei Umstrukturierungen, bei Fragen der Arbeitssicherheit und anderen Themen.

Wenn die Welt turbulent wird, wenn unsere Probleme komplexer und existenziell bedrohlicher werden, wenn nichts mehr „für die Ewigkeit" gilt, dann ist das einzige, worauf wir bauen können, unsere eigene Kraft, unsere Stärken, unsere Fähigkeiten.

Wir haben nun lange genug die Welt auf der Grundlage der „Defizit-Bekämpfung" gestaltet. Das hat uns viel Fortschritt gebracht, aber auch viele Probleme, die wir – wie schon Einstein bemerkte – nicht in derselben Logik lösen können, wie wir sie erzeugt haben. Das ist mit „Paradigmenwechsel" gemeint.

Das hier vorgestellte Modell von Positive Leadership ist ein Versuch, die Vielfalt und Vielzahl an wissenschaftlichen Erkenntnissen und Konzeptionen in eine handliche Form zu bringen, so dass sie in der Praxis Anwendung finden kann. Zum Abschluss erhalten Sie einen *Katalog von Fragen zu Positive Leadership*, die Sie sich stellen können, wenn Sie diesen Weg einschlagen wollen (vgl. Tab. 1):

Tab. 1 Fragenkatalog zu Positive Leadership

Fragen, die sich Führung stellen kann	Sinn	Zuversicht	Einfluss
Sich selbst führen	Was macht meine Führungsrolle für mich persönlich möglich?	Was sind meine besonderen Stärken, die ich einbringe?	Was sind meine Gestaltungs-Räume?
	Welchen Nutzen stifte ich durch meine Führungsarbeit? Für wen? Wie?	Was sind meine besten Erfahrungen und Erlebnisse, die mich leiten?	Wie nütze ich sie?
	Welche Ziele will ich mit meiner Führung erreichen? Was sind meine Ideale als Führungskraft?	Was macht mich zuversichtlich, dass ich auch schwierige Situationen meistern kann?	Wie kann ich sie erweitern?
			Welche Mittel zur Einflussnahme habe ich zur Verfügung?
			Was bedeutet „Macht" für mich?

Tab. 1 (Fortsetzung)

Fragen, die sich Führung stellen kann	Sinn	Zuversicht	Einfluss
Menschen führen	Wie sieht der Gesamtprozess aus, in den die Arbeit meiner Mitarbeiter/Kollegen etc. eingebunden ist?	Welche besonderen Stärken bringen meine Mitarbeiter für ihre Aufgaben mit?	Welche Gestaltungsspielräume haben meine Mitarbeiter in ihrer Arbeit?
	Welchen Nutzen stiftet die Arbeit meiner Mitarbeiter/Kollegen etc. für den Erfolg der Organisation?	Sind meine Mitarbeiter hinsichtlich ihrer Fähigkeiten und Interessen mit den passenden Aufgaben betraut?	Wie nützen sie diese Räume?
	Was würde fehlen, wenn diese Leistungen nicht erbracht würden?	Was zeichnet meine „besten" und auch meine „schwächsten" Mitarbeiter aus?	Welche Aufgaben oder Entscheidungsspielräume könnten sie noch übernehmen?
	Wissen meine Mitarbeiter darüber Bescheid?	Was erwarten meine Mitarbeiter von mir?	Wofür wären meine Mitarbeiter gern mehr verantwortlich?
Organisation führen	Was ist die besondere Aufgabe – Mission – meiner Organisation (meiner Abteilung)?	Was läuft besonders gut in unserer Organisation?	Sind Strukturen und Prozesse in Ihrer Organisation so „gebaut", dass die Arbeit gut fließt?
	Wer sind unsere „Adressaten" und welchen Nutzen stiften wir für sie?	Was sind die größten Erfolge, auf die man in unserer Organisation stolz ist?	Wie schaffe ich Vertrauen?
	Welches sind unsere „relevanten Umwelten" – Stakeholder? Was erwarten sie von uns?	Was schätzen unsere Mitarbeiter, unsere Kunden oder andere Stakeholder an unserer Organisation am meisten?	Wie meistere ich Veränderungen?
	Wie erfüllen wir diese Erwartungen?	Wie werten wir Erfolge aus?	Wie sind Verantwortungen definiert?
		Wie werden wir in 10 Jahren zusammen arbeiten?	Wie werden Entscheidungen getroffen?
			Wie mache ich breite Beteiligung und hohes Engagement möglich?

Literatur

Bruch, H. (2009). *Organisationale Energie*. Wiesbaden: Campus.

Cameron, K. (2008). *PositiveLeadership*. San Francisco: Barrett-Koehler.

Cooperrider, D., Sorensen, P. F., Whitney, D., & Yaeger, T. F. (2000). *Appreciative inquiry. Rethinking human organization toward a positive theory of change*. Campaign Illinois: Stipes.

von Foerster, H. (1993). *Kybernetik*. Berlin: Merve.

Luhmann, N. (2000). *Organisation und Entscheidung*. Wiesbaden: Westeutscher Verlag.

Seliger, R. (2014). *Positive Leadership*. Stuttgart: Schäffer-Poeschel.

Seligman, M. (2005). *Der Glücksfaktor*. Bergisch Gladbach: Bastei Lübbe.

Dr. Ruth Seliger hat Erziehungswissenschaft sowie Wirtschafts- und Sozialgeschichte studiert. Sie ist Gründerin und geschäftsführende Gesellschafterin des Beratungsinstituts Trainconsulting in Wien und systemische Organisationsberaterin. In ihrer Arbeit ist sie mit Fragen von Change-Management und Führung beschäftigt. Ruth Seliger ist Autorin zahlreicher Bücher und Artikel.

Spiritualität und Führung

Friedrich Assländer

Inhaltsverzeichnis

1 Einleitung

Wie passen Spiritualität und Führung zusammen, zwei Begriffe, die mit vielen Assoziationen, Emotionen und Irrtümern besetzt sind? In ihrer Bedeutung und in ihrem Zusammenspiel sind sie bei näherer Betrachtung jedoch für Gelingen und Zufriedenheit in Unternehmen und Organisationen von größter Bedeutung. Im Folgenden wird untersucht, wie

F. Assländer (✉)
Führungstraining, Unternehmensberatung, Hans Löffler Str. 23, 97337 Dettelbach, Deutschland
E-Mail: info@asslaender.de

© Springer Fachmedien Wiesbaden 2016
C. von Au (Hrsg.), *Wirksame und nachhaltige Führungsansätze,*
Leadership und Angewandte Psychologie, DOI 10.1007/978-3-658-11956-0_4

im betrieblichen Kontext Spiritualität als Geisteshaltung zum entscheidenden Faktor für Zufriedenheit und Erfolg wird. Jenseits von Fach- und Methodenkompetenz geht es um soziale, emotionale und geistige Fähigkeiten beim Führen von Menschen. Menschen suchen Sinn und Bedeutung in ihrer Arbeit, schauen also eher auf die geistige Dimension als auf materielle Vorteile. Es wird aufgezeigt, wie ganzheitliches Denken, der Blick auf das größere Ganze und neue intuitive Führungsinstrumente wie Systemaufstellungen helfen, die Beziehungsdynamiken in Unternehmen besser zu verstehen und zum Guten zu führen. Letztlich finden sich in der Bibel und in der Ordensregel des heiligen Benedikt klare Hinweise, dass Führen im Kern bedeutet: Dem Menschen dienen.

2   Was ist Spiritualität?

Fragen Sie 100 Personen, was sie unter Spiritualität verstehen, und sie werden 100 verschiedene und auch widersprüchliche Antworten erhalten. In einer Arbeitsgruppe von spirituell orientierten Führungskräften und Beratern endete der Versuch, *Spiritualität* zu definieren mit der Aussage: „Spiritualität ist das, was der Einzelne darunter versteht." Im Alltag, aber auch bei der Recherche erweist sich der Begriff als überaus problematisch, er wird verwechselt mit Spiritismus, er wird eng konfessionell gedeutet oder mit Esoterik gleichgesetzt u. v. m. Somit kann ich nur mein *subjektives Verständnis* wiedergeben und einladen, dies als Anregung zu verstehen, um ein eigenes Verständnis von Spiritualität, auch von Führung zu entwickeln, insbesondere von spirituell fundierter Führung. Für mich persönlich zeigt sich Spiritualität in der Führung von Menschen, wenn der Führende in seinem Handeln authentisch ist, sich auf ein größeres Ganzes ausrichtet und ihm dient. Sie kommt aus einer Verbundenheit und Bezogenheit auf etwas, das größer und bedeutender ist als mein kleines ICH. Sie berührt im betrieblichen Kontext eine Metaebene hinter den sichtbaren Betriebsabläufen, den Zahlen und Zielen, einen geistigen Raum oder eine Erfahrung jenseits des begrifflichen, diskursiven Denkens. Von dort aus entsteht Sinn und eine Ethik, die Menschen handeln lässt, nicht aus Angst vor Strafe oder aus Hoffnung auf Belohnung, sondern um des Guten selbst willen.

Wenn wir die lateinische Wurzel des Wortes *spiritus* betrachten, so wird klar, dass es bei Spiritualität um die geistige Dimension unseres Daseins geht. Spiritus kann je nach Kontext übersetzt werden mit Wind, Atem, Seele, Geist, Gesinnung, Mut und einigem mehr. Wir finden im Berufsalltag, aber auch in anderen Zusammenhängen viele Redewendungen, die auf die Bedeutung des Geistes hinweisen, „jemand ist von allen guten Geistern verlassen", oder wir sprechen vom „Geist des Hauses", wir sind von etwas „be-Geist-ert" oder werfen jemanden „Geistlosigkeit" vor u. ä.

Ein alter Witz über Gott zeigt die Problematik der Diskussion über die *religiös-spirituelle Dimension* unseres Menschseins:

Der Pfarrer sagt im Religionsunterricht: „Wer mir sagen kann, wo Gott ist, bekommt von mir einen Apfel." Da meldet sich die kleine Erna und sagt: „Herr Pfarrer, wenn sie mir sagen können, wo Gott nicht ist, bekommen Sie von mir zwei Äpfel."

Genauso können wir fragen: Was ist nicht spirituell? Oder: Was in dieser Welt hat keine geistigen Wurzeln? Ob wir diese geistigen Wurzeln als gut oder böse bewerten, hängt von den eigenen Moral- und Wertvorstellungen ab und wir sehen dann einen Ungeist oder einen guten Geist am Werke.

Katholische wie evangelische Theologen haben jeweils differenzierte Vorstellungen von Spiritualität entwickelt, bei denen insbesondere das Wirken des Geistes Gottes oder des Heiligen Geistes im Zentrum der Betrachtung steht. Dem steht eine wachsende „säkulare", auch eine „anthropologische" Spiritualität gegenüber, die den eigenen Geist mittels spiritueller Übungen, insbesondere durch Meditation entwickeln möchte. Dabei kommt es zu veränderten, umfassenderen und tieferen Bewusstseinszuständen, die als Erkenntnisweg über das rationale Denken hinausgehen und persönliche Entwicklung nach sich ziehen. Da gerade auch die klösterlichen Traditionen in Ost und West solche Übungswege kennen und die „säkulare Spiritualität" davon vieles übernommen hat, erscheint es sinnvoll, deren Tauglichkeit für das Meistern des Führungsalltags zu überprüfen. Auf der säkularen Seite seien stellvertretend genannt Eckehart Tolle (2003, 2004) und Ken Wilber (1981, 1996). Im Katholizismus sind die Mystiker des Mittelalters hervorzuheben, wie beispielsweise Meister Eckehard, Hildegard von Bingen, aber auch aktuell, Pater Anselm Grün und der emeritierte Papst Benedikt. In der evangelischen Kirche ragen heraus der im KZ umgekommene Dietrich Bonhoeffer und Nikolaus Ludwig Graf von Zinzendorf, der Erfinder der Losungen.

3   Geist und Geisteshaltung

Wenn wir nach dem Geist fragen, der uns leitet, dann fragen wir nach Ideen, Motiven, Werten, und nach der Absicht unseres Tuns. Wir fragen nach Überlegungen, Einfällen und unserer Intuition, also nach geistigen Elementen. Wo kommen diese her? *Inspirieren* meint einen Geist (lateinisch spiritus) einhauchen. Unser Handeln kommt aus diesen geistigen Wurzeln, auch wenn beim unbewussten Handeln Gewohnheiten, Konditionierungen oder Reflexe zum Tragen kommen.

Aus einer spirituellen Orientierung müssen wir zudem fragen: Ist mein Handeln selbstsüchtig, egoistisch oder auf das Wohl der anderen gerichtet? Wie sehr bin ich mir meiner Motive bewusst oder überhaupt meines Handelns und seiner Folgen bewusst? Hier scheiden sich die Geister, denn die dem Handeln zu Grunde liegende *Geisteshaltung* macht einen Unterschied und steht in direktem Zusammenhang mit den Folgen des Handelns als auch des Unterlassens. Von daher bietet es sich im Kontext von Führung und Verhalten an, Spiritualität mit Geisteshaltung zu übersetzen, auch wenn damit theologische und existenzielle Aspekte in den Hintergrund treten. Die Bedeutung der Geisteshaltung erleben *bei-*

spielsweise Mitarbeiter, wenn „ihr" Unternehmen verkauft wird und der neue Eigentümer mit anderen Vorstellungen, insbesondere anderen Wertvorstellungen das Unternehmen weiterführt.

Ein Beispiel aus der Praxis

Der Betriebsleiter eines Chemiewerkes hat sein Erleben mir gegenüber einmal so ausgedrückt: „Ich arbeite seit über 30 Jahren in diesem Unternehmen. In den letzten 10 Jahren haben wir vier Mal den Eigentümer und drei Mal den Namen gewechselt. Ich habe keine Lust mehr, mich für irgendwelche geldgierigen Aktionäre krumm zu buckeln." Wie ergeht es den Mitarbeitern, wenn bereits ihr Chef so denkt? Was ist aus dem „Geist des Hauses" geworden? Die Sinnhaftigkeit der Arbeit hat sich fundamental verschoben, früher war man stolz auf die Produkte und die Qualität. Dies ist dem kurzfristigen Gewinndenken der neuen Eigentümer gewichen, die mit schönen Bilanzzahlen das Unternehmen mit Gewinn wieder weiter verkaufen wollen. Produkte, Menschen, Corporate Identity, alles, was ein Unternehmen in seiner Gesamtheit ausmacht, spielen keine Rolle mehr.

Die *Identität* und damit die *Identifikation* der Mitarbeiter mit dem Unternehmen sind mit der Werteverschiebung und der Namensänderung verloren gegangen. Die Mitarbeiter fühlen sich hintergangen und missbraucht. Die juristischen Vollzüge, wie Verkauf, Gesellschaftsvertrag und Namensgebung haben in den Köpfen der Beteiligten, im Selbstverständnis und Selbstbewusstsein etwas verändert, zerstört. Der Verlust des Bewusstseins von „wer sind wir" und „wofür arbeiten wir" führt zu einer geistigen Leere. Auf der Oberfläche wird das als Demotivation sichtbar, in der Tiefe sind die Menschen entwurzelt. Ihnen ist die Idee und damit die geistige Grundlage, für wen und für was sie arbeiten, genommen worden.

Die *langfristigen Folgen* werden von Entscheidern, die nur in juristischen und betriebswirtschaftlichen Kategorien denken, *nicht gesehen*. Sie spiegeln sich in den jährlichen Gallup-Umfragen wider, die seit vielen Jahren zeigen, dass 84 % der Mitarbeiter in deutschen Betrieben unzufrieden sind, d. h. sie machen Dienst nach Vorschrift oder haben bereits innerlich gekündigt (vgl. Spiegel Hrsg. 2014).

---

4   Wie geht Führen?

Führung ist *zielorientierte Einflussnahme auf das Denken und Handeln der Geführten*. Sie ergibt sich in den meisten Fällen aus einer formellen Über- und Unterordnung, wie sie in den betrieblichen Hierarchien gegeben ist oder aus einer freiwilligen Gefolgschaft, wenn wir eine Autorität bei einem „Führer" sehen. Führung bezeichnet auf der aktiven Seite eine bewusste, mit Absichten unterlegte Beeinflussung des oder der Geführten. Gute Führung verfolgt dabei zwei Ziele: Zum einen hat Führung dafür zu sorgen, dass die Aufgaben erledigt werden. Zum anderen zielt sie darauf, zur Entwicklung der Geführten beizutragen.

Wie können wir Menschen beeinflussen? Manche Vorgesetzte werden laut, andere leise, wenn sie etwas erreichen wollen. Manche reden, andere setzen die Macht des Schweigens ein, um Wirkung zu erzielen. Man kann etwas vormachen oder dem anderen das selbst ausprobieren lassen. Bilder, Argumente oder Fragetechnik – es gibt nichts in der zwischenmenschlichen Kommunikation, was nicht geeignet wäre, Menschen zu beeinflussen, wenn es richtig eingesetzt wird. Die Kunst des Führens besteht gerade darin, das den Umständen entsprechende, geeignete Mittel zu wählen, um die erwünschte Wirkung zu erzielen. Der Begriff *„situatives Führen"* verweist darauf, dass wir auf die Situation, die Umstände, die Persönlichkeit des Geführten, aber auch auf das eigene Naturell schauen müssen. Das Beherrschen von Führungstechniken, die Erfahrung und auch das Gespür für Menschen und Situationen erhöhen die Chance der Führung, ein erwünschtes Ergebnis durch bewusste Beeinflussung zu erzielen.

Neben den Methoden und Mitteln der Beeinflussung geht es in der Führung von Menschen um das *Bewusstsein* von dem, was wir tun und die dabei verfolgten Ziele, Werte und Ideen, also um geistige Elemente und die Geisteshaltung. Für den langfristigen Führungserfolg sind diese bedeutsamer als eine hohe Methodenkompetenz oder gute Führungstechniken. Die meisten Menschen haben ein gutes Gespür für das, was den Vorgesetzten leitet, und merken sehr schnell, wenn „etwas nicht stimmt".

Vertrauen, Glaubwürdigkeit und Authentizität, also nicht-sachliche, der Logik weitgehend entzogene, Aspekte sind in der Führung das Wesentliche. Der Weg dahin wird jedoch an keiner Hochschule und auch nicht in den üblichen Führungstrainings gelehrt. Es ist für viele Menschen Neuland, wenn sie beginnen, jenseits von Zahlen und Logik nach dem wirklich Wirkenden zu suchen. Oft sind es erst Schwierigkeiten, Krisen oder Brüche im Leben, die Menschen nach dem Eigentlichen im Leben und den Bedingungen für ein gutes Miteinander fragen lassen. Der Weg dahin geht über eine geistige Schulung, wie sie die Mönchstradition kennt, wie sie aber auch durch Bewusstseins- und Achtsamkeitstraining in Kursen und durch meditative Praxis erworben werden kann.

5 Geführt werden

„Dem jetzigen Geschäftsführer nehme ich das ab." Dieser lapidare Satz aus dem Munde eines Redakteurs einer größeren Zeitung zeigt, wie Mitarbeiter feine Antennen für Glaubwürdigkeit und Vertrauen in die Führenden entwickeln. Er beschreibt sehr genau, wie Führung innerhalb eines geistigen Klimas erlebt wird, in diesem Fall in einem Klima, das sich vom Misstrauen gegen die frühere Geschäftsleitung in ein Vertrauen in die jetzige Leitung gewandelt hat. Gerade solche beiläufigen Sätze lassen aufscheinen, wie sensibel Menschen auf diese *geistige Dimension* reagieren. Sie vertrauen nicht den Worten und Zahlen, sondern erfassen den Menschen als spirituelles Wesen in seiner Ganzheit und Ausrichtung und machen davon ihre Bereitschaft abhängig, sich zu engagieren oder gerade so viel zu leisten, dass es keinen Ärger gibt. Viele Redewendungen beziehen sich auf diese Dimension von Beziehung, wie „dem traue ich nicht über den Weg" oder „ich glaube Ihnen das".

Für die passive Seite von Führung, für das Geführt-werden und das Sich-führen-lassen, spielen diese subtilen, dem logischen Denken kaum zugänglichen und feinen Schwingungen eine zentrale Rolle. Wird Führung als Ausbeutung erlebt, als Fremdbestimmung, als Manipulation, oder als Umsetzung einer gemeinsamen Vision? Ist das Miteinander angstbesetzt oder wohlwollend, dient es der Gewinnmaximierung oder ist es an den Bedürfnissen der Geführten orientiert? Diese *geistige Basis von Führung* hat eine viel weiter reichende Bedeutung, als es den meisten Menschen bewusst ist. Wir folgen leichter jemandem, den wir für vertrauenswürdig halten, als jemandem, dem wir misstrauen. Wir engagieren uns gerne, wenn wir die Sinnhaftigkeit des Ganzen verstehen, und wenn unser Tun gewürdigt wird und unserer Entwicklung dient.

Auch die Fähigkeit von Vorgesetzten, den Geführten zu *vertrauen*, gehört zu dieser geistigen Ebene. Gustave Le Bon, ein französischen Arzt und Soziologe und Begründer der Massenpsychologie prägte den Satz: „Dem Menschen einen Glauben schenken, heißt, seine Kraft verzehnfachen." (Le Bon 1982). Wenn wir den Menschen etwas zutrauen, erhöht sich die Erfolgswahrscheinlichkeit von Führung. Auch das Vertrauen in den anderen ist weder etwas Materielles, noch ist es dem Bereich des Willens zuzuordnen. Vielmehr ist es eine geistige Ressource, die wir uns durch geistige Schulung erarbeiten müssen, und einem damit einhergehenden sittlichen Leben. Die Stärke des Vertrauens ist die Basis für den Führungsprozess und den Erfolg der Beeinflussung, in beide Richtungen: Vertrauen schenken und Vertrauen bekommen. Vertrauen wird zur Motivation, wenn der Geführte spürt, dass ihm sein Vorgesetzter vertraut, sowohl ihm als Mensch, als auch seinem Können und Wollen. Es schlägt aber sofort in das Gegenteil um, wenn es missbraucht wird, wenn Vorgesetzte tricksen und manipulieren. Manipulation, im Unterschied zu einer ethisch motivierten Beeinflussung, entsteht immer dann, wenn die erklärten Ziele andere sind als die tatsächlich verfolgten, wenn die Geführten getäuscht werden. Wenn die Täuschung entdeckt wird, dann entstehen Ent-Täuschung und ein Klima des Misstrauens. Manche Menschen spüren das sofort. Andere, die es später merken, reagieren umso heftiger mit Misstrauen und Demotivation.

Je mehr *ein Vorgesetzter mit sich selbst im Reinen ist*, desto klarer kann er Situationen einschätzen und desto besser kann er seine Aufmerksamkeit den Geführten widmen. Wer mit seinen eigenen Problemen beschäftigt ist, hat wenig Energie und Freiräume für andere. Viele erfolgreiche Führungskräfte, die ich im Laufe der Jahre kennen lernte, vertrauten mir an, wie sie mit Hilfe von psychotherapeutischen Methoden und Kursen und mit Meditationspraktiken gelernt haben, freier und souveräner zu werden. Die eigene Entwicklung im Sinne einer charakterlichen und geistigen Schulung wird zum Erfolgsfaktor.

6 Jenseits von Fach- und Methodenkompetenz

Sich-führen-lassen ist die Voraussetzung für das Führen von anderen und führt zu der Frage, von wem ich mich führen lasse. *Fortbildungen* in Sachen Führung hatten erst in den 1960er Jahren in Deutschland ihre Anfänge genommen. In Form von Seminaren befasste man sich mit dem Wesen von Führung und Kommunikation. Viele technisch, kaufmännisch oder juristisch geschulte Führungskräfte haben das als „Psychoquatsch" belächelt. Noch heute erlebe ich erschreckend häufig, dass sich Vorgesetzte nicht mit den zwischenmenschlichen Themen und Problemen befassen und Führung nur auf der Sachebene leben wollen.

Vor 20 Jahren haben Führungskräfte noch verheimlicht, wenn sie einen *Coach* in Anspruch genommen haben, aus Angst, dann als unfähig betrachtet zu werden. Dabei ist es entscheidend, dass Führungskräfte sowohl eine hohe Professionalität auf der Methodenebene erreichen, also das Führungs-Handwerk beherrschen, als auch in ihrem Erleben und in ihren Denkprozessen geschult werden. Zu meinen schönsten und zugleich herausforderndsten Tätigkeiten gehört das Teamcoaching von Leitungsgremien, die ihr Miteinander jenseits von Fachthemen optimieren wollen, die offen sind für eine kritische Reflexion ihrer Verhaltensmuster, die ihre Werte hinterfragen oder schwierige Personalsituationen klären möchten.

Führungsseminare und persönliches Coaching sind inzwischen anerkannte und bewährte Mittel zur Weiterbildung und zur Entwicklung. Das Spektrum der Herausforderungen für Führungskräfte hat jedoch inzwischen eine Dimension erreicht, die darüber hinaus erfordert, auch die eigene emotionale und spirituelle Intelligenz zu schulen. Die psychischen Belastungen, denen Mitarbeiter ausgesetzt sind, die gestiegenen Erwartungen an eine gute Führung, sind nur zu meistern, wenn Führungskräfte aus spirituellen Quellen schöpfen, um dann im Alltag authentisch zu sein, um Grenzen zu erkennen und setzen zu können. Führung bringt uns dabei immer wieder mit eigenen und fremden Gefühlen in Berührung und der Herausforderung, diese zu erkennen, zu steuern und in ihrem Nutzen zu erleben.

Eine interessante Erfahrung in dieser Richtung machen die Teilnehmer in *Führungskursen im Kloster*, wenn sich drei Mal täglich nach der Seminareinheit noch 20 Minuten Meditation anschließen. Ich habe vor über zehn Jahren zusammen mit Pater Anselm Grün diese Seminarform in Anlehnung an den Klosterrhythmus der Benediktiner „ora et labora" entwickelt. Die Seminarteilnehmer erleben die Wirkung der Stille, wenn sie auf einem Bänkchen oder Kissen sitzen und eine einfache Meditationsübung praktizieren. Sie erleben die Wirkung eines festen Tagesrhythmus im Wechsel von Agieren im Außen und Einkehr nach Innen.

Die Beschäftigung mit „etwas", unsere übliche Geistesaktivität, erfährt beim „Sitzen in der Stille" einen Gegenpol. Wir werden still im Geist, lauschen, lassen zu und beobachten, ohne zu werten. Der eigene Geist wird zum Objekt der Beobachtung. Menschen, die bereits auf einem spirituellen Weg sind, erleben das als wertvolle Bereicherung. Für Neulinge ist es oft eine Herausforderung, die eine Türe aufstoßen kann, sich mit dem Sein und Erleben jenseits des Denkens zu befassen. Wir brauchen dringend diese Ruhe, die es in der

Hektik des Alltags immer weniger gibt, um Gelerntes und Erlebtes zu ordnen, zuzuordnen und zu verarbeiten. Erst dann ist es uns wirklich verfügbar. Der einseitige Fokus auf das „Immer-mehr", das unsere Gesellschaft prägt, immer mehr wissen, immer mehr können, braucht die Vertiefung und auch einfach Zeit für die Verarbeitung, die unsere Psyche von alleine leistet, wenn wir sie nicht ständig mit Neuem überfordern.

Wir können über unser begrenztes Denken und Wissen hinaus noch viel wesentlichere geistige Möglichkeiten ausschöpfen, wenn wir uns auf diesen Weg machen. In der *Stille* kommen wir mit unserem Geist und damit mit unserer Spiritualität in Berührung. In einer Welt, die sich immer schneller verändert, die immer weniger trägt oder verfällt, wird dieser Weg nach innen wesentlich: *Der Weg zu unseren Wurzeln, zu unseren Werten, zu unserem tiefsten Wesen.*

7 Spiritualität und Identität

Logik, Wissen, Leitbilder auf Hochglanzbroschüren u. ä. reichen nicht aus, um Menschen zu führen. Mitarbeiter fragen und beobachten sehr genau, ob und wie das Leitbild praktiziert wird, welche Werte gelebt werden, ob die Leitung in die Umsetzung der geistig-ethischen Basis investiert und selbst als Vorbild vorangeht. Die Herausforderung ist zweifacher Natur. Die *Entwicklung eines Leitbildes, von Führungsprinzipien oder eines Wertekodex* erfordern geistige Klarheit und Weitblick. Hier wird der Grundstein für den „Geist des Hauses" gelegt. Danach kommt der schwierigere Teil, das alles mit Leben zu erfüllen. Wenn die Werteorientierung, von der Idee bis zur täglichen Praxis Chefsache ist und sorgfältig in mehreren Schritten mit geeigneten Veranstaltungen, Schulungen und Hilfsmitteln von oben nach unten in das Unternehmen getragen wird, werden sich die Mitarbeiter damit identifizieren und auch eigene Ideen entwickeln, wie das in konkretes Verhalten umgesetzt werden kann (vgl. Assländer und Grün 2010, S. 104 ff.).

Menschen suchen *Sinn* und möchten, dass sie in ihrer Würde geachtet und ihre Leistung anerkannt werden. Diese drei Ziele sollten sich in den Zielen und Werten eines Unternehmens widerspiegeln. Sinn entsteht, wenn wir Ziele und Handeln als wertvoll und nützlich erkennen. Wenn ein CEO verkündet, er strebe 25 % Eigenkapitalrendite an, wie im März 2009 Josef Ackermann von der Deutschen Bank, dann sind nicht die Mitarbeiter im Blick und auch nicht eine wertebasierte Sinnstiftung, sondern einseitig die Interessen der Aktionäre und wohl noch mehr der eigene Ehrgeiz.

Ähnliches ist bei vielen Unternehmen zu beobachten, bei denen Umsatzziele, Rendite und Expansion die vorrangigen Ziele sind. Eine Verantwortung gegenüber den Mitarbeitern, den Kunden oder anderen mit dem Unternehmen verbundenen Bereichen wird darin nicht sichtbar. Dies hat fatale Folgen für die Stimmung der Menschen im Unternehmen und für deren Motivation. Der Schaden liegt auf einer geistigen Ebene und zeigt sich zeitversetzt. Menschen werden sich kaum mit dem Ziel identifizieren, der Größte oder der Rentabelste zu werden, verbunden mit der Gefahr, dabei selbst „wegrationalisiert" zu werden. Sie gehen in die Resignation, in die innere Kündigung, wie viele Studien über

Mitarbeitermotivation belegen. Wie viel Geld wird in Programme investiert, um Arbeitsabläufe zu optimieren? Für die kurzsichtigen Vorschläge von Unternehmensberatern, 20 % Personal abzubauen um dadurch 20 % der Personalkosten zu sparen, zahlen Unternehmen Honorare in Millionenhöhe. Dass dabei gleichzeitig Motivation und Loyalität der verbliebenen Mitarbeiter drastisch sinkt, geht in diese Rechnung nicht ein. Die Sinnhaftigkeit, immer wieder betriebliche Prozesse zu verbessern, ist unbestritten, jedoch sehr einseitig.

Es gibt zwei wichtige *Optimierungsbereiche*, um dem Trend zur inneren Kündigung entgegenzuwirken und die Identifizierung der Mitarbeiter mit dem Unternehmen zu erhöhen: *gute Führung und gelebte Werte*. Sie sind m. E. für die Zukunftsfähigkeit von Unternehmen ein zunehmender Schlüsselfaktor. Die 16 % engagierte Mitarbeiter in der o. a. Gallup-Studie finden sich überwiegend in den Unternehmen, die das erkannt und umgesetzt haben, die Führung als Entwicklung von Menschen sehen und den ständigen Blick auf ihre Werte haben (vgl. Spiegel Hrsg. 2014). Hierzu werden im Folgenden zwei *Beispiele* dargestellt.

Erstes Beispiel – Hilti AG

94 % (!) der rd. 20.000 jährlich weltweit befragten Mitarbeiter der Hilti AG sagen, sie würden alles in ihrer Macht stehende unternehmen, damit ihr Team und Hilti erfolgreich bleiben. Die ca. 46.000 Mitarbeiter der dm Drogeriemärkte sind deutlich über 90 % engagiert. Beide Unternehmen haben eine werteorientierte Unternehmenskultur. Hilti`s Credo heißt: „Die Art, wie wir bei Hilti Dinge anpacken, ist durch unsere starken Werte geprägt." (www.hilti.de/werte) Analog ist bei dm zu lesen: „Die Frage nach Angemessenheit leitet unser Handeln. Es geht um die Menschen!" (www.dm.de/de_homepage/unternehmen/werte-kultur). Der zentrale Leitwert bei dm ist die Orientierung am Menschen, am Kunden wie am Mitarbeiter. Der Weg dahin geht nicht über Hochglanzbroschüren, sondern über klar formulierte Werte und die konsequente Umsetzung im Alltag als zentrale Führungsaufgabe (vgl. Glauner 2013).

Zweites Beispiel – Projekt „corporate happiness"

In diesem Projekt wird in der Werteorientierung das Wohl der mit dem Unternehmen verbundenen Menschen an die erste Stelle gesetzt – aus Sicht der Profitmaximierer ein ziemlich schräges Ziel. Die Idee von glücklichen Mitarbeitern hat die Hotelkette Upstalsboom mit Oliver Haas umgesetzt und den Umsatz innerhalb von zwei Jahren verdoppelt (laut Inhaber Bodo Janssen) und die Zufriedenheitsquote bei Kunden und Mitarbeitern erheblich gesteigert. Unter den zwölf Werten im Leitbild findet sich kein einziges betriebswirtschaftliches Ziel, sondern ausschließlich am Menschen orientierte Werte wie Lebensfreude und Herzlichkeit (www.upstalsboom.de/der-upstalsboom-weg.html (vgl. Haas 2015).

Ich erlebe bei meinen Kunden aus dem Mittelstand, vor allem bei eigentümergeführten Unternehmen, einen hohen Bezug zu Werten und großes Verantwortungsbewusstsein gegenüber ihren Mitarbeitern und ihrem Umfeld. Die Probleme tauchen bei der Ausformulierung von Leitbild und Führungsgrundsätzen, aber vor allem bei der Frage nach ihrer Umsetzung auf. Es geht darum, das Bewusstsein von „unseren Werten" ständig lebendig zu halten und dazu geeignete Systeme zu entwickeln. Eine *deutliche Werteorientierung* findet sich bei der *Generation Y*, den heutigen Berufseinsteigern, die konkrete Vorstellungen von den Arbeitsbedingungen haben, unter denen sie bereit sind, sich einzubringen. An erster Stelle stehen nicht Gehalt, sondern die Fragen nach der Sinnhaftigkeit ihres Tuns, dem sozialen Klima und den Möglichkeiten zur persönlichen Entwicklung, also eine Werteorientierung. Bei Einstellungsgesprächen kommen Unternehmen dabei immer mehr in die Rolle des Bewerbers, der gute und qualifizierte Mitarbeiter überzeugen muss, dass seine Kultur und seine Werte attraktiv sind. In vielfältigen Formen scheint heute die geistige Dimension unseres Menschseins den Vorrang des materialistischen, aber auch des egozentrischen und anthropozentrischen Denkens abzulösen.

Die *zentralen Fragen von heute* lauten: Wie können wir durch klare Werte unsere Identität weiter entwickeln? Wie können wir unsere Werte verwirklichen und unser Unternehmen dadurch attraktiv machen? Welche Führungsqualitäten müssen wir entwickeln, damit die Geführten sich engagieren und gute neue Leute gerne zu uns kommen?

8   Systemaufstellungen und die Beziehungsebene

„Führen", „Geführt-werden" und „Sich-führen-lassen" sind hochkomplexe interaktive Vorgänge zwischen Menschen und dem, was diese Menschen ausstrahlen. Voraussetzung für ein gutes Ergebnis dabei sind nicht nur Klarheit auf der Sachebene, also der Austausch von aufgabenbezogenen Informationen, wie sie zu jeder Arbeitsanweisung gehören. Viel wesentlicher für das, was gemeinhin als vertrauensvolles Klima oder gute Zusammenarbeit bezeichnet wird, ist die *Beziehungsgestaltung* zwischen den Beteiligten. Sie läuft parallel zur Sachebene und wird über Mimik, Körperhaltung, Stimmlage, Sprechtempo und noch andere Kanäle vermittelt. Oft spielen Gefühle eine wichtige Rolle, sei es ein unspezifisches Unbehagen oder konkrete Enttäuschung, Wut, Ohnmacht, aber auch Freude.

Neben den bekannten Möglichkeiten, wie *Mediation* oder Techniken der *konfliktfreien Kommunikation*, um Probleme auf der Beziehungsebene in Unternehmen zu lösen, bewährt sich seit über 20 Jahren immer mehr die Technik der *Systemaufstellung* (www.asslaender.de und www.infosyon.com/systemaufstellungen). Damit kann in kürzester Zeit das Wesentliche einer Situation erkannt und bearbeitet werden, indem die Beziehungsebene und das, was wirklich zwischen den Beteiligten abläuft, aufgedeckt wird. Ich setze diese Technik in Führungsseminaren, aber auch direkt in Unternehmen bei der Teamentwicklung, bei Entscheidungsprozessen, bei Strategieprozessen und ähnlichem ein. Dabei erlebe ich immer wieder – wie auch das nachfolgende *Beispiel* zeigt –, wie durch Klärungen auf der Beziehungsebene ein motiviertes und engagiertes Arbeiten plötzlich möglich wird, das lange durch unterschwellige und unbewusste Konflikte behindert war.

Zwei Brüder, beide gleichberechtigte Geschäftsführer und je zu 50 % Inhaber eines Verlages, haben im Miteinander seit Jahren Probleme, die sie trotz intensiver Bemühungen und auch mit Unterstützung von Beratern nicht auflösen können. Es gibt unerklärbare subtile Spannungen und die Entwicklung des Unternehmens leidet darunter. Ich bitte beide, sich vorzustellen, dieser Besprechungsraum sei das Unternehmen, und bitte sie, sich ihren Platz im Unternehmen zu suchen. Nach kurzem Suchen stellen sich beide nebeneinander im Abstand von etwa zwei Metern. In wenigen Minuten ist klar, was hier falsch läuft. Beide Geschäftsführer haben ein Bild von ihrem Platz und damit von ihrer Bedeutung, das aus ihrer Familie stammt: „Der große Bruder" und „Der kleine Bruder", entsprechend ist der eingenommene Platz. Erst die Erkenntnis, dass es im Unternehmen umgekehrt ist, der jüngere Bruder ist die Nr. 1, er hat das Unternehmen gegründet und der ältere Bruder ist die Nr. 2, er ist erst später eingestiegen, löste sofort die Spannungen und setzte große Kräfte frei. Im Kopf hatten beide unbewusst das falsche Bild von Bedeutung und Rang des anderen, waren in ihrem inneren Bild auf dem falschen Platz. Als sie dann die Plätze tauschten, spürten sie beide sehr deutlich, dass sie jetzt am richtigen Platz angelangt waren. Solche, scheinbar kleinen, geistigen Verdrehungen haben sehr große Folgen im Alltag für das Lebensglück der Betroffenen und auch für das Unternehmen mit seinen Mitarbeitern (Diese Aufstellung ist ausführlich beschrieben in Assländer und Grün 2006, S. 125 ff.).

Interessant ist, dass Diplomingenieure in meinen Ausbildungskursen zum System- und Organisationsaufsteller stark überrepräsentiert sind. Ich habe gefragt: „Was bewegt Euch, etwas zu lernen, das völlig konträr zur Ausbildung und zum Denken von Technikern steht?" Die Antwort: „Wir haben im Studium viel gelernt, nur nicht, wie Menschen funktionieren, und jetzt sollen wir Menschen führen." *Aufstellungen bilden die zwischenmenschlichen Beziehungen ab und zeigen, wo Störungen sind und wie man zu einem guten Miteinander finden kann.* Das mechanistische Weltbild, das seit Newton immer noch unser Bildungssystem prägt, und die Erkenntniswege unserer Ratio versagen, wenn wir menschliches Verhalten und Erleben verstehen und steuern wollen. Ganzheitliche und intuitive Techniken, wie z. B. Systemaufstellungen sind ein Weg, diese Lücke zu schließen. Mit Hilfe von Systemaufstellungen werden Beziehungen räumlich dargestellt und in ihrer tieferen Dynamik erfasst. Dies geschieht sowohl in Beziehungen zwischen einzelnen Personen und Personengruppen als auch zwischen Menschen und Produkten, Ideen, Konzepten, Werten, Gebäuden u. v. m. Man kann mit dieser Technik Konflikte bearbeiten, ohne dass alle Betroffenen dabei sein müssen, man kann Märkte überprüfen, Handlungsalternativen testen und sehr viele berufliche und persönliche Fragestellungen schnell und effizient einer guten Lösung zuführen. Aufstellungen eignen sich sowohl als Diagnoseinstrument als auch zur Intervention in Systemen, um Störungen zu beheben, zu Testzwecken, wenn Handlungsalternativen in ihren Auswirkungen geprüft werden sollen u. v. a.

Diese inzwischen *weltweit verbreitete intuitive und ganzheitliche Methode* geht über die logische Ebene hinaus und eröffnet neue Erkenntnismöglichkeiten. Offensichtlich führt das intuitive Aufstellen eines Systems zu ähnlichen Effekten wie die „zeichnerische

Darstellung eines Anliegens". Es fließen, dem Zeichner nicht bewusste, Aspekte in das Bild ein, die von einem geübten Betrachter erkannt und aufgedeckt werden können. Aufstellungen sind gleichsam eine Bildersprache, mit der eine Situation in ihrer Komplexität umfassender dargestellt werden kann als durch eine verbal-begriffliche Beschreibung. Das aufgestellte „Gesamtbild" und die Wahrnehmung der Stellvertreter führen rasch zu qualitativ besseren und umfassenderen Informationen, da auch unbewusstes Wissen über die Situation beim Vorgang des Aufstellens einfließt.

Aufstellungen werden *zunehmend* von bekannten Konzernen *genutzt*. An Hochschulen, z. B. an der Universität Bremen, am Lehrstuhl der Betriebswirtschaftslehre, und an der Fachhochschule Ansbach, im Bereich Marketing, wird diese Technik als Lehr- und Forschungsmethode sehr erfolgreich eingesetzt. Meine Begeisterung für diese Methode basiert auf über 20 Jahren Erfahrung mit deren vielfältigen Einsatzmöglichkeiten. Die Chance, mit dieser Technik sehr punktgenau und effektiv auch leidvolle Situationen aufzulösen, erstaunt mich und Führungskräfte immer wieder. Unser Schulwissen, unser betriebswirtschaftliches und technisches Wissen, braucht Ergänzungen auf einer spirituellen Basis, d. h. auf einer Ebene, die das Ganze erfasst, und Intuition und Ethik einschließt. Genau dazu kann diese Methode einen Beitrag leisten und gleichermaßen als Beratungs- und Managementinstrument neue Möglichkeiten eröffnen.

9   Wenn zwei das Gleiche tun, ist es noch lange nicht dasselbe

Welche *katastrophalen Folgen* es für die Betroffenen haben kann, wenn eine ursprünglich ethisch fundierte Idee durch die kapitalistische Idee der Profitmaximierung ersetzt wird, zeigt die *Geschichte der Mikrokredite* (vgl. hierzu Hartmann 2014): Für sein Engagement, mit Hilfe von Mikrokrediten Menschen aus der Armut zu helfen, erhielt Prof. Muhamed Junus und die von ihm gegründete Grameen Bank 2006 den Friedensnobelpreis. Die Idee von Junus war, mit wenigen Dollar Darlehen Lohnarbeitern den Weg in die Selbstständigkeit zu ermöglichen. Er entwickelte ein System der gegenseitigen Haftung innerhalb von Kreditgemeinschaften und konnte damit in Bangladesch, einem der ärmsten Länder der Welt, eine beachtenswerte wirtschaftliche Entwicklung in Gang setzen. Seine Ethik und Geisteshaltung, waren idealler Art, sein Ziel war es, den Ärmsten eine Hilfe zur Selbsthilfe zu schaffen. Er prägte den Satz: „Wir verleihen kein Geld, sondern Würde." Nachdem das Modell sehr erfolgreich war, stiegen auch Großbanken und zahlreiche dubiose Finanzvermittler mit folgender Überlegung ein: „Wenn man damit Geld verdienen kann, dann machen wir das auch." Der durchschnittliche Zinssatz liegt zwischen 30 und 50 % p.a., eine attraktive Verzinsung, die mit dem hohen Verwaltungsaufwand gerechtfertigt wird. Es gibt viele dokumentierte Beispiele, vor allem in Indien, wo arme Menschen nun von Kreditvermittlern zur Kreditaufnahme überredet werden und dann später, wenn sie in Zahlungsverzug kommen, auf sehr üble Art unter Druck gesetzt werden. Die Folge sind Verelendung, sowie zahlreichen Selbstmorde der Betroffenen, die keinen Ausweg mehr wussten.

Der konträre Denkansatz der Mainstream-Ökonomie gegenüber der Ursprungsidee, Menschen einen Weg aus der Armut zu zeigen, wird deutlich in der Recherche von Hein und Bernau (2011). Bereits die Überschrift „Mikrokredite – Arme Bauern in der Schuldenfalle" überträgt den Geist des Kapitalismus auf die Situation in Indien. Die Terminologie gehört zum westlichen kaufmännischen Denken und wird der Situation und dem anderen Kulturkreis mit anderen Denkstrukturen und Werten in keiner Weise gerecht. Die Autoren zitieren den aus Indien stammenden renommierten Wirtschaftsprofessor Raghuram Rajan, ehemaliger Chefökonom des IWF, der das westlich-kapitalistische Denken unterstreicht: „Man kann mit Armen Geld verdienen und dabei unermesslich viel Gutes tun." Das Leitmotiv, „Geld verdienen" ist der Kernfehler, der andere Früchte tragen wird als die Absicht „Wege aus der Armut anzubieten", auch wenn das Mittel „Mikrokredite" auf den ersten Blick gleich erscheint. Aus sozialer Verantwortung werden andere Instrumente und ein anderer Umgang mit Zahlungsrückständen entwickelt, als aus der Motivation der Gewinnmaximierung. Peter Spiegel (2008) beschreibt in „The power of dignity" das ethische Konzept von Prof. Junus sehr anschaulich und kann mit den Bildern von Menschen und Projekten ein Gefühl dafür entwickeln wie sie sich der ethische Ansatz von Prof. Junus in der Umsetzung widerspiegelt.

10 Führen heißt Sinn und Bedeutung vermitteln

Menschen lassen sich von Ideen anstecken und sind selbst dann leicht zu begeistern, wenn es sich um offensichtlichen Schwachsinn handelt oder die Idee leicht durchschaubare negative Folgen für die Betroffenen hat. Die politische Propaganda hat viele Tricks entdeckt, um Menschen auch unter Ausnutzung von Massenphänomen zu manipulieren.

Beispiel aus der Geschichte

Als am 18. Februar 1943 im Sportpalast in Berlin Goebbels schrie „Wollt Ihr den total Krieg?" kam von den Massen ein „Ja, Ja, Ja". Zeitzeugen berichten, dass der Rundfunk nach der Rede noch eine halbe Stunde lang den tosenden Applaus übertrug (vgl. Berke 2008).

Menschen haben sich zu allen Zeiten für Krieg begeistern lassen, so ziehen auch heute junge Leute begeistert in den Dschihad. Von welchem Geist sind sie getrieben? Menschen suchen Sinn, sie suchen für sich Bedeutung und möchten ihre Talente einsetzen. Ideen, die den Menschen Großartigkeit versprechen, finden rasch Anhänger. Bezogen auf Führung, unabhängig davon, ob wir eine militärische Führung meinen oder ob wir Wirtschafts- oder Non-Profit-Unternehmen in den Blick nehmen, können Führungskräfte immer dann auf freiwillige und begeisterte Gefolgschaft hoffen, wenn sie den Geführten eine *Sinnhaftigkeit ihres Tuns und eine Chance auf Bedeutung* vermitteln können. Viele Beispiele zeigen, dass sittlich gute Ideen attraktiver sind als finanzielle Anreize. Die Unterstützung von „Ärzte ohne Grenzen", „Greenpeace" und anderen Non-Profit-Unternehmen, sowie das umfassende Engagement vieler ehrenamtlicher Helfer in Vereinen, in der Hospizbewegung u. a. belegen sehr eindeutig, dass der geistige Anreiz, die Idee, der „Spiritus" die Menschen mehr bewegt als Geld.

Spiritualität als Geisteshaltung und innere Motivation finden wir auf *drei Ebenen*. Die Initiatoren, die Pioniere (auf der betrieblichen Ebene sind das die Unternehmer), die von einer Idee beseelt sind und andere dafür begeistern, setzen auf der *ersten Ebene* Ideen in die Welt, hauchen ihnen mit ihrem Engagement und ihrer Be-Geist-erung quasi Leben ein. Auf der *zweiten Ebene* finden wir die Multiplikatoren (in der Wirtschaft sind das Führungskräfte), die für die Umsetzung und Verbreitung, oft auch für das Pragmatisch-Organisatorische von Bedeutung sind und etwas Großartiges mittragen wollen. Das Gefühl, sich einzubringen für einen bedeutenden Menschen oder eine faszinierende Idee oder für beides, motiviert. Hinzu kommen dann auf der *dritten Ebene* die vielen Mitläufer, die sich Bedeutung versprechen, wenn sie sich an Erfolg versprechende Ideen oder Menschen dranhängen.

Wenn sich Menschen für etwas begeistern, sagt das Wort bereits, worauf es ankommt, auf den *Geist*. In der Bibel gibt es, im Neuen Testament beim Evangelisten Matthäus im Kap. 6, 24, einen klaren Hinweis, worauf wir in der geistigen Ausrichtung achten sollen:

> Niemand kann zwei Herren dienen; er wird entweder den einen hassen und den andern lieben oder er wird zu dem einen halten und den andern verachten. Ihr könnt nicht beiden dienen, Gott und dem Mammon.

Wenn wir uns „Gott" nicht kindlich-naiv als alten Mann mit Bart vorstellen, sondern etwas freier in diesem Kontext als das Gute, Wertvolle, oder als eine übergeordnete Ethik und Werteorientierung deuten, dann heißt das im Führungsalltag sehr radikal, wir müssen uns entschieden für Profitorientierung oder für Werteorientierung. Die Absicht, die Motive und die Geisteshaltung legen fest, wem unser Handeln dient. Wenn wir uns für „Gott" entscheiden, dann schauen wir auf das Wohl der Menschen, wollen Gutes schaffen, den Menschen helfen, ohne dabei die betriebswirtschaftlichen Notwendigkeiten aus den Augen zu verlieren. Wenn wir in das Shareholder Value-Denken einsteigen, dann sind wir auf der anderen Seite.

11 Spirituell führen

Die erwähnte Gallup-Studie (vgl. Spiegel 2014) sowie weitere zahlreiche Untersuchungen, Bücher und Aufsätze belegen, dass „Führung" für die Arbeitszufriedenheit und für das Engagement von Mitarbeitern von zentraler Bedeutung ist. *Wo kann man Führen lernen?* In den technischen Ausbildungen ist das Fach „Führung" weitestgehend unbekannt, bei den Wirtschaftswissenschaften eher eine Randerscheinung. Jeder Elektriker muss, bevor eine Lampe anschließen darf, zwei bis drei Jahre Lehrzeit absolvieren und dann eine Prüfung ablegen. Wie weisen Menschen nach, dass sie die Fähigkeit besitzen, andere zu führen?

Wesentlich ist, die Menschen in ihren Eigenarten zu erkennen und sich darauf einzu-
lassen. *Der heilige Benedikt* hat in seiner Regel, nach der die Benediktiner seit fast 1500
Jahren wirtschaftlichen Erfolg mit einem geistlichen Leben verbinden, *klare Führungs-
anweisungen* für den Abt geschrieben. So heißt es im Kapitel *„Der Abt"* (vgl. Salzburger
Ärztekonferenz Hrsg. 2006):

- *„Er muss wissen, welch schwierige und mühevolle Aufgabe er auf sich nimmt: Menschen zu führen und der Eigenart vieler zu dienen. Muss er doch dem einen mit gewin-
  nenden, dem anderen mit tadelnden, dem dritten mit überzeugenden Worten begegnen.*
- *Nach der Eigenart und Fassungskraft jedes einzelnen soll er sich auf alle einstellen und
  auf sie eingehen. So wird er an der ihm anvertrauten Herde keinen Schaden erleiden,
  vielmehr kann er sich am Wachsen einer guten Herde freuen. "*

Wenn Mitarbeiter spüren, ich werde in meiner Eigenart gesehen und angenommen, mein
Chef steht zu mir, auch in schwierigen Momenten und hilft mir meine Potenziale zu entfalten, dann wächst die Bereitschaft, Gefolgschaft zu leisten, sich einzubringen. Damit muss
Führung zweierlei leisten. Sie muss dafür sorgen, dass die Sachaufgaben gelöst werden
und sie muss dazu beitragen, dass sich Menschen entwickeln. Beides gelingt langfristig
nur, wenn *neben* dem *Fach- und Methodenwissen auch* eine entsprechende *geistige Schulung* durchlaufen wird. Wir brauchen neben einer Professionalität mit guter Fach- und
Methodenkompetenz auch eine geistige Dimension in der Führung, die unsere spirituelle
und emotionale Kompetenz einschließt und aus der Führungskraft eine Führungspersönlichkeit macht. Ein Buchtitel von Pater Anselm Grün „Menschen führen – Leben wecken"
verweist auf das Wesen von spiritueller Führung, sie soll den Menschen in seine Lebendigkeit führen (vgl. Grün 2007).

Wenn wir nicht jede Geisteshaltung als spirituell bezeichnen, sondern im engeren Sinn
nur jene, die auf einem „*guten Geist*" gründet, dann brauchen wir Wertmaßstäbe, an Hand
derer wir das Urteil „gut" oder „böse" treffen können. Die Tatsache, dass jemand seine
innere Haltung selbst als gut betrachtet, ist bedeutungslos. Jeder Fanatiker hält sich für
einen edlen Menschen. Der Unterschied zum Idealisten liegt in der Absicht. Der Fanatiker
möchte zerstören und strafen, er kämpft gegen das, was er für böse hält, aus eigenem Erkennen oder, in den meisten Fällen, verführt durch eine religiöse oder politische Propaganda. Sein Leben bekommt durch diesen Kampf einen Sinn und er fühlt sich moralisch-
ethisch gut, edel, sogar den anderen überlegen. In diese Richtung bewegen sich auch jene
Führungskräfte, die ihre Ziele fanatisch verfolgen, für die Erfolg oder Gewinn zum einzigen Maßstab für ihr Tun geworden sind. Wenn jemand seine Konkurrenz „ausschaltet",
im „Kampf" um Marktanteile alle verfügbaren Mittel einsetzt, Mitarbeiter unter „Druck"
setzt, dann zeigt die Sprache das Denken und die damit verbundene Geisteshaltung. Wie
weit sind sich diese Menschen ihrer Motive und der Tragweite ihres Handelns bewusst?

Eine gute, spirituell verankerte Führung zeigt sich in der Fähigkeit, das eigene Tun und
die dahinter stehenden geistigen Wurzeln, die Werte, die Glaubenssätze, auch die Ängste
zu reflektieren. Wenn wir Menschen entwickeln, das Leben in Ihnen wecken wollen, wird

Führung zu einem Akt des Dienens, zum Dienst an den Menschen im Unternehmen und im Umfeld. Durch diesen Dienst bekommt unser eigenes Leben Bedeutung, einen tiefen Sinn und eine ständige Chance, an dieser Aufgabe zu wachsen und zu reifen. Nichts dient der eigenen persönlichen Reifung mehr als Führungsverantwortung.

Auf die Bedeutung des *Dienens* verweist Jesus, als seine Jünger nach Rang und Bedeutung von Menschen fragen. In der *Bibel, im Evangelium nach Matthäus*, Kap. 20, 26 und 27, heißt es: „Bei euch soll es nicht so sein, sondern wer bei euch groß sein will, der soll euer Diener sein, und wer bei euch der Erste sein will, soll euer Sklave sein." Und im *Evangelium nach Markus* steht im Kap. 9, 35 „Wer der Erste sein will, soll der Letzte von allen und der Diener aller sein." Die innere Haltung von Dienen, sich sogar als Sklave zu verstehen, ist somit keineswegs entwürdigend, sondern verleiht Größe und Bedeutung durch den Nutzen für andere unter Verzicht auf jegliche Selbstüberhöhung. Sie zeigt, dass Führen auf die Bedürfnisse der anderen gerichtet ist. Wie ein guter Diener beobachtet und erkennt „der Erste", was der andere jetzt braucht.

Der weit verbreitete Zeitgeist „jeder ist sich selbst der Nächste", prägt vor allem das Verhalten von Konzernen und insbesondere die Finanzwelt. Das *betriebswirtschaftliche Denken*, wie es an vielen Hochschulen gelehrt wird, basiert auf mathematischen Modellen, die den Einsatz von Ressourcen optimieren wollen. Der Mensch wird als Wesen gesehen, dessen Handlungen und Entscheidungen auf Nutzenmaximierung angelegt sind. Dieser sogenannte „*homo oeconomicus*", ein vollständig informiertes Wesen, das rein logisch handelt, auf das die Wirtschaftstheorien aufbauen, *existiert nur in den Köpfen von Wirtschaftstheoretikern*. Entsprechend groß ist die Diskrepanz zwischen dem Führungsverhalten derart geschulter Führungskräfte und den Erwartungen und Bedürfnissen der Geführten.

Unter Berufung auf *Adam Smith* und die sog. „*unsichtbare Hand*", die im Hintergrund alles zum Guten lenkt, solle jeder versuchen, sein Vermögen zu mehren, da er damit zwangsläufig dem Wohle aller dient. Dass dies so *weder in der Makro- noch in der Mikrowirtschaft* funktioniert, zeigen die vielen Probleme unserer Gesellschaft wie Ressourcenverschwendung, Umweltzerstörung, wachsende Armut, obwohl das Volkseinkommen ständig wächst. Die Geisteshaltung „ich muss nur für mich und allenfalls für die Meinen gut sorgen" ist eine geistige Enge wie jede Form egoistischen Denkens und das Gegenteil einer Spiritualität, die aus einem heilenden und heilsamen Geist heraus handelt (vgl. Assländer 2013, S. 62).

In unserer Wirtschaft stehen sich somit *zwei Geisteshaltunge* gegenüber. Eine, die den *Blick auf ein größeres Ganzes* hat und alles unterlässt, was dem Wohl des Ganzen schadet, und eine Haltung, die den *Egoismus des Einzelnen* gut heißt. Letztere Geisteshaltung hat die Logik einer Krebszelle. Sie vermehrt sich ohne Rücksicht auf das Ganze und zerstört damit am Ende auch die eigene Lebensgrundlage. Sie wuchert auf Kosten der Bedürfnisse ihrer Umgebung und rät anderen Zellen, doch das Gleiche zu tun. Die Medizin nennt das dann Metastasenbildung. Auf genau dieser geistigen Ebene stehen all jene, die ihre Verantwortung für das Ganze nicht sehen und nicht erkennen, dass sie langfristig abhängig sind vom Wohlergehen aller.

Sowohl das christliche Ideal der Nächstenliebe als auch das buddhistische Anliegen, Mitgefühl für alle Wesen zu entwickeln, stehen dem Raubtierkapitalismus diametral entgegen. Im christlichen Glauben werden wir vom *Heiligen Geist* geleitet, gemeint ist damit ein *heilender Geist*. Der Wortstamm „heil" findet sich in „heilig" wie in „heilen". Laut Duden bedeutet „heil", jemandem das ersehnte Gute zu bringen, auch Wohlergehen und Glück. In Bezug auf Führung ist dieser Anspruch nur mit Blick auf das Wohl der Betroffenen und aller Menschen umzusetzen. Nicht meinem Wohl, auch nicht dem Wohl Einzelner, sondern dem Wohl aller dient eine so verstandene spirituelle Führung. Mein Verständnis von Spiritualität meint eine Haltung, die das größere Ganze im Blick hat und diesem verantwortungsbewusst dient, die damit die enge Ich-Bezogenheit, auch ein begrenztes Wir-Denken übersteigt, über den eigenen Tellerrand hinaus auch Wirkung und Folgen für andere sieht und dafür Verantwortung übernimmt (vgl. Galuska 2004, S. 209 ff.). Wachstum hat genau hier seinen berechtigten und entscheidenden Platz. Wir sollen mit unseren geistigen Potenzialen wachsen, unseren Blick und unser Verantwortungsbewusstsein ständig ausweiten, dann wird Führen ein spirituelles Führen.

12 Zusammenfassung und Ausblick

Spiritualität verstehe ich im Kontext von Führung als eine Geisteshaltung, von der abhängt, wie Führung erlebt wird. Neben Fach- und Methodenkompetenz werden emotionale und spirituelle Intelligenz immer wichtiger. Sie sind jenseits von Wissen und Logik und werden mit Hilfe von Meditation, Systemaufstellungen und prozesshaften Methoden erworben. Beispiele wie Hilti, dm u. a. belegen, wie Werteorientierung und gute Führung zum Erfolgsfaktor werden. Der Umgang mit Mikrokrediten zeigt, wie ein Erfolgsmodell durch eine andere Geisteshaltung ins Gegenteil verkehrt werden kann. Gute Führung muss den Geführten Sinn vermitteln, Leistung anerkennen und persönliche Entwicklung ermöglichen. Die Basis für eine spirituell fundierte Führung sind ein gelebtes Leitbild mit einem Wertekanon und eine Führung, die die Sachaufgaben löst und den Menschen dient.

Literatur

Assländer, F., & Grün, A. (2006). *Spirituell Führen – mit Benedikt und der Bibel*. Münsterschwarzach: Vier-Türme.

Assländer, F., & Grün, A. (2010). *Spirituell arbeiten – Dem Beruf einen neuen Sinn geben*. Münsterschwarzach: Vier-Türme.

Assländer, M. (2013). *Wirtschaft*. Berlin: de Gruyter.

Berke, J. (2008). *Heimreise in die schlesische Grafschaft Glatz. Ein autobiographisches Zeitzeugnis*. Norderstedt: Books on Demand.

Galuska, J. (Hrsg.). (2004). *Pioniere für einen neuen Geist in der Wirtschaft – Die spirituelle Dimension im wirtschaftlichen Handeln*. Bielefeld: Kamphausen.

Glauner, F. (2013). *CSR und Wertecockpits*. In R. Schneider (Hrsg.), *Management Reihe Corporate Social Responsibility*. Berlin: Springer & Gabler.

Grün, A. (2007). *Menschen führen Leben wecken* (8. Aufl.). Münsterschwarzach: Vier-Türme-Verlag.

Haas, O. (2015). *Corporate Happiness als Führungssystem – glückliche Menschen leisten gerne mehr*. Berlin: Schmidt.

Hartmann, K. (2014). Entwicklungshilfe: Warum Mikrokredite den Armen nur selten helfen. Spiegel 1. 1. 2014. www.spiegel.de/wirtschaft/unternehmen/mikrokredite. Zugegriffen: 30. Mai 2015.

Hein, C., & Bernau, P. (2011). Mikrokredite – Arme Bauern in der Schuldenfalle. FAZ vom 3. 2. 2011. www.faz.net/aktuell/wirtschaft/wirtschaftspolitik/mikrokredite-arme-bauern-in-der-schuldenfalle-1582856.html. Zugegriffen: 30. Mai 2015.

Le Bon, G. (1982). *Psychologie der Massen*. Stuttgart: Kröner.

Salzburger Äbtekonferenz. (Hrsg.). (2006). *Die Regel des heiligen Benedikt – Normalausgabe* (17. Aufl.). Beuron: Beuroner Kunstverlag.

Spiegel. (Hrsg.). (2014). Frust im Job. Jeder sechste Arbeitnehmer hat keinen Bock. www.spiegel.de/wirtschaft/unternehmen/gallup-studie. Zugegriffen: 30. Mai 2015.

Spiegel, P. (2008). *The power of dignity*. – Die Kraft der Würde – The Grameen Family. Bielefeld: Kamphausen.

Tolle, E. (2003). *Stille spricht*. München: Wilhelm Goldmann.

Tolle, E. (2004). *Jetzt! Die Kraft der Gegenwart*. Bielefeld: Kamphausen.

Wilber, K. (1981). *Halbzeit der Evolution*. Bern: Scherz.

Wilber, K. (1996). *Eros Kosmos Logos*. Frankfurt a. M.: Wolfgang Krüger.

Dr. Friedrich Assländer, Jahrgang 1946, Studium der BWL, Soziologie und Psychologie, hat 12 Jahre Vertriebs- und Führungserfahrung. Er ist Hochschul-Dozent, Seminarleiter und Coach. Seit 1995 bietet er Systemaufstellungen und spirituell orientierte Führungsseminare an. Er ist Fachautor zahlreicher Bücher und hält Vorträge über Führung, Spiritualität und Systemaufstellungen.

Transformationale Führung – Forschungsstand und Umsetzung in der Praxis

Waldemar Pelz

Inhaltsverzeichnis

1   Einleitung

Als Frederick Smith, Gründer von FedEx Anfang der 1970er Jahre gefragt wurde, was der Hauptgrund für den phänomenalen Erfolg seines Unternehmens sei, nannte er die Kundenzufriedenheit – und diese beginne bei der Mitarbeiterzufriedenheit; hohe Renditen und Wachstumsraten seien die „natürliche" Folge. Seine Führungskräfte beurteilt er nicht

W. Pelz (✉)
Technische Hochschule Mittelhessen, THM Business School,
Wiesenstraße 14, 35390 Gießen, Deutschland
E-Mail: w.pelz@w.thm.de

© Springer Fachmedien Wiesbaden 2016
C. von Au (Hrsg.), *Wirksame und nachhaltige Führungsansätze,*
Leadership und Angewandte Psychologie, DOI 10.1007/978-3-658-11956-0_5

primär danach, wie gut sie ihre Budgets verwalten und ihre Mitarbeiter beaufsichtigen, sondern danach, wie gut sie ihre Führungsaufgaben aus der Perspektive ihrer Mitarbeiter wahrnehmen. Die Ergebnisse dieser Mitarbeiterbefragung gehen in den sog. Leadership Index ein, der wesentliche Elemente des transformationalen Führungsverhaltens zeigt (vgl. Petrick und Furr 1995, S. 354 ff.; Prashanth 2003, S. 6 ff.). Die Erfahrungen dieses Logistikunternehmens haben dazu beigetragen, die Transformationale Führung nicht nur in der akademischen Welt, sondern auch in der Praxis zu verbreiten (vgl. Pelz 2013).

Dieser *Führungsstil heißt „transformational"*, weil er Verhalten verändert (transformiert). Die *Kernfrage* lautet: Wie kann man erreichen, dass Mitarbeiter loyal sind, gern Verantwortung übernehmen, Teamgeist entwickeln, Selbstdisziplin zeigen und auf Veränderungen mit Lernbereitschaft und Engagement reagieren? Mit traditionellen Zielvereinbarungen, Belobigungen, Gehaltserhöhungen, Prämien und anderen *„Belohnungen"* wird man derartige Verhaltensweisen nicht nachhaltig bewirken können. Auch die verschiedensten *Druckmittel greifen zu kurz* (vgl. Bass 2008, S. 336ff.).

Eine der wirksamsten Methoden der *Verhaltensänderung* ist die Wahrnehmung der *Vorbildfunktion* durch die Führungskraft. Sie muss ihre Mitarbeiter herausfordern (inspirieren), zu mehr Selbstständigkeit anregen, eine *Vertrauensbasis* schaffen und fair kommunizieren. Das ist der Kern der Transformationalen Führung. Es handelt sich um Führungsverhalten, wie es bei außerordentlich erfolgreichen Unternehmen praktiziert wird, und ist zugleich eine äußerst wirksame Weiterentwicklung des Führens mit Zielvereinbarungen (transaktionale Führung). Das belegen inzwischen zahlreiche empirische Studien. Viele Autoren wie z. B. Stephen Robbins (2013, S. 333) kommen zu dem Schluss: „The evidence supporting the superiority of transformational leadership over transactional leadership is overwhelmingly impressive". Die Abb. 1 gibt einen Überblick über den Zusammenhang zwischen dem Verhalten von Führungskräften und deren Mitarbeitern.

Die *Nachhaltigkeit der Transformationalen Führung* resultiert 1) aus der Validierung des zugrunde liegenden Fragebogens, 2) aus den zahlreichen empirischen Belegen für ihre Wirksamkeit in der Praxis und 3) aus deren Einfluss auf den (wirtschaftlichen) Erfolg. Hinzu kommt 4) die Fokussierung auf konkrete (beobachtbare) Verhaltensweisen und deren Veränderung. Diese Faktoren machen auch den wesentlichen Unterschied zu anderen Konzepten aus. Als Beispiel sei die weit verbreitete, aber nicht valide Theorie des Situativen Führens genannt, die trotz ihrer Beliebtheit und vordergründigen Plausibilität weder eine Wirksamkeit noch eine Anwendbarkeit in der Praxis nachweisen konnte (vgl. Blank 1990; Thompson 2009; Yukl 2013).

Der vorliegende Beitrag beginnt mit einem Überblick über den Stand der Forschung einschließlich einer Skizze der Entstehung, Entwicklung und Kritik der Transformationalen Führung (Abschn. 2). Die kritische Diskussion zeigt die Notwendigkeit einer Modifikation verschiedener Items und einer Anpassung an die deutsche Unternehmenskultur. „Neue" Management-Methoden werden häufig unreflektiert aus den Vereinigten Staaten übernommen, ohne kritisch zu prüfen, ob sie auch in anderen Kulturen funktionieren können. Schon eine oberflächliche Kenntnis beider Kulturen macht deutlich, dass eine einfache Übersetzung des zugrunde liegenden Fragebogens aus dem Englischen nicht aus-

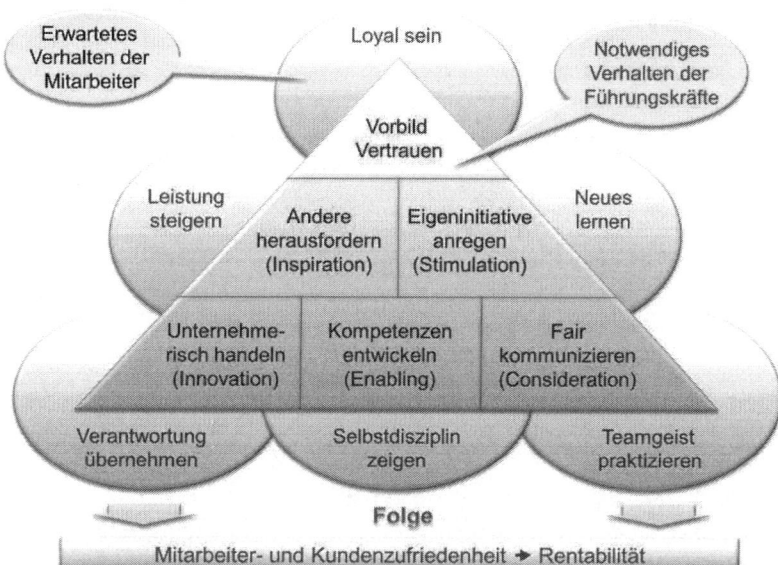

Das Prinzip der Transformationalen Führung

Abb. 1 Zusammenhang zwischen dem Verhalten von Führungskräften und deren Mitarbeitern

reicht. Der nachfolgende Abschn. 3 zeigt den Prozess der Entwicklung eines Fragebogens als Basis für die Operationalisierung und Validierung einer deutschen Version der Transformationalen Führung. Grundlage ist eine empirische Studie mit 14.348 Teilnehmern. Dazu werden auch die wichtigsten Gütekriterien und ausgewählte Ergebnisse, insbesondere hinsichtlich des Führungserfolges skizziert. Im Abschn. 4 folgen Empfehlungen für eine Umsetzung der Transformationalen Führung in der Praxis. Der Beitrag schließt mit einer Zusammenfassung (Abschn. 5).

2 Stand der Forschung

2.1 Entstehung und Entwicklung der Transformationalen Führung

Das Thema Transformationale Führung stammt aus der Forschungstradition, die sich mit visionären und charismatischen Führungsmethoden beschäftigt. Beispiele für wichtige Impulse sind die Beiträge von Max Weber (1922), James Victor Downtown (1973) und James McGregor Burns (1978) im Bereich der politischen und gesellschaftlichen Führung. In der Managementforschung geht es in erster Linie um den pragmatischen Aspekt der effizienten Umsetzung unternehmerischer Ziele und um die Erklärung herausragender Leistungen von Führungskräften, wobei einige fundamentale Prinzipien der gesellschaftlichen Führung auch hier gelten (vgl. Yukl 2013). Einen wesentlichen Beitrag zur Anwendung der Transformationalen Führung in der Praxis haben Bernard Bass und Bruce

Avolio geleistet, indem sie ihr Konzept mit einem Fragebogen (Inventar) operationalisiert und auf Praxistauglichkeit empirisch getestet haben – eine, so die Autoren, in den Naturwissenschaften übliche, in den Sozialwissenschaften eher seltene Praxis (vgl. Bass und Avolio 1994, S. 2).

Bass und Avolio unterscheiden zwischen der (weniger effektiven) Transaktionalen und der (wesentlich effektiveren) Transformationalen Führung. Bei der *Transaktionalen Führung* erfolgt der Einfluss auf das Verhalten von Mitarbeitern durch einen „Austausch" von Leistung und Gegenleistung (Transaktion). Ein Beispiel ist das Führen mit Zielvereinbarungen. Dabei werden Mitarbeiter mit materiellen (z. B. Prämien) oder immateriellen (z. B. Karriere) Vorteilen dafür „belohnt", dass sie vorgegebene oder vereinbarte Ziele erfüllen oder übererfüllen. Analog folgen „Bestrafungen" oder der Entzug von Vorteilen bei der Verfehlung von Zielen, bei Minderleistungen oder „unerwünschten" Verhaltensweisen. Transaktional ist auch das Prinzip „Pflichterfüllung gegen Bezahlung". Beispiele für Methoden der Einflussnahme sind persönliche oder moralische Appelle, Überzeugungstechniken oder der Verweis auf Pflichten und Prozesserfordernisse sowie verschiedene Formen der Erzeugung von „Druck" (vgl. Yukl 2008, 2013).

Die *Transformationale Führung* nutzt wesentlich wirksamere Methoden der Einflussnahme und Motivation. Dazu gehört die Erfüllung der Vorbildfunktion durch Führungskräfte, die Entwicklung individueller Stärken und Talente von Mitarbeitern, die Anregung zu mehr Eigeninitiative und kreativer Problemlösung sowie die Vermittlung von sinnvollen, attraktiven Zielen und Entwicklungsperspektiven. Diese Prinzipien haben Bass und Avolio (1994) wie folgt definiert:

- *Idealized Influence (Identification):* Führungskräfte verhalten sich in einer Weise, die Respekt, Bewunderung und Vertrauen bei ihren Mitarbeitern bewirkt; sie sind verlässlich in ihren Worten und Taten und erfüllen hohe ethische und moralische Standards; außerdem stellen sie das Gesamtinteresse (ihrer Organisation) über ihre persönlichen Ziele und Vorteile.
- *Inspirational Motivation:* Transformationale Führungskräfte inspirieren ihre Mitarbeiter durch anspruchsvolle, attraktive Ziele und verdeutlichen den Sinn dieser Ziele und ihrer Aufgaben; sie fördern den Teamgeist, den Optimismus und das Engagement bei der Arbeit an der gemeinsamen Zielsetzung (shared vision).
- *Intellectual Stimulation:* Transformationale Führungskräfte fordern die Kreativität und die Fähigkeit zur eigenständigen Problemlösung ihrer Mitarbeiter heraus. Dazu gehört die Fähigkeit, überholte Annahmen, Routinen und Gewohnheiten kritisch zu hinterfragen und völlig neue Lösungen zu finden.
- *Individualized Consideration:* Transformationale Führungskräfte behandeln ihre Mitarbeiter nicht alle nach dem gleichen Schema; vielmehr gehen sie je nach persönlichen Stärken, Schwächen und Erwartungen auf jeden Mitarbeiter individuell ein; sie agieren als persönlicher Coach oder Mentor und entwickeln dadurch die beruflichen Perspektiven und das Potential jedes Einzelnen auf ein höheres Niveau.

Um zu *„messen"*, inwiefern Führungskräfte sich transformational verhalten und welche Auswirkungen dieser Führungsstil auf den Führungserfolg hat, ist seit Mitte der 1980er Jahre eine nahezu unüberschaubare *Vielzahl empirischer Studien* erschienen. Die meisten nutzten den von Bass und Avolio (1997) entworfenen Fragebogen (Multifactor Leadership Questionnaire; MLQ), der in verschiedenen Diagnose-Instrumenten wie z. B. im Verhaltensinterview oder im 360-Grad-Feedback eingesetzt werden kann (vgl. Pelz 2014). Die *wichtigsten Erkenntnisse aus zahlreichen Studien* kann man wie folgt zusammenfassen: Transformational geführte Mitarbeiter leisten tatsächlich mehr (gemessen an Kennzahlen), sind zufriedener, stärker intrinsisch motiviert und kreativer; außerdem zeigen sie mehr Teamgeist und Verantwortungsbewusstsein als ihre transaktional geführten Kollegen. Der transformationale Führungsstil scheint auch Einfluss auf die Führungskräfte selbst zu haben: ihre persönlichen Beziehungen sind besonders gut; sie sind weniger anfällig für stressbedingte Probleme, verfügen über mehr persönliche Energie und erzielen höhere Einkommen. Das alles macht sie wesentlich leistungsfähiger als Manager, die vorwiegend mit negativen Anreizen (z. B. Druck) führen. Dieses Fazit beruht auf der Auswertung folgender Studien: Karina Nielsen et al. (2009), Steven Brown et al. (1997), John Barbuto (2005), Nicholas Burger et al. (2011), S. E. Strang und K. W. Kuhnert (2009), Jörg Felfe (2006), Charles Snyder et al. (1983), Stephen Robbins et al. (2011), Brian Hoffman et al. (2011), García-Morales et al. (2012), D. J. Cleavenger und T. P. Munyon (2012), Susanne Braun et al. (2013), H. M. Tse und W. Chiu (2014), John Kissi et al. (2013) sowie Nielsen und Daniels (2012). Die Abb. 2 soll die wesentlichen Aspekte zusammenfassend veranschaulichen.

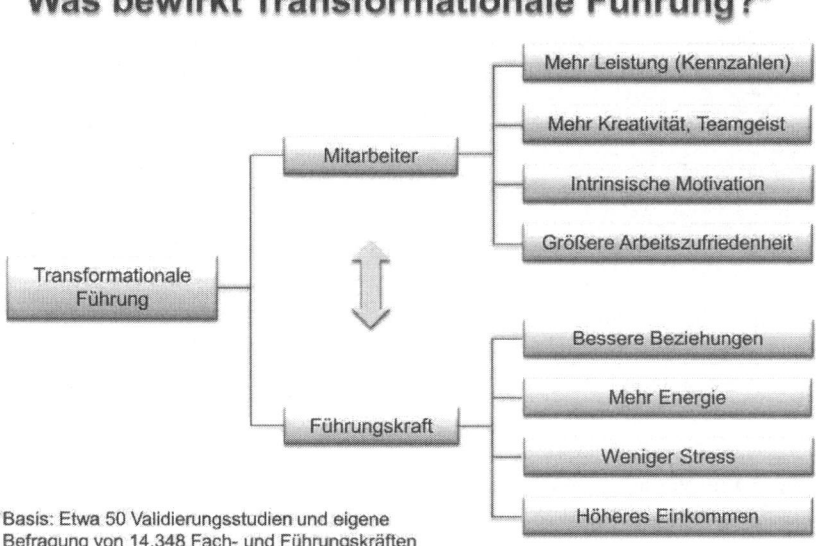

Abb. 2 Wirkung der Transformationalen Führung

2.2   Kritik und Weiterentwicklung der Transformationalen Führung

Aus der umfassenden *kritischen Analyse der Transformationalen Führung* sei das Fazit von Janice Beyer (1999), Dean Cleavenger (2012), Gary Yukl (2013) und Stephen Robbins et al. (2013) skizziert. Demnach liefert dieses Konzept zwar eine überzeugende, empirisch fundierte Erklärung dafür, warum manche Führungskräfte einen außergewöhnlichen starken Einfluss auf das Verhalten und die Leistung von Mitarbeitern haben; dieser Stärke stehen aber einige Schwächen gegenüber. Dazu zählen die Mehrdeutigkeit vieler Grundbegriffe, die Vernachlässigung wichtiger erfolgsrelevanter Kompetenzen und die übermäßige Betonung heroischer Aspekte („a bias toward heroic conceptions of leadership" – so Yukl 2013, S. 321).

Wichtiger als „charismatische", „visionäre" und andere heroische Aspekte sind die tatsächlich gelebten, für alle sichtbaren Werte einer Organisation oder Gemeinschaft. Darauf haben unter anderem James Burns (2003), Alois Schumpeter (1950), Howard Gardner (1995) und Brian Hoffman (2011) hingewiesen. Demnach haben *Werte eine Schlüsselfunktion für die Veränderung von Organisationen* und deren Kultur. Diese Funktion ist vergleichbar mit der Mutation oder Variation in der Biologie oder Evolution. Dazu meint Burns (2003):

> Public values… that are based in human wants and needs, that dominate people's hopes and fears and expectations, that deeply influence their social and political attitudes and shape much of their day-to-day behavior – ultimately such values have a huge causal effect. (S. 205 f.)

Das hat erhebliche Konsequenzen für die Führung. Burns (2003) bemerkt dazu:

> In sum, values are power resources for a leadership that would transform society for the fuller realization of the higher moral purposes. Of all these functions, the mobilizing and kindling power of transforming values is the most essential and durable factor in leadership. (S. 213)

In der *Managementlehre* haben u. a. James Collins und Jerry Porras (1994), Edgar Schein (2010), Jack Welch (2005) oder Michael Beer und Nitin Nohira (2000) die Schlüsselstellung von Werten hervorgehoben. Voraussetzung für ihre Wirksamkeit bei der Umsetzung unternehmerischer Ziele und bei der Gestaltung von Veränderungsprozessen sind Prinzipien wie Einfachheit, Klarheit, Nachvollziehbarkeit, Glaubwürdigkeit und Überzeugungskraft dieser Werte; und das kann nur gelingen, wenn die *Führungskräfte* die (angestrebten) *Werte* des Unternehmens im Rahmen ihrer Vorbildfunktion verkörpern und *(vor)leben* (vgl. Pelz 2004, S. 55ff.). Diese Tatsache ist ein wesentlicher Grund dafür, dass in dem eingangs erwähnten Beispiel von FedEx ein scheinbar unbedeutendes Instrument wie eine regelmäßige Mitarbeiterbefragung und der daraus abgeleitete Leadership-Index ein äußerst wirksames Führungsinstrument sein kann. Dabei ist allerdings zu beachten, dass die „richtigen" Fragen gestellt werden. Ansonsten sind die Erfahrungen mit diesem Instrument niederschmetternd, wie es die Wirtschaftspresse häufig dargestellt hat.

Diese Kritikpunkte an der Transformationalen Führung wurden in unseren Gesprächen mit Geschäftsführern mittelständischer Weltmarktführer und in den anderen Erhebungen bestätigt. Außerdem fehlten Kompetenzen wie effektive Kommunikation, Umsetzungsstärke und unternehmerisches Verhalten (siehe dazu Nohira et al. 2003, Nohira und Khunana 2010). Auch die Trennung von „transformationalen" und „transaktionalen" Items (Verhaltensbeschreibungen) erwies sich als problematisch, weil in der Praxis eher Mischformen die Regel sind. Schließlich ist die synonyme Verwendung der Begriffe „charismatisch" und „transformational" sicherlich auf einzelne schillernde, „heldenhafte" Persönlichkeiten anwendbar, nicht aber auf die alltägliche, praktische Führungsarbeit tausender Manager, wie sie John Kotter (1999) in seiner Studie „What Effective General Managers Really Do" dargestellt hat.

3 Das Gießener Inventar zur „Messung" transformationaler Kompetenzen

3.1 Erweiterung der Kompetenzen

Diese Kritikpunkte waren ein Anlass, eine *eigene Studie* durchzuführen. Diese besteht aus *drei Teilen*. Beim *ersten Teil* handelt es sich um *Tiefeninterviews mit 34 Geschäftsführern mittelständischer Weltmarktführer* (sog. „Hidden Champions" nach Hermann Simon 2007) aus den Regionen Heilbronn/Franken und Gießen/Frankfurt am Main. Bei den vier von Bass und Avolio beschriebenen Prinzipien fanden sich erstaunliche Parallelen zu den Aussagen der befragten Geschäftsführer. Hier einige Beispiele:

- *Vorbild und Vertrauen (Identification):* „Unternehmerische Haltung fördern Sie nicht durch Weiterbildung… Sie müssen die Leute durch beispielhaftes Verhalten, durch Führung und klare Ziele dazu bringen. Das geht nicht von heute auf morgen, aber es geht." Oder: „Wenn Sie so weit kommen, dass der Mitarbeiter Ihnen vertraut …, dann haben Sie es eigentlich ganz gut gemacht."
- *Durch anspruchsvolle Ziele motivieren (Inspiration):* „Wir haben eine langfristige Zielsetzung, die auf Werten basiert, die wir gemeinsam mit den Mitarbeitern erarbeitet haben." Oder: „Und wenn Sie es schaffen, die Leute einzubinden, dann schauen sie weder auf die Uhr noch auf die Entlohnung."
- *Zur selbstständigen, kreativen Problemlösung anregen (Stimulation):* „Ich hinterfrage sehr viel … ich will immer wissen, warum… und dann kommt doch die Idee, man könnte es doch irgendwie anders tun." Oder: „Wenn man Neuerungen von oben darüberstülpt, hat man natürlich genau das, was Innovationen hemmt."
- *Individuell fördern (Consideration):* „Meine Aufgabe ist einfach: fördern, unterstützen, entwickeln, schauen, wer etwas drauf hat." Oder: „Für jeden Mitarbeiter haben wir Kompetenzmodelle und Entwicklungspläne, und die werden mit dem Mitarbeiter diskutiert."

Aus den Interviews mit den Geschäftsführern der Hidden Champions ergaben sich drei weitere Prinzipien (Kompetenzen), die über den Vorschlag von Bass und Avolio (1994) hinausgehen. Diese haben wir für den eigenen Fragebogen wie folgt definiert:

- *Kommunikation und Fairness:* Inwiefern sorgt die Führungskraft dafür, dass der Umgang miteinander auf fairen Spielregeln basiert? Folgen die zwischenmenschlichen Beziehungen konstruktiven Werten wie z. B. Transparenz, Offenheit und Aufrichtigkeit?
- *Unternehmerische Haltung:* Ist das Denken und Handeln im Verantwortungsbereich der Führungskraft an Chancen, Risiken und deren wirtschaftlichen Konsequenzen ausgerichtet? Werden Veränderungs- und Verbesserungsinitiativen kontinuierlich gefördert und gelebt?
- *Umsetzungsstärke:* Inwiefern verfügen die Führungskräfte und die Organisation über die Fähigkeit, Chancen, Ziele und Absichten in messbare Resultate umzusetzen, also ihren Worten auch Taten folgen zu lassen (Umsetzungskompetenz)?

Das Thema Umsetzungskompetenz erwies sich bei genauerer Analyse als besonders komplex. Deswegen wurde dazu ein eigenes Forschungsprojekt durchgeführt (vgl. www.willenskraft.net). Bei den Interviews zeigte sich, dass die Geschäftsführer der Hidden Champions nicht viel mit den idealisierten Vorstellungen von „heroischen Führungspersönlichkeiten" gemein hatten. Wenn diese außergewöhnlich erfolgreichen Unternehmer etwas verbindet, dann sind es nicht idealistische „visionäre" oder „charismatische" Eigenschaften, sondern die Fähigkeit, Ziele und Motive in messbare Resultate umzusetzen. Deswegen erzielen sie auch mit bescheidenen Mitteln, häufig unter ungünstigen Umständen, überzeugende Ergebnisse. Diese Umsetzungsstärke (Fachbegriff Volition) besteht aus fünf Teilkompetenzen, die wir in einer separaten empirischen Online-Studie mit rund 13.000 Teilnehmern validiert haben (vgl. www.umsetzungskompetenzen.com).

Für unseren Fragebogen zur Transformationalen Führung wurde das Prinzip der Umsetzungsstärke als Ergebnisorientierung und Unternehmerische Haltung operationalisiert. Die zentrale Frage dieser Skala lautet: Inwiefern verhalten sich Führungskräfte in einer Weise, dass den Mitarbeitern klar ist, was von ihnen erwartet wird, und welche Konsequenzen es hat, wenn sie den Anforderungen nicht gerecht werden? Inwiefern besteht im Verantwortungsbereich der Führungskraft ein Klima der persönlichen Verantwortung für Ergebnisse (statt einer Rechtfertigungskultur)?

3.2   Entwicklung der Itemstruktur

Im ersten Durchgang wurden einige Items des Gießener Inventars der Transformationalen Führungskompetenzen aus dem MLQ übernommen und in ihrer Bedeutung angepasst. Weitere Items wurden aus den Interviews mit den Geschäftsführern mittelständischer Weltmarktführer abgeleitet. In allen Fällen haben wir darauf geachtet, dass die amerikanischen Begriffe nicht einfach in Deutsche übersetzt wurden; vielmehr haben wir versucht, die Formulierungen so zu wählen, dass sie die kulturelle Wirklichkeit in deutschen Unternehmen widerspiegeln. Die Erprobung der Items erfolgte zum einen in zahlreichen Trainingsmaßnahmen und zum anderen durch die Verwendung des Fragebogens in Assessment-Centern, in Verhaltensinterviews und im 360-Grad-Feedback, bei dem rund 800 Führungskräfte von ihren Vorgesetzten, Mitarbeitern, Kollegen und Kunden beurteilt wurden.

Im *zweiten Teil* unserer Untersuchung haben wir *153 zufällig ausgewählte Unternehmen* (ausgefüllte Fragebögen) aus der Region Gießen/Frankfurt *schriftlich befragt*, um festzustellen, ob die Unternehmen die 6 Führungskompetenzen (und die 5 Umsetzungskompetenzen) als relevant erachten, und ob weitere Führungsprinzipien aufgenommen werden sollten. Es ergaben sich keine weiteren Aspekte. Somit kann man davon ausgehen, dass der neue Fragebogen eine zutreffende Einschätzung der erfolgsrelevanten Unternehmenswirklichkeit darstellt. Der *dritte Teil* der Untersuchung bestand aus einer *Online-Befragung mit n = 14.348 Teilnehmern* (Stand 24.01.2015), die in zwei Etappen durchgeführt wurde. In der ersten Zwischenauswertung ging es darum, die Item-Struktur und die Skalen (Kompetenzen) zu validieren. Bei der zweiten Auswertung wurde der Zusammenhang der transformationalen Führungskompetenzen mit finanziellen und immateriellen Erfolgsindikatoren untersucht.

Zusammenfassend sei festgestellt: Der Fragebogen zu den Führungskompetenzen, den wir hiermit der Öffentlichkeit vorstellen, ist eine Synthese aus 34 persönlichen Interviews mit Geschäftsführern mittelständischer Weltmarktführer, einer Auswertung der Erfahrungen mit rund 800 Führungskräften, die in Management-Audits und im 360-Grad-Feedback beurteilt wurden, einer schriftlichen Befragung von 153 Personal- und Vertriebsleitern sowie Geschäftsführern einer Zufallsstichprobe aus der Region Gießen/Frankfurt am Main. Hinzu kommt die Online-Befragung mit 14.348 Teilnehmern. Ausgangspunkt waren ausgewählte Items aus dem MLQ von Bass und Avolio, die wir an die deutsche Unternehmenskultur angepasst haben. Den daraus abgeleiteten Fragebogen nennen wir das „Gießener Inventar der Transformalen Führungskompetenzen" – oder kurz GITF.

3.3 Methodische Aspekte der empirischen Studie

Die Daten der Online-Befragung (Selbstbeschreibung) wurden vom 22. Oktober 2009 bis zum 24. Januar 2015 erfasst. In diesem Zeitraum nahmen insgesamt 14.348 Probanden an der Befragung teil. Die erste Version des Fragebogens war vom 22. Oktober 2009 bis zum 31. Dezember 2010 online und ergab 1.092 auswertbare Datensätze. Vom 4. Januar 2011 bis zum 24. Januar 2015 wurden die Ergebnisse der zweiten Version, die um Fragen zum beruflichen Erfolg und zum Einkommen ergänzt war, erfasst. In diesem Zeitraum kamen 13.256 Teilnehmer hinzu. Der Anreiz für die potentiellen Teilnehmer bestand in einer kostenlosen Auswertung der eigenen Ergebnisse mit einem Vergleich mit allen Teilnehmern.

Die Bekanntmachung des zur Studie führenden Links erfolgte durch mehrere Publikationen in den Fachzeitschriften „Personalwirtschaft", „KMU Magazin", „Lebensmittel

Zeitung", „VDI-Nachrichten", „Wirtschaftswoche", „Personal" und „Manager-Seminare". Hinzu kam die Nennung des Links auf der Homepage des „Instituts für Management-Innovation".

Inhaltlich erfasste die Studie folgende sechs Führungskompetenzen: Vorbildfunktion (Personality), Ziele und Perspektiven (Inspiration), Lernfähigkeit und Unterstützung (Stimulation), Kommunikation und Fairness (Consideration), Ergebnisorientierung (Enabling) und Unternehmerische Haltung (Innovation). Jede Kompetenz besteht aus sieben Items (Verhaltensbeschreibungen). Insgesamt waren es also 42 Items. Im zweiten Teil der Studie kamen 11 Items zum beruflichen Erfolg hinzu (Merkmale herausragender Unternehmerpersönlichkeiten nach Csíkszentmihályi 2003).

Operationalisiert wurden die Items mit einer fünfpoligen, aufsteigenden Likert-Skala mit Antwortmöglichkeiten von 1 („trifft sehr selten zu") bis 5 („trifft sehr häufig zu"). Anhand von Likert-Skalen wird das Ausmaß der Zustimmung oder Ablehnung zu vorgegebenen Aussagen erfasst (vgl. Kirchhoff 2010). Das arithmetische Mittel aus den Angaben lieferte den Wert für die jeweils zugehörige Kompetenz. Hinzu kamen demographische Fragen zum Alter, Geschlecht, beruflicher Stellung, Führungserfahrung, Ausbildung, der Unternehmens- oder Organisationsgröße, zur Einkommensentwicklung und zum Erfolg.

Die demographischen Angaben lieferten folgende Bild:

- Geschlecht: 4939 (34 %) der Probanden waren weiblich, 9409 (66 %) männlich. Männer waren also deutlich stärker vertreten als Frauen.
- Alter: 761 (5 %) der Teilnehmer waren unter 25 Jahren, 3555 (25 %) 25 bis 34 Jahre, 4545 (32 %) 35 bis 44 Jahre und 5487 (38 %) über 44 Jahre alt. Die Gruppengröße stieg also mit dem Alter an.
- Führungserfahrung: 3656 (25 %) wiesen keine Führungserfahrung auf, 4374 (31 %) gaben 1 bis 4 Jahre Führungserfahrung an, 2963 (21 %) 5 bis 10 Jahre und 3355 (23 %) gar über 10 Jahre. Etwa die Hälfte der Probanden verfügte somit über keine oder wenig Führungserfahrung.
- Ausbildung: 5202 (36 %) verfügten über einen kaufmännischen Hintergrund, 4926 (34 %) über einen technischen oder naturwissenschaftlichen. Die restlichen 4220 (30 %) gaben eine sonstige Ausbildung an. Die Gruppen waren also annähernd gleichverteilt.
- Berufliche Stellung: Die überwältigende Mehrheit der Befragten (11431/80 %) befanden sich in einem Angestelltenverhältnis, 1838 (13 %) gaben eine selbstständige oder freiberufliche Tätigkeit an; sonstige Beschäftigungsverhältnisse kamen auf 1079 Nennungen (7 %).
- Größe der Organisation: Der Großteil der Respondenten (6379/45 %) war in kleinen Organisationen mit weniger als 100 Mitarbeitern tätig. 3063 (21 %) in Betrieben mit 100 bis 500 Personen, 1881 (13 %) gaben 500 bis 2000 Mitarbeiter an und 3025 (21 %) waren Teil von Organisationen mit mehr als 2000 Personen.

3.4   Gütekriterien

Reliabilitäten werden im Allgemeinen über die Skalenhomogenitäten (Konsistenzanalyse) berechnet. Durch Verwendung der Skalenhomogenität (z. B. Cronbachs α) lässt sich die Reliabilität für aus mehreren Items bestehende Skalen ermitteln. Alle Items einer Skala sollen dasselbe Merkmal, zumindest aber Facetten dieses Merkmals erfassen. Für Reliabilitäten gibt es Interpretationsstandards von Fisseni (2004). Reliabilitäten ab r = 0,80 können als „mittel" und ab 0,90 als „hoch" bezeichnet werden. Die Ergebnisse für das Gießener Inventar der Transformationalen Führung zeigen, dass alle Koeffizienten (Hauptskalen) über 0,80, aber unter 0,90 liegen. Cronbachs α ergab für die 42 Items der Führungskompetenzen einen Wert von 0,969, den man nach Fisseni als ausgezeichnet bezeichnen kann. Da der Gesamtwert aus diesen 42 Items gebildet wird, ist dieser Wert für die zugrunde liegende Interpretation der geeignete.

Als Alternative zur Konsistenzanalyse lassen sich mittlere *Trennschärfen* angeben. Die Trennschärfe ist ein Maß dafür, wie gut ein Item zu einer Dimension (dem Rest der Items) passt. Diese liegen im Mittel zwischen 0,539 und 0,643. Nach Fisseni dienen Trennschärfen der Identifikation aller (hoch) korrelierenden Items mit demselben Kriterium. Verbindliche Interpretationsstandards für Trennschärfen als Indikatoren für Reliabilität existieren leider nicht. In der Regel gelten Werte über 0,50 als gut. Von der Trennschärfe hängt auch die innere Konsistenz einer Dimension ab: Je höher die Trennschärfen, desto höher ist Cronbachs α. Eine Übersicht über die durchschnittlichen Trennschärfen der Items innerhalb der Hauptskalen des Gießener Inventars der Transformationalen Führung gibt die folgende Liste:

- Durchschnittliche Trennschärfen Vorbildfunktion 0,633
- Durchschnittliche Trennschärfen Ziele und Perspektiven 0,587
- Durchschnittliche Trennschärfen Lernfähigkeit und Unterstützung 0,584
- Durchschnittliche Trennschärfen Kommunikation und Fairness 0,646
- Durchschnittliche Trennschärfen Ergebnisorientierung 0,655
- Durchschnittliche Trennschärfen Unternehmerische Haltung 0,548

Unter der Annahme, dass gute Trennschärfen bei über r = 0,50 liegen, wird dieser Wert von 36 Items erreicht, oder deutlich übertroffen. Die restlichen 6 Items erreichten dieses Kriterium nicht (r ≤ 0,50). Anzumerken ist aber, dass keines dieser 6 Items eine Korrelation unter 0,3 aufweist und somit überarbeitet werden müsste.

Die *Validität* steht für die Gültigkeit einer Messung und stellt die Frage: „Misst der Test tatsächlich dasjenige, was er zu messen vorgibt?" Somit beinhaltet der Begriff Validität nach Berekoven (2009) die materielle Genauigkeit von Testergebnissen. Zu unterscheiden sind die inhaltliche/logische Validität (auch als Inhaltsvalidität bezeichnet), die Kriteriumsvalidität (auch konkurrente Validität genannt) und die Konstruktvalidität. Die Konstruktvalidität kann die Kriteriumsvalidität einschließen.

Überprüfbar ist die *Inhaltsvalidität*, indem man Experten oder andere Personen bittet, die Items, die ungeordnet dargestellt werden, den Dimensionen zuzuordnen, oder indem man die Items hinsichtlich ihres „Fits" zu den einzelnen Dimensionen einschätzen lässt. Empirisch überprüft und bestätigt wurde die Inhaltsvalidität der einzelnen Items durch die Befragung mehrerer Experten in einer parallel durchgeführten schriftlichen Befragung von 153 Entscheidungsträgern aus den Bereichen Marketing, Vertrieb, Personalwesen und Geschäftsleitung von Unternehmen der Region Gießen-Frankfurt. Keines der Items und Kompetenzen wurde als irrelevant oder nicht zur Studie passend bewertet. Auch wurde die Frage nach etwaig fehlenden Kompetenzen gestellt; hierzu gab es keine Nennungen. Es ist also von einer sehr hohen Inhaltsvalidität auszugehen.

Um zu prüfen, ob ein Verfahren *kriteriumsvalide* ist, werden dessen Ergebnisse mit einem Außenkriterium verglichen (korreliert). Zeigt sich ein hoher Zusammenhang zwischen den Ergebnissen, so ist das Verfahren valide. Außenkriterien zu finden, ist häufig schwierig. Zur empirischen Überprüfung der Kriteriumsvalidität wurde im gegeben Fall die Korrelation der einzelnen Kompetenzen untereinander überprüft, mit dem Ziel nachzuweisen, dass sie das gleiche zu Grunde liegende Konzept (die Führungskompetenzen) messen.

Die *Korrelationen nach Pearson* der Kompetenzen (bzw. Skalen) untereinander weisen durchweg mittlere bis hohe Werte (zwischen 0,684 und 0,854) auf, messen also dasselbe Konstrukt. Dies ist ein weiterer *Indikator für hohe Validität*.

Nach Fisseni (2004) schließt die Konstruktvalidität die inhaltliche und kriteriumsbezogene Validität ein. Eine Möglichkeit besteht darin, Hypothesen über die Dimensionalität des zu erfassenden Merkmals empirisch an dem in Frage stehenden Instrument zu überprüfen, z. B. mithilfe der *Faktoranalyse* (vgl. Kopp 2009). Hierdurch kann nach Kopp ermittelt werden, wie viele Dimensionen das Instrument tatsächlich hat. Diese sollten (inhaltlich) mit den bereits existierenden Konstruktdimensionen übereinstimmen. Das Kaiser-Meyer-Olkin-Kriterium dient als *Prüfgröße* für die Entscheidung, ob eine Faktorenanalyse überhaupt sinnvoll ist. Als Maß der Stichprobeneignung zur Faktorenanalyse nach Kaiser-Meyer-Olkin (KMO) ergab sich ein Wert von 0,987, der als „sehr gut" bezeichnet werden kann (vgl. Backhaus 2011). Der Bartlett-Test (test of spericity) überprüft die Annahme, dass die Stichprobe aus einer Grundgesamtheit entstammt, in der die Variablen unkorreliert sind. Die Signifikanz nach Bartlett betrug 0,000, woraus sich schließen lässt, das die Items nicht zufällig korreliert sind. Die Überprüfung der Stichprobeneignung aller Items innerhalb der korrespondierenden Kompetenzen ergab die weiter unten angegebenen Werte. Auch hieraus lässt sich schließen, dass die Items nicht zufällig korreliert sind.

Die *durchgeführte Faktorenanalyse* innerhalb der Kompetenzen (Extraktionsmethode; Hauptkomponentenanalyse, Rotationsmethode: Varimax mit Kaiser-Normalisierung) ergab, dass jedes Item innerhalb der Kompetenzen nur auf einen einzelnen von sieben gewählten Faktoren besonders hoch lädt:

- Vorbildfunktion: Werte je Item und Faktor zwischen 0,844 und 0,935
- Ziele und Perspektiven: Werte je Item und Faktor zwischen 0,854 und 0,957

- Lernfähigkeit und Unterstützung: Werte je Item und Faktor zwischen 0,868 und 0,949
- Kommunikation und Fairness: Werte je Item und Faktor zwischen 0,860 und 0,934
- Ergebnisorientierung: Werte je Item und Faktor zwischen 0,855 und 0,915
- Unternehmerische Haltung: Werte je Item und Faktor zwischen 0,902

Als *Ergebnis der Faktoranalyse* lässt sich also feststellen, dass jedes Item innerhalb einer Kompetenz auf einen eigenen Faktor lädt, die tatsächlichen Dimensionen des Instruments stimmen also inhaltlich mit den bereits existierenden Konstruktdimensionen überein.

4   Ausgewählte Ergebnisse zum Thema Führungserfolg

Die transformationalen Führungskompetenzen haben einen starken Zusammenhang mit den Eigenschaften herausragender Unternehmerpersönlichkeiten, wie sie Csikszentmihalyi (2003), Begründer des Flow-Prinzips, ermittelt hat. Außerdem korrelieren sie mit der Entwicklung des Jahreseinkommens. Diese Zusammenhänge wurden im zweiten Teil der Studie analysiert. Der Einkommensanstieg wurde durch das Item „Mein Jahreseinkommen hat sich seit dem Abschluss meiner Ausbildung oder meines Studiums im Vergleich zu dem meiner Mitschüler oder Kommilitonen wie folgt entwickelt" mit den Optionen:

- „ist in etwa ähnlich gestiegen oder gefallen"
- „ist stärker gestiegen (etwa doppelt bis dreifach)"
- „ist deutlich stärker gestiegen (mehr als vierfach)"
- und „keine Antwort" erfasst.

Erfolg ist definiert als das Erreichen ehrgeiziger Ziele bei sozialer Akzeptanz. Hinzu kommen Persönlichkeitsmerkmale überdurchschnittlich erfolgreicher Unternehmerpersönlichkeiten aus der Untersuchung von Czikszentmihalyi (2003) und aus einer Langzeitstudie mit 1.528 Kindern aus Kalifornien, deren beruflicher und privater Lebenserfolg über 40 Jahre hinweg analysiert wurde (vgl. Myers 2013). Als Synthese dieser Studien wurde für die Messung des Erfolgs ein Index entwickelt, der unter anderem folgende Items enthält:

- Ehrgeiz: „Meine Arbeit hat einen höheren Sinn und Zweck als Spaß, Anerkennung, Einkommen oder (sozialer) Status"
- Integrität: „Im Beruf (oder im Team) erfahre ich zu wenig Wertschätzung" (umgepolt formuliert)
- Energie: „Meistens fühle ich mich voller Tatkraft und Energie"
- Optimismus: „Ich bin der festen Überzeugung, dass die Zukunft mehr Chancen und Möglichkeiten als Risiken mit sich bringen wird."

Eine *Analyse wichtiger Zusammenhänge* (vgl. Tab. 1) zeigt, dass Teilnehmer mit stark ausgeprägten Führungskompetenzen ein hohes Erfolgspotential haben: Persönlichkeits- merkmale wie Ehrgeiz, Integrität, Energie und Optimismus (Erfolgs-Index) sind deutlich ($r = 0{,}73$) mit den transformationalen Führungskompetenzen korreliert. Dabei spielen die Teilkompetenzen „Vorbildfunktion (Personality)", „Ziele und Perspektiven (Inspiration)" sowie „Ergebnisorientierung (Enabling)" eine besonders wichtige Rolle. Mit anderen Worten: Die wichtigsten Merkmale erfolgreicher Persönlichkeiten im Sinne des Erfolgs- indexes sind: 1.) klare Ziele haben, 2.) die Vorbildfunktion wahrnehmen und 3.) unter- nehmerisch denken und handeln. Das unternehmerische Verhalten wurde durch Items wie z. B. die folgenden operationalisiert:

- „Nutzt Chancen und geht dabei auch Risiken ein"
- „Schafft ein Klima des Verantwortungsbewusstseins"
- „Setzt neue Ideen konsequent um".

Bemerkenswert ist dabei, dass die unternehmerische Haltung besonders stark mit der Er- gebnisorientierung und der Entwicklung von Zielen und Perspektiven zusammenhängt.

Die Persönlichkeitsmerkmale (Erfolgs-Index) standen weniger stark, aber dennoch erkennbar in Beziehung ($r = 0{,}29$) mit der Steigerung des Jahreseinkommens. Das kann man so interpretieren, dass ehrgeizige, integre und optimistische Personen zwar ein hö- heres Einkommen als der Durchschnitt erzielen, dies aber nicht aus dem Rahmen fällt. Etwas schwächer ($r = 0{,}24$) war der Zusammenhang zwischen den Führungskompetenzen und der Entwicklung des Jahreseinkommens ausgeprägt. Die Ergebnisse kann man so interpretieren, dass Menschen, denen ein hohes Einkommen besonders wichtig ist, ten- denziell an ihren unternehmerischen Kompetenzen und der Ergebnisorientierung arbeiten sollten. Wem dagegen Fairness und Lernfähigkeit besonders wichtig sind, der sollte sich mit einem niedrigeren Einkommen begnügen. Einen Überblick über diese und weitere Zu- sammenhänge liefert die Tab. 1 mit analogen Interpretationsmöglichkeiten.

Erfolgsfaktoren verdienen diesen Namen nur dann, wenn sie *typisch* für erfolgreiche und zugleich *untypisch* für erfolglose Menschen sind. Aus diesem Grund wurde das er- folgreichste mit dem erfolglosesten Zehntel der Teilnehmer verglichen (jeweils rund 1.200 Personen). Kriterium war der Erfolgs-Index (ohne Berücksichtigung des Einkommens). Ziel dieser Analyse war also die Frage: „Bei welchen Verhaltensweisen (Items) ist der Unterschied zwischen Erfolgreichen und Erfolglosen besonders groß?" Die Fokussierung auf die Verhaltensebene sollte zugleich den Abstraktionsgrad senken und eine Vorstel- lung von den alltäglichen Verhaltensweisen (Gewohnheiten) besonders erfolgreicher Füh- rungskräfte liefern. Zu den „top seven" gehören folgende Verhaltensweisen:

- „Fördert Fähigkeiten und Talente" (Kompetenz Enabling)
- „Hilft bei der Entwicklung persönlicher Kompetenzen und Perspektiven" (Enabling)
- „Formuliert klare Ziele und Erwartungen" (Personality)
- „Stärkt das Selbstvertrauen in die Erreichbarkeit von Zielen" (Inspiration)

Tab. 1 Korrelation der Führungskompetenzen und Kriterien (Skalen)

Kompetenzen und Kriterien[a]	(1)	(2)	(3)	(4)	(5)	(6)	(7)	(8)	(9)
(1) Einkommen	1	0,243	0,219	0,232	0,200	0,183	0,234	0,269	0,292
(2) Alle Kompetenzen	0,243	1	0,922	0,936	0,906	0,924	0,940	0,855	0,726
(3) Vorbildfunktion	0,219	0,922	1	0,834	0,796	0,853	0,831	0,734	0,686
(4) Ziele und Perspektiven	0,232	0,936	0,834	1	0,836	0,827	0,854	0,786	0,699
(5) Lernfähigkeit	0,200	0,906	0,796	0,836	1	0,833	0,818	0,684	0,617
(6) Fairness	0,183	0,924	0,853	0,827	0,833	1	0,840	0,697	0,629
(7) Ergebnisorientierung	0,234	0,940	0,831	0,854	0,818	0,840	1	0,802	0,665
(8) Unternehmerische Haltung	0,269	0,855	0,734	0,786	0,684	0,697	0,802	1	0,680
(9) Erfolgs-Index	0,292	0,726	0,686	0,699	0,617	0,629	0,665	0,680	1

[a] Korrelation nach Pearson; $p < 0,001$ (Signifikanz 2-seitig) Stichprobenumfang=9054. Die Korrelation ist bei allen Skalen auf dem Niveau von 0,01 (2-seitig) signifikant

- „Fördert die Motivation aller Mitarbeiter" (Inspiration)
- „Schafft ein Klima des Verantwortungsbewusstseins" (Innovation)
- „Macht klar, wie jeder zum Unternehmenserfolg beitragen kann" (Enabling).

Die Erfolgsfaktoren kann man als zusammenfassende Empfehlung wie folgt formulieren: *Setzen Sie klare und zugleich anspruchsvolle Ziele, stärken Sie das Selbstvertrauen und das Verantwortungsbewusstsein Ihrer Mitarbeiter und befähigen Sie diese, selbstständig diese Ziele in Resultate umzusetzen, indem Sie ihre ergebnisrelevanten Kompetenzen gezielt entwickeln.*

Eine weitere Frage war, bei welchen Verhaltensweisen sich Erfolgreiche und Erfolglose am wenigsten unterscheiden. Diese geringsten Unterschiede bedeuten, dass es sich um Selbstverständlichkeiten handelt, die man von einer Führungskraft heute mindestens erwarten kann (etwa genauso wie ein Flachbildschirm am Arbeitsplatz heute selbstverständlich ist). Dazu gehören folgende Verhaltensweisen („bottom seven"):

- „Fördert das Kostenbewusstsein" (Kompetenz Innovation)
- „Kritisiert Fehler, ohne dass der Betroffene sein Gesicht verliert" (Stimulation)
- „Alle Mitarbeiter kennen ihre persönlichen Stärken und Schwächen" (Stimulation)
- „Informiert ausreichend über wichtige geschäftliche Vorgänge" (Consideration)
- „Nutzt Chancen und geht dabei auch Risiken ein" (Innovation)
- „Sorgt dafür, dass alle die notwendigen Ressourcen haben" (Stimulation)
- „Steht „hinter" seinen Leuten, auch wenn sie Fehler machen" (Stimulation).

Studien zur Messung der Mitarbeiterzufriedenheit zeigen regelmäßig, dass es offensichtlich Führungskräfte gibt, die selbst diesen einfachen (selbstverständlichen) Anforderungen nicht gerecht werden (vgl. Nink 2014). Das führt zur nächsten Frage, wie man die Transformationale Führung in der Praxis umsetzen kann.

5   Empfehlungen zur Umsetzung der Transformationalen Führung in der Praxis

Verhaltensänderungen bei Führungskräften sind schwierig, aber dennoch möglich. Das zeigt nicht nur das eingangs erwähnte Beispiel von FedEx, sondern auch die Praxis vieler mittelständischer Weltmarktführer aus unserer Studie; sie haben mehrfach kulturelle Veränderungen durchgesetzt und an die Erfordernisse des Marktes angepasst. Kern einer solchen Veränderung ist die Formulierung klarer Verhaltenserwartungen an die Führungskräfte mit anschließender Umsetzungskontrolle. Das scheitert in der Praxis oftmals daran, dass „Leitbilder" und Führungsgrundsätze zu abstrakt formuliert und nicht validiert wurden. Häufig sind es reine Gemeinplätze. Dadurch geht der Blick für den Zusammenhang zwischen alltäglichem Verhalten und dem Unternehmenserfolg verloren. Aus diesen Gründen sollten Veränderungsprojekte mit einem *validierten Diagnoseverfahren* beginnen, das als Grundlage für eine Selbsteinschätzung, ein 360-Grad-Feedback, ein

Assessment Center oder Verhaltensinterviews dienen sollte. In jedem Falle ist ein offenes Feedback zum derzeitigen Führungsverhalten der Führungskräfte notwendig *(Selbst- und Fremdbild)*. Aus dem Soll-Ist-Vergleich erarbeiten die Führungskräfte *Verbesserungsmöglichkeiten* und besprechen diese mit ihrem Vorgesetzten (vgl. Pelz 2014).

Um *abstrakte Führungs- und Verhaltensgrundsätze „alltagstauglich"* zu machen, ist jede der sechs transformationalen Führungskompetenzen des Gießener Inventars der Transformationalen Führung durch sieben konkrete, beobachtbare Verhaltensbeschreibungen definiert. Beispiel: Wenn sich eine Führungskraft bei der Wahrnehmung ihrer Vorbildfunktion verbessern möchte, sollte sie sich so verhalten, dass ihre Mitarbeiter den folgenden Aussagen weitgehend zustimmen:

- „Er (oder sie) meint, was er sagt"
- „Steht für klare Wertvorstellungen"
- „Setzt klare Ziele und Erwartungen"
- „Verfügt über profunde Fachkenntnisse" („Breite" vs. „Tiefe")
- „Ist offen für Kritik und neue Ideen"
- „Man kann sich auf ihn/sie verlassen"
- „Verhält sich in einer Weise, die Respekt verdient"

Die *Verbesserungsvorschläge* gehen in einen *persönlichen Entwicklungsplan* ein, den die Führungskraft mit ihrem Vorgesetzten bespricht. Dieser Plan besteht aus zwei Teilen. Im ersten Teil erarbeitet die Führungskraft Verhaltensänderungen, die sie sofort und einfach umsetzen kann. Im obigen Beispiel könnte es der Umgang mit Kritik der Mitarbeiter sein oder die klare Kommunikation der eigenen Wertvorstellungen. Im zweiten Teil des persönlichen Entwicklungsplans geht es um die längerfristige Frage, welche Kompetenzen die Führungskraft mit Priorität entwickeln sollte, um ihre persönlichen, beruflichen und geschäftlichen Ziele zu erreichen. Auch dieser Plan wird mit dem Vorgesetzten besprochen und abgestimmt. Das nachfolgende *Fallbeispiel* skizziert den Prozess zur Einführung der Transformationalen Führung im Vertrieb und zeigt, dass es sich bei einer Verhaltensänderung von Führungskräften im Kern um einen kontinuierlichen Verbesserungsprozess handelt, der im Alltag praktiziert und vom Top-Management vorgelebt werden muss.

Fallbeispiel – Umsetzung der Transformationalen Führung

- Einschätzung der Stärken und Schwächen von Vertriebsleitern in einem 360-Grad-Feedback (alternativ 180-Grad-Feedback) mit dem Ziel einer möglichst objektiven Bestandsaufnahme der Stärken, Schwächen und Potentiale dieser Führungskräfte.
- Bei diesem Feedback kommt der Fragebogen der transformationalen Führungskompetenzen zum Einsatz. Damit schafft man eine Vertrauensbasis aufgrund einer zuverlässigen, validen und praxisrelevanten Diagnose-Methode.
- Der Fragebogen kann an die besonderen Bedürfnisse des Unternehmens angepasst werden. Dabei sollte man allerdings darauf achten, dass die Validität nicht verloren geht. Die Anpassung erfolgt in der Regel in einem Gespräch mit der Geschäftsführung

und anschließend in einem Workshop mit den Vertriebsleitern. Damit schafft man ein gemeinsames Verständnis über die wichtigsten erfolgsrelevanten Kompetenzen und Werte und eine Selbstverpflichtung auf diese Werte.

• Die Besprechung der Ergebnisse aus dem 360-Grad-Feedback erfolgt in einem persönlichen Coaching-Gespräch. Dabei erstellen die Feedback-Nehmer (Führungskräfte) einen kurzfristigen und einen langfristigen persönlichen Entwicklungsplan. Beide Pläne sind Grundlage für ein Gespräch zwischen den Vertriebsleitern und ihrem Vorgesetzten. Das Ziel dabei ist die Vereinbarung konkreter, zielführender Entwicklungs- und Verbesserungsmaßnahmen und die Verzahnung dieser Maßnahmen mit den Unternehmenszielen.

• Anschließend werden Coaching-, Trainings- und Entwicklungsmaßnahmen durchgeführt, die somit nicht nach dem „Gießkannen-Prinzip" erfolgen, sondern nach den Bedürfnissen der Teilnehmer und den Erfordernissen der Aufgabe.

• Wichtig ist auch die Planung und Festlegung der Art der Erfolgskontrolle, z. B. durch ein Management-Audit, ein Verhaltensinterview oder ein erneutes 360-Grad-Feedback nach ein bis zwei Jahren.

6 Zusammenfassung und Ausblick

Mit traditionellen Zielvereinbarungen und Anreizsystemen gelingt es nur sehr selten, Erfolgsfaktoren wie Vertrauen, Loyalität, intrinsische Motivation oder Teamgeist zu bewirken. Dazu benötigt man transformationale Führungskompetenzen, wie sie in außerordentlich erfolgreichen Unternehmen tatsächlich praktiziert werden. Diese Praktiken wurden durch zahlreiche empirische Studien bestätigt und mit dem Gießener Inventar der Transformationalen Führung mit 14.348 Teilnehmern validiert und auf die deutsche Unternehmenskultur anwendbar gemacht. Die Untersuchung konnte auch die genannten Erfolgsfaktoren bestätigen und die positiven Auswirkungen auf die Führungskräfte selbst belegen; sie haben unter anderem bessere persönliche Beziehungen, mehr Energie und weniger Stress als ihre transaktional führenden Kollegen. Insgesamt ist es eine äußerst sinnvolle, renditebringende und konsequente Weiterentwicklung des Führens mit Zielvereinbarungen, die man sofort in Angriff nehmen sollte.

Literatur

Backhaus, K., Erichson, B., Plinke, W., & Weiber, R. (2011). *Multivariate Analysemethoden* (12. Aufl.). Berlin: Springer.

Barbuto, J. E. (2005). Motivation and transactional, charismatic, and transformational leadership: A test of antecedents. *Journal of Leadership and Organizational Studies, 11,* 26–40.

Bass, B. M., & Avolio, B. J. (1994). *Improving organizational effectiveness through transformational leadership.* Thousand Oaks: Sage.

Bass, B. M., & Avolio, B. J. (1997). *Full range leadership development manual for the multifactor leadership questionnaire.* Palo Alto: Mindgarden.

Bass, G. (2008). *The bass handbook of leadership. Theory, research, and managerial applications.* New York: Free Press.

Beer, M., & Nohira, N. (2000). Cracking the code of change. *Harvard Business Review, 78*, 133–141.

Berekoven, L., Eckert, W., & Ellenrieder, P. (2009). *Marktforschung* (12. Aufl.). Wiesbaden: Gabler.

Beyer, J. M. (1999). Taming and promoting charisma to change organizations. *Leadership Quarterly, 10*, 307–330.

Blank, W., Weitzel, J., & Green, S. G. (1990). A test of the situational leadership theory. *Personnel Psychology, 43*, 453–692.

Braun, S., Peus, C., Weisleiler, S., & Frey, D. (2013). Transformational leadership, job satisfaction, and team performance: A multilevel mediation model of trust. *The Leadership Quarterly, 24*, 270–283.

Brown, S. P., Cron, W. L., & Slocum, J. W. (1997). Effect of goal-directed emotions on salesperson volitions, behavior, and performance. A longitudinal study. *Journal of Marketing, 61*, 39–50.

Burger, N., Charness, G., & Lynham, J. (2011). Field and online experiments on self-control. *Journal of Economic Behavior & Organization, 77*, 393–404.

Burns, J. M. (1978). *Leadership*. New York: Harper & Row.

Burns, J. M. (2003). *Transforming leadership*. New York: Grove Press.

Cleavenger, D. J., & Munyon, T. P. (2012). It's how you frame in: Transformational leadership and the meaning of work. *Business Horizons, 56*, 351–360.

Collins, J., & Porras, J. (1994). *Built to last. Successful habits of visionary companies*. New York: HarperCollins.

Csikszentmihalyi, M. (2003). *Good Business. Leadership, flow and the making of meaning*. New York: Viking.

Downtown, J. V. (1973). *Rebel leadership: Commitment and Charisma in the revolutionary process*. New York: Free Press.

Felfe, J. (2006). Transformationale und charismatische Führung – Stand der Forschung und aktuelle Entwicklungen. *Zeitschrift für Personalpsychologie, 5*, 163–176.

Fisseni, H. (2004). *Lehrbuch der psychologischen Diagnostik*. Göttingen: Hogrefe.

Gardner, H. (1995). *Leading minds. An anatomy of leadership*. New York: BasicBooks.

García-Morales, V. J., Jimenez-Barrionuevo, M. M., & Gutierrez-Gutierrez, L. (2012). Transformational leadership influence on organizational performance through organizational learning and innovation. *Journal of Business Research, 65*, 1040–1050.

Hoffman, B. J., Bynum, B. H., Piccolo, R. F., & Sutton, A. W. (2011). Person-organization congruence: How transformational leaders influence work group effectiveness. *Academy of Management Journal, 54*, 779–796.

Kirchhoff, S., Kuhnt, S., Lipp, P., & Schlawin, S. (2010). *Der Fragebogen. Datenbasis, Konstruktion und Auswertung* (5. Aufl.). Wiesbaden: Springer.

Kissi, J., Dainty, A., & Tuuli, M. (2013). Examining the role of transformational leadership of portfolio managers in project performance. *International Journal of Project Management, 31*, 485–497.

Kopp, L. (2009). *Faktorenanalyse und Skalierung. Institut für Soziologie. White Paper*. Chemnitz: Technische Universität.

Kotter, J. (1999). What effective general managers really do. *Harvard Business Review, 77*, 145–159.

Myers, D. G. (2013). *Psychology* (10. Aufl.). New York: Worth Publishers.

Nielsen, K., Yarker, J., Randall, R., & Munir, F. (2009). The mediating effects of team and self-efficacy on the relationship between transformational leadership, and job satisfaction and psychological well-being in healthcare professionals: A cross-sectional questionnaire survey. *International Journal of Nursing Studies, 36*, 1236–1244.

Nielsen, K., & Daniels, K. (2012). Does shared and differentiated transformational leadership predict followers' working conditions and well-being? *The Leadership Quarterly, 23*, 383–339.

Nink, M. (2014). Gallup Engagement Index 2014. http://www.saatkorn.com/gallup-engagement-index-2015/. Zugegriffen: 26. Juni 2015.

Nohira, N., Joyce, W., & Roberson, B. (2003). What really works (a groundbreaking five year study reveals the must have management practices that truly produce superior results). *Harvard Business Review, 81*, 42–52.

Nohira, N., & Khurana, R. (2010). Advancing leadership theory and practice. In N. Nohira & R. Khurana (Hrsg.), *Handbook of leadership theory and practice*. Boston: Harvard Business Press.

Pelz, W. (2004). *Kompetent führen*. Wiesbaden: Gabler.

Pelz, W. (2013) Auf die Probe gestellt. *Personalmagazin, 1,* 36–38.

Pelz, W. (2014). Das 360-Grad-Feedback zur Erkennung und Entwicklung von Potentialträgern. In J. Sauer & A. Cisik (Hrsg.), *In Deutschland führen die Falschen. Wie sich Unternehmen ändern müssen*. Berlin: Helios Media.

Petrick, J. A., & Furr, D. (1995). *Total quality in managing human resources*. Delray Beach: St. Lucie Press.

Prashanth, K., & Gupta, V. (2003). *Human resource management: Best practices at Fedex Corporation*. Hyderabad: Center for Management Research (ICMR).

Robbins, S. P., DeCenzo, D. J., & Coulter, M. (2011). *Fundamentals of management* (7. Aufl.). Boston: Pearson.

Robbins, S. P., DeCenzo, D. A., & Coulter, M. (2013). *Fundamentals of management* (8. Aufl.). Boston: Pearson.

Schein, E. (2010). *Organizational culture and leadership* (3. Aufl.). San Francisco: Jossey Bass.

Schumpeter, J. A. (1950). *Kapitalismus, Sozialismus und Demokratie* (6. Aufl. 1987). Tübingen: Francke.

Simon, H. (2007). *Hidden Champions des 21. Jahrhunderts. Die Erfolgsstrategien unbekannter Weltmarktführer*. Frankfurt a. M.: Campus.

Snyder, C. A., Manz, C. C., & Laforge, R. M. (1983). Self-Management: A Key to Enterpreneurial Survival? *American Journal of Small Business, 8,* 20–26.

Strang, S. E., & Kuhnert, K. W. (2009). Personality and leadership developmental levels as predictors of leader performance. *The Leadership Quarterly, 20,* 421–433.

Thompson, G., & Vecchio, R. P. (2009). Situational leadership theory: A test of three versions. *The Leadership Quarterly, 20,* 837–848.

Tse, H. M., & Chiu, W. (2014). Transformational leadership and job performance: A social identity perspective. *Journal of Business Research, 67,* 2827–2835.

Weber, M. (1922). *Wirtschaft und Gesellschaft*. Tübingen: Mohr Siebeck.

Welch, J. (2005). *Winning*. New York: HarperCollins.

Yukl, G. (2008). Validation of the extended influence behavior questionnaire. *The Leadership Quarterly, 19,* 609–621.

Yukl, G. (2013). *Leadership in organizations* (8. Aufl.). Harlow: Pearson.

Prof. Dr. Waldemar Pelz lehrt Internationales Management und Marketing an der Technischen Hochschule Mittelhessen und leitet das Institut für Management-Innovation. Er verfügt über 15 Jahre Praxiserfahrung und war zuletzt Leiter Führungskräfteentwicklung eines internationalen Unternehmens.

Handeln aus sich selbst heraus: Von der Führung zur Selbstführung im Horizont einer Dialogischen Unternehmenskultur

Karl-Martin Dietz

Inhaltsverzeichnis

K.-M. Dietz (✉)
Friedrich von Hardenberg Institut für Kulturwissenschaften,
Hauptstraße 59, 69117 Heidelberg, Deutschland
E-Mail: k.m.dietz@hardenberginstitut.de

© Springer Fachmedien Wiesbaden 2016
C. von Au (Hrsg.), *Wirksame und nachhaltige Führungsansätze,*
Leadership und Angewandte Psychologie, DOI 10.1007/978-3-658-11956-0_6

1 Einleitung

> …es gibt keine Lösungen im Leben.
> Es gibt Kräfte in Bewegung,
> die muß man schaffen;
> die Lösungen folgen nach.
> Antoine de Saint-Exupéry (1960, S. 122)

Seit Mitte der 1990er Jahre wird im Friedrich von Hardenberg Institut für Kulturwissenschaften in Heidelberg Dialogische Führung als neuartiger Führungsansatz entwickelt (Dietz 2008, 2014a; Dietz und Kracht 2011). Vorausgegangen waren spezifische Anfragen aus Wirtschaftsunternehmen. Vor allem dort wird Dialogische Führung heute praktiziert. Dabei wurde der Ausdruck „Dialogische Führung" geschaffen. Er war zuvor unbekannt.

Dialogische Führung dient dem Versuch, Zusammenarbeit unter mündigen Menschen zu gestalten. Sie ist keine ablösbare Methode, kein System und keine Sammlung von Tools, die man in einem Trockenkurs lernen und dann zu einem bestimmten Datum irgendwo „einführen" könnte. Vielmehr beruht sie auf einer Intention, die sich auf verschiedenste Weise ihre Wege zur Realisierung bahnt und an der sich möglichst viele Mitarbeiter beteiligen. Zur Dialogischen Kultur gehören Selbstführung und Fähigkeitsbildung unabdingbar dazu. Die Praxis des Handelns sieht überall anders aus. Das gilt schon deshalb, weil keine Situation einer anderen genau gleich ist – und weil nie alle in gleicher Weise engagiert sind. So kommen z. B. dauernd neue Mitarbeiter hinzu. Dialogische Führung läuft nicht auf Gleichförmigkeit hinaus. Dadurch wird sie situativ effizient, aber auch menschlich anspruchsvoll und interessant. Dialogische Führung stellt die gesamte Arbeit und Zusammenarbeit in einem Unternehmen auf die bewusste Mitwirkung aller Beteiligten ab.

Aus dem Ansatz der Dialogischen Führung wird seither eine umfassende *Dialogische Kultur* entwickelt. Zusammenhang und Unterschied dieser Begriffe werden im nachfolgenden Beitrag erläutert.

Was leistet Dialogische Führung? Mehr und mehr Unternehmen machen die Erfahrung, dass altgewohnte Führungsformen kaum noch greifen. Abhilfe ist inzwischen nicht mehr von Detailkorrekturen zu erwarten, sondern nur noch von einem Paradigmenwechsel der Führung (Scharmer 2014; Sprenger 2012; Bartussek und Weyergraf 2015). Was früher Sache der Leitung war, wird zur Herausforderung an tendenziell alle Mitarbeiter: ein unternehmerisches Selbst (Bröckling 2007) auszubilden. Damit wird zugleich das ganze Gefüge der Zusammenarbeit neu geordnet. Dialogische Führung stellt sich dieser Herausforderung (vgl. Dietz 2008, S. 46 ff.).

Zentrale Merkmale der Dialogischen Führung in der Praxis sind (vgl. Dietz 2014b, S. 9 f.):

- Jeder einzelne Mitarbeiter wird als eigenständige Persönlichkeit ernst genommen und unterstützt, unabhängig von seiner Rolle im Unternehmen.
- Die je eigene Arbeit wird mit Blick auf das Ganze gestaltet.

- Die Originalität der Einzelnen wird geschätzt und gefördert, nicht nur seine Kenntnisse und Fähigkeiten.
- Das Handeln der Mitwirkenden beruht auf eigener Initiative und eigener Verantwortung im Hinblick auf das Ganze, nicht auf einem angepassten Vollzug vorgegebener Maßnahmen.

So geht es erstens darum, auf der Ideenseite *geistesgegenwärtig* statt plangemäß oder traditionshaltig vorzugehen. Es geht zweitens darum, *situationsgemäß* zu handeln – statt prinzipiell oder chaotisch. Eine dritte Kerneigenschaft der Dialogischen Kultur kann man bezeichnen als *„menschengemäß"*. Das Individuelle wird nicht als Privatsache angesehen. Die Individualität kann nicht vor Arbeitsbeginn abgegeben werden wie eine Jacke an der Garderobe, die man nach Arbeitsschluss wieder anzieht. Wie führen wir unser Unternehmen so, dass das Individuum darin seinen Platz erhält und seine spezifischen Leistungen einbringen – nicht einfach nur eine „Rolle" spielen – kann? Die Gegensätze dazu sind Gleichmacherei (die Persönlichkeit bleibt außen vor) oder Subjektivismus (jeder handelt, wie es ihm persönlich liegt). Beides kann nicht die Lösung für die Anforderungen in der heutigen Gesellschaft sein. Denn „individuell" heißt: Ich stehe im Ganzen, ich verantworte das Ganze, ich leiste im Ganzen und für das Ganze. Die vierte Kerneigenschaft ist *„initiativ"*: Unternehmerisches Handeln geschieht aus eigenem Antrieb, nicht aus Vorschriften, willkürlich oder beliebig (vgl. Dietz 2014b, S. 24 f.).

Wir leben seit Mitte der 1960er Jahre in einer verschärften Entwicklung von „Individualisierung" (Beck 1986, 1994). Diese betrifft nicht nur das Selbstbewusstsein des einzelnen Menschen, sondern auch seine Stellung in der Gemeinschaft und schließlich die Organisation des Gemeinschaftslebens selbst. Die alten gesellschaftlichen Stützen, Traditionen und Werte tragen nicht mehr. Dadurch gerät das Individuum in eine noch nie zuvor erlebte Verunsicherung. Neue Werte und Orientierungen sind jedoch nicht wieder von „außen" zu erwarten; der Einzelne muss sie selbst gewinnen, er muss sich aus sich selbst heraus orientieren. „Gefordert ist ein aktives Handlungsmodell des Alltags, das das Ich zum Zentrum hat" (Beck 1986, S. 217). Dialogische Führung geht praxisbezogen auf diese Herausforderung ein. Sie arbeitet an den *Kernfragen*: Wie handeln möglichst viele Mitarbeiter eigenständig und zugleich sinnvoll im Sinne des Ganzen? Und wie kommen die eigenständig gewordenen Einzelnen zu einer tragfähigen Zusammenarbeit (vgl. Dietz 2014b, S. 10 f.)?

Mit dem Wort *„dialogisch"* wird die *ursprüngliche Bedeutung von „Dialog"* in den Anfängen der europäischen Kultur heraufgerufen. Für Platon etwa, den Schöpfer des philosophischen Dialogs, ist „Dialog" nicht einfach nur eine Wechselrede, sondern hat das Ziel, das Wesentliche (den Logos) der befragten Sache in gemeinsamer Bemühung zur Geltung zu bringen (vgl. Heitsch 2011, S. 22 f.; Neschke-Hentschke 2010, S. 8). Sprachlicher Ausdruck und Inhalt waren noch nicht getrennt. Für Heraklit gilt der Logos nicht nur als die entscheidende Lenkungsinstanz in der Welt, sondern ist auch der Seele des Menschen eigen (vgl. Dietz 2004a, S. 40 f.). Dadurch ist dem Menschen ein unmittelbarer Zugang zur Wirklichkeit möglich. Eine Beschränkung des Verständnisses von „Dialog" vorzugsweise auf Formen des Miteinander-Redens ist erst späteren Entwicklungen geschuldet.

Der vorliegende Beitrag beginnt mit der Aktualität der Dialogischen Kultur im gegenwärtigen Kontext (Abschn. 2). Sie geht dann über zu Grundfragen der Dialogischen Führung (Abschn. 3) und beschreibt danach deren Kernstück, die Dialogischen Prozesse (Abschn. 4). Anschließend wird in Abschn. 5 erläutert, inwiefern aus einer konsequent angewandten Dialogischen Führung eine Dialogische Unternehmenskultur entsteht und was damit gewonnen wird. Abschnitt 6 schließlich fasst die Besonderheiten der Dialogischen Unternehmenskultur komprimiert zusammen.

Für Fallbeispiele und Praxisbezüge muss hier aus Platzgründen auf die vorhandene Literatur verwiesen werden: „Dialog. Die Kunst der Zusammenarbeit" (Dietz 2014a) stellt das Anliegen in einen zeitgeschichtlichen Rahmen; „Dialogische Führung" (Dietz und Kracht 2011) beschreibt die Realisierung in einem Unternehmen; „Jeder Mensch ein Unternehmer" (Dietz 2008) entwickelt den Weg von der Führung zur Selbstführung. Im Übrigen versteht es sich von selbst, dass sich die vorliegende Abhandlung weitgehend auf die genannten Vorarbeiten stützt.

2   Zur Aktualität der Dialogischen Kultur

Im Wirtschaftsleben steht bis heute der *homo oeconomicus* im Vordergrund, ein Longseller aus dem 18. Jahrhundert. Er ist inzwischen zu einer selbstverständlichen Annahme geworden (vgl. Manstetten 2000; Kirchgässner 2013; Dueck 2008; Kerschner 2013), stellt jedoch das Gegenbild eines autonomen Menschen dar. Er besagt im Wesentlichen, dass der Mensch seinem Wesen nach selbstbezogen und nutzenorientiert, rational und damit berechenbar eingestellt ist. Der homo oeconomicus erzeugt daher im Hinblick auf Mitarbeiterführung vor allem *zwei Probleme*: *1. Fehlendes Commitment*: Der Einzelne ist nicht aus sich heraus engagiert für das Ganze. Ich muss ihm etwas bieten, damit er etwas für mich tut. *2. Traditionsverhaftung*: Aus der rationalen Einstellung folgt eher eine Abneigung gegen alles Neue (vgl. Dietz 2008, S. 34). Soweit der homo oeconomicus bis heute als selbstverständlich angenommen wird, gilt „individuell" als gleichbedeutend mit „egozentriert". Indem Bröckling (2007, S. 12) das „unternehmerische Selbst" als „Abkömmling des Homo oeconomicus" bezeichnet, ist dies von vornherein eine Beschränkung der Ausgangssituation.

Auf den homo oeconomicus bezieht sich gedanklich auch die „wissenschaftliche Betriebsführung" von *Frederik Taylor*, entstanden vor etwas mehr als 100 Jahren (vgl. Taylor 1995). Die Arbeit wird dadurch effizienter, dass jeder einzelne Handgriff vorgegeben wird. Damit vervielfacht sich auch die Leistung und das persönliche Einkommen des Arbeiters steigt. Wissenschaftliche Betriebsführung beruht auf einer strikten Trennung von Planung und Durchführung. Damit fallen Erkennen und Handeln auseinander und die Arbeit wird zunehmend mechanisiert, mit der Folge, dass die Tätigkeit sinnentleert und der Arbeiter am Arbeitsplatz sozial isoliert wird (vgl. Dietz 2008, S. 35). Diese Überlegung, perfektioniert durch das *Fließband von Henry Ford* seit 1913, hat den Siegeszug der normierten, mechanisierten Arbeitswelt im 20. Jahrhundert eingeleitet (vgl. Dietz 1988, S. 9–32) – eine Entwicklung, deren Rückschläge heute allerdings gerade unter Effizienzgesichtspunkten problematisch geworden sind (vgl. Womack et al. 1991, S. 25 ff.).

Den sogenannten *Hawthorne-Experimenten* von Elton Mayo 1927 bei Western Electric in Hawthorne/Illinois lag die Frage zugrunde, wie man die Arbeitsbedingungen so optimieren kann, dass die Leistungsfähigkeit weiter gesteigert wird. Man experimentierte mit den äußeren Arbeitsbedingungen wie Beleuchtung, Ruhepausen und Arbeitszeiten. Nach Taylor hätte die Leistung in der Experimentalgruppe größer werden müssen als die Leistung der Kontrollgruppe (vgl. Dietz 2008, S. 35). „Aber das war nicht der Fall. Während ein Versuch auf den anderen folgte…, erkannte man, daß die rein physischen Veränderungen nicht der Schlüssel zu diesem Geheimnis waren". (Whyte 1958, S. 40). Was zur Leistungssteigerung führte, war hingegen der Einbezug der Mitarbeiter in den Versuch und das dadurch wachsende Engagement – in gleichem Maße auch in der Kontrollgruppe! Man könnte sagen: in diesem Moment wurde die „Seele" des Menschen als Faktor in der Arbeitswelt entdeckt. Man nimmt seither die Mitarbeiter ernst – um von ihnen mehr zu erreichen. Dieses Vorgehen hat seither verschiedene Stadien durchlaufen.

Ungefähr zur selben Zeit wie der kooperative Führungsstil des *Harzburger Modells* entstand in den USA das *Human Resource Management*. Es lässt sich nach Neuberger (1997, S. 36 f.) beschreiben als

- „den ur-amerikanischen Individualismus;
- die Wirksamkeit verborgener und starker ‚innerer Kräfte' …,
- den Bruch mit den rationalen Entscheidungsmodellen des homo oeconomicus; stattdessen werden Intuition, Gespür, ‚guts', Spontaneität etc. gefordert und Management als Kunst (nicht: Technik oder Wissenschaft) etabliert;
- die Einsicht, dass MitarbeiterInnen selbsttätig und keine bloßen Werkzeuge sind, die im Rahmen des ‚human engineering' benutzt werden;
- die normative Perspektive der menschlichen *Möglichkeiten,* die verwirklicht werden sollten (Selbstverwirklichung, Wachstum, Empowerment etc.)."

Dass nicht der Mensch im Mittelpunkt des Unternehmens steht, sondern das Geld, wird von anderer Seite deutlich gemacht: „Unter betriebswirtschaftlicher Perspektive stellt der Mitarbeiter einen Produktionsfaktor … dar, der unter Anlegung ökonomischer Kriterien für die betriebliche Leistungserstellung dann eingesetzt wird, wenn

a. sein Leistungsbeitrag für die Unternehmung höher ist als der für die Leistungsabgabe notwendige betriebliche Aufwand und
b. sein Leistungsbeitrag nicht wirtschaftlicher von einem maschinellen Aufgabenträger erbracht werden kann." (Hamel 1989, S. 60, zitiert nach Neuberger 1994, S. 9).

Neuberger (1994, S. 9) erläutert: „Frei entfaltete Persönlichkeiten sind eine Chance für's Unternehmen, in ihrer Häufung aber mehr noch ein Risiko, das man durch Personal-Entwicklung ... zu beherrschen sucht." Wie versucht man dieses Risiko zu beherrschen? „Die erlebte Einschränkung der Freiheit provoziert Gegen-Handlungen – also darf die Beschränkung nicht bewußt werden. Deshalb werden *indirekte* Steuerungsmethoden bevorzugt und auch aus diesem Grund hat Unternehmenskultur als ‚Herrschaft dritten Grades' Konjunktur. Aus der Steuerungsperspektive scheint es ideal, wenn die Leute freiwillig wollen, *was sie sollen.* Trotz verbergender Rhetorik wird sichtbar, daß sie nicht so sehr frei, als vielmehr willig sein sollen" (Neuberger 1994, S. 9 f.).

Ist also Freiheit nichts als ein *Motivationstrick*? Seit Taylor sind die Verhältnisse in einer gewissen Hinsicht eher unangenehmer geworden. Die Vorgaben betreffen heute nicht mehr nur die Körperbewegungen, sondern auch das Denken. Wurde damals mit offenen Karten gespielt, so werden heute die „Entwicklungsmaßnahmen" getarnt. Angeblich dienen sie dem individuellen Fortkommen des Mitarbeiters, in Wirklichkeit aber den Zielen des Arbeitgebers (vgl. Dietz 2008, S. 39). Und „Motivation" ist eine groß angelegte *Verbrämungsstrategie*, die jedoch inzwischen entlarvt ist (vgl. Sprenger 2010). Die Human-Relations-Bewegung wirkt im gleichen Sinne, indem sie die Führungsmaßnahmen durch die Herstellung emotionaler Zufriedenheit abfedert. Gewachsen ist seit langem der Faktor „Unaufrichtigkeit" in der Führung und damit eine Reduktion von Menschenwürde – eine Art „Pseudo-Individualisierung" in der Arbeitswelt (vgl. Dietz 2008, S. 39).

Dialogische Unternehmenskultur bedeutet dem gegenüber eine Umwendung um 180 Grad. Denn in ihr beherrschen nicht Machtansprüche, Unaufrichtigkeit und verborgener Zynismus das Feld. Vielmehr werden die Beziehungen zwischen dem Unternehmen und den einzelnen Mitarbeitern über die Erreichung kurzfristiger Ziele hinaus um ihrer selbst willen geschätzt und die Mitarbeiter handeln tendenziell nicht auf Anordnung, sondern aus eigener Einsicht und Initiative (vgl. Dietz 2008, S. 39).

3   Grundfragen der Dialogischen Führung

Die gekennzeichnete Umwendung der Verhältnisse in Führung und Zusammenarbeit geht aus von *vier Kern- oder Grundfragen der Dialogischen Führung.* Sie werden im Folgenden kurz angesprochen (vgl. Dietz 2008, S. 40 ff.):

- In aller Zusammenarbeit habe ich es *erstens* mit Menschen zu tun. Sind sie mir gleichgültig, fasse ich sie als „Personal" im Kollektiv oder instrumentalisiere sie als Rollenträger und Leistungserbringer (vgl. Neuberger 1994, S. 9). Ich kann aber sie stattdessen auch als Individuen ernst nehmen.
- *Zweitens* muss ich auf die gegebenen *Sachverhalte* achten, die mein Unternehmen und meine Arbeit bestimmen, und deren Gesamtheit in den Blick nehmen. Ein Unternehmen ist nicht einfach die Summe der Menschen, die darin arbeiten. Da gibt es Ressourcen und Gebäude, Rahmenbedingungen und Gepflogenheiten. Sie sind alle prinzipiell

veränderbar; aber erst einmal sind sie so, wie sie sind, und wirken sich aus. Das alles ist gemeint, wenn ich sage, dass ich als Führungsleistung auf die gegebenen Sachverhalte zu achten habe.

- *Drittens* gehört zu allem Handeln im Sinne der Dialogischen Führung die *Zukunft*. Es kommt bei meinen Überlegungen nicht nur darauf an, wie die Verhältnisse heute gerade sind, sondern vor allem darauf, was ich im nächsten Jahr oder in zehn Jahren bewirken und wie ich da hingelangen will. Es bedarf eines ständigen Generierens von Ideen. Ein Unternehmer hat immer die Zukunft im Bewusstsein. Andernfalls wäre er bald kein Unternehmer mehr.

- Eine *vierte Aufmerksamkeit* ist ganz anderer Art. Ich kann (und sollte) Ideen breit ausarbeiten, auch mit mehreren Optionen. Aber dann kommt der Zeitpunkt, wo gehandelt werden muss. Unter den verschiedenen Informationen muss ich mich entscheiden, welche für mich die Wesentlichen sind, und unter den formulierten Ideen diejenigen heraussuchen, die ich verwirklichen will. Hier ist also das tatsächliche Handeln im Blick. Das findet ja immer statt – auch wenn ich nicht besonders darauf achte. Aber im Sinne von Führung käme es darauf an, Entschlüsse bewusst zu fassen. Das erfordert gründliche Vorbereitung ebenso wie einen vorausschauenden Blick auf die Konsequenzen.

Diese vier Blickrichtungen als solche sind alle notwendig. Aber es gibt verschiedene Arten, mit ihnen umzugehen. Dahinter steht die grundsätzliche Frage, was ich eigentlich von meinen Mitarbeitern erwarte (vgl. Dietz 2014b, S. 18 f.). Will ich, dass sie genau das tun, was ich ihnen vorgebe? Damit aber würde ich mich als Verantwortlicher nicht zuletzt selbst behindern. Denn ich muss dann jede einzelne Maßnahme anweisen und hinterher kontrollieren. Die *traditionelle Erwartung an den Mitarbeiter, dass er einfach nur funktioniert, ist nicht mehr zukunftsfähig*, weder im Sinne des Unternehmens noch im Sinne des Mitarbeiters.

Eine andere Möglichkeit wäre *ein eigenständiges, kompetentes Handeln des Mitarbeiters*. Der Anstoß zum Handeln und die Zielsetzung kommen aus dem Unternehmen, aber alles andere leistet der Mitarbeiter eigenständig. Diese heute überall angestrebte Handlungsweise entspricht dem Gedanken der Subsidiarität.

Im Sinne der Dialogischen Führung ist es, dass Mitarbeiter darüber hinaus *mitdenken mit dem Ganzen*; also auch ihren eigenen, unmittelbaren Beitrag in einem Bezug zum Ganzen setzen. Um das zu gewährleisten, muss der Einzelne die in Abb. 1 erwähnten Blickrichtungen (Menschen, Sachverhalte, Ideengestaltung für die Zukunft und das tatsächliche Handeln) eigenständig im Bewusstsein haben.

Des Weiteren könnte ich aber auch erwarten, dass einzelne Mitarbeiter *das Ganze selbstständig mitverantworten*. Dann kommt der Anstoß zum Handeln nicht mehr von Vorgesetzten, sondern aus der Sache heraus. Es ist Ziel der Dialogischen Führung, es dahin zu bringen. Damit verschwindet die traditionelle Unterscheidung von „Führern" und „Geführten" zu Gunsten einer *Unternehmenskultur der Selbstführung* (vgl. Vandercruysse 2015, S. 43 f.). Dass dasjenige, was früher „Führung" war, jetzt tendenziell zur „Selbstführung" wird – darin liegt der Kern der „Umwendung von 180 Grad", von der die Rede war. Selbstführung bedeutet ja nicht einfach, dass jetzt jeder macht, was er will, sondern dass (tendenziell) jeder selbst die Führungsaufgaben übernimmt, die traditioneller Weise von „Vorgesetzten" geleistet werden. Welche Gesichtspunkte dabei leitend sind, wird im nächsten Abschnitt etwas genauer dargestellt.

4 Die Dialogischen Prozesse

Wir haben zunächst die vier Blickrichtungen unterschieden, die allem bewussten Führungshandeln zugrunde liegen. Sodann haben wir danach gefragt, welche Leistungen Führung erzeugen soll und haben die Dialogische Führung darin verortet. In diesem Kapitel wird nun beschrieben, wie die angesprochene „Umwendung um 180 Grad" im Einzelnen vollzogen werden kann, nämlich durch *die vier Dialogischen Prozesse*. Sie treten an die Stelle von vorgefertigten Regelungen („Strukturen") (vgl. Dietz 2008, S. 53–85) und sind den genannten Blickrichtungen der Führung zuzuordnen (vgl. Abb. 1).

4.1 Der Prozess der individuellen Begegnung (Vertrauen und Menschenwürde)

Im Alltag gibt man sich oftmals damit zufrieden, sich selbst und die anderen in einer „Rolle" zu sehen. Dann von „Gemeinschaft" zu sprechen, bliebe abstrakt. Es führte dazu, wie Martin Buber (1997, S. 18 f.) mit Recht bemerkt, den Mitmenschen gar nicht als „Du", sondern als Gegenstand, als „Es" zu behandeln – eine häufig anzutreffende Erscheinung

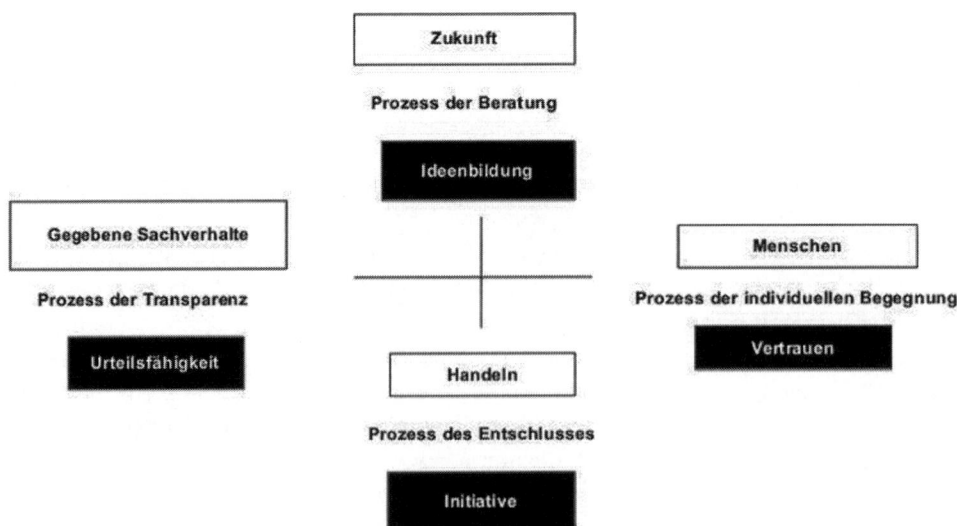

Abb. 1 Blickrichtungen, Prozesse und Leistungen der Führung

(vgl. Fromm 2000, S. 84 f.). Wir haben es aber auch in einer Gemeinschaft mit lauter einzelnen Individuen zu tun. Wie finden sie zusammen, ohne dass sie in einem Kollektiv aufgehen? Entscheidend ist: Der Weg vom Ich zum Wir geht über das Du. Was also kann getan werden, um den anderen Menschen als Individualität zu würdigen? Das ist die Intention des Dialogischen Prozesses der individuellen Begegnung. Dieser hat *mehrere Dimensionen* (vgl. Dietz 2008, S. 55–62):

- *Interesse:*
  Interesse am anderen Menschen kann seinen Ausgangspunkt an ganz verschiedenen Stellen nehmen. Es können Sympathiewerte im Mittelpunkt des Interesses stehen oder auch Nützlichkeitswerte. Bei der individuellen Begegnung im Sinne der Dialogischen Führung ist etwas anderes gemeint: ein zweckfreies Interesse am anderen Menschen, unabhängig von Nutzen und Gefallen. Will ich mit der Eigenständigkeit, Initiative und Originalität des anderen Menschen rechnen, dann kann ich ihn nicht von vornherein bestimmten Erwartungen unterwerfen, die – mehr oder weniger bewusst – meinen eigenen Intentionen entspringen. Will ich den anderen Menschen um seiner selbst Willen wahrnehmen, dann muss ich meine Vorurteile und Vor-Erwartungen zum Schweigen bringen und ebenso meine Maßstäbe. Es geht daher nicht um Einordnung oder Beurteilung des Anderen. Ich interessiere mich für den anderen Menschen als Individualität – so wie er ist und nicht so, wie ich ihn gerne hätte. Damit wird das Fundament für eine nicht-instrumentalisierende Zusammenarbeit gelegt.
- *Verstehen:*
  Dem aufrichtigen Interesse folgt der Versuch, den Anderen in seiner Eigenart zu verstehen. Ich kann ihn z. B. fragen, warum er so (merkwürdig) denkt, fühlt oder handelt, wie es es tut. Durch diese Frage lasse ich einerseits ihn frei und andererseits erweitere ich meinen eigenen Horizont. Das so gemeinte Verstehen des Anderen ist ein subtiler Prozess. Hier begegnet oft der Einwand aus der sogenannten „Praxis", das dauere doch viel zu lange. Es zeigt sich alsbald, dass dieser Einwand nicht trifft. Wie viele Stunden verbringen wir im Berufsalltag damit, Missverständnisse auszuräumen, Krisensitzungen abzuhalten oder Konfliktsituationen zu entspannen, die meistens mit einem gegenseitigen Missverstehen begonnen haben! Wer solches im Vorfeld zu vermeiden versteht, kann hinterher unglaublich viel Zeit sparen!
- *Vertrauen:*
  Was kann überhaupt bei einer solchen, prinzipiell zweckfreien Begegnung „herauskommen"? Der Andere ist ebenso wenig wie man selbst definierbar durch seine Vergangenheit. Zu jedem von uns gehört auch seine Zukunftsentwicklung. Die kann ich einbeziehen in die Begegnung, obgleich ich sie ja nicht mit Augen sehen kann. Ich kann mich jedenfalls bemühen, den Anderen als „werdenden Menschen" zu betrachten; als einen, der an seiner Zukunft arbeitet. In der individuellen Begegnung unterstützen wir uns gegenseitig in unserem Werden. Indem wir die Stärken des Anderen fördern statt seine Schwächen hervorzuheben, rufen wir damit zugleich seinen Entwicklungswillen heraus. Da liegt zweifellos eine Voraussetzung der Dialogischen Führung im Hinblick

auf das Menschenbild. Wer den Menschen als determiniertes Reiz-Reaktions-Wesen auffasst, kommt hier nicht weiter. Andererseits hat eine solche Begegnung, wenn sie gelingt, eine bedeutende Folge: Es entsteht Vertrauen von Mensch zu Mensch. Die Zeiten, wo man glaubte, alles regeln, verordnen und kontrollieren zu können, sind ohnehin vorbei. Die herausragende Bedeutung des Vertrauens in den anderen Menschen ist längst als Grundlage einer gelingenden Zusammenarbeit erkannt worden (vgl. Dietz und Kracht 2011, S. 117–120).

- *Menschenwürde:*
Menschenwürde als Dimension der individuellen Begegnung bedeutet, den anderen Menschen so zu nehmen, wie er ist, und zu versuchen, das Beste daraus zu machen. Auf der anderen Seite versucht der Einzelne, sich selbst nicht einfach so zu belassen, wie er ist. Durch diese vierte Dimension der individuellen Begegnung kann diese an die Grundlagen menschlichen Selbstverständnisses in der Gemeinschaft anschließen (Artikel 1, Absatz 1 des Grundgesetzes der Bundesrepublik Deutschland). „Menschenwürde" kann bekanntlich nicht allgemein definiert werden (vgl. Goos 2011, S. 14; Enders 1997, S. 412; Böckenförde 2002, S. 17). Sie ist immer vom Selbstverständnis des einzelnen Menschen abhängig. Lerne ich, die Welt mit den Augen des Anderen zu sehen, und sehe ich im Anderen den werdenden Menschen, so erschließt sich mir allmählich die menschliche Individualität. In der Berufstätigkeit spielt die Frage der Menschenwürde eine herausragende Rolle. Sowohl die Behandlung derer, die aus der Erwerbswirtschaft „herausfallen" und mit irgendeiner Unterstützung ihr Leben fristen, als auch die oftmals herabwürdigende Behandlung selbst von Führungskräften kann nicht ernst genug genommen werden (vgl. Dietz 2011, S. 9–14).

4.2   Der Prozess der Transparenz (Urteilsfähigkeit)

Transparenz ist in einer Dialogischen Unternehmenskultur kein Mittel zur Motivation, sondern Voraussetzung für eigenständiges Handeln. Statt irgendetwas anzuordnen und es dann (freundlicherweise) auch zu erklären (man ist ja kein Unmensch!), kann man auch gleich den Sachverhalt umfassend klarlegen – dann braucht man in vielen Fällen gar nicht mehr anzuordnen. Transparenz ist eine Voraussetzung für die *Eigenständigkeit (Urteilsfähigkeit)* der Einzelnen und insofern kein Begleitprozess von Führung, sondern Kern einer neuen Art von Führung, die auf Selbstführung hinausläuft und dabei Intelligenz und Kreativität der Beteiligten anregt (vgl. Dietz 2008, S. 63–71).

Durch Transparenz entsteht für die Einzelnen *Eigenständigkeit*, insbesondere gegenüber den gegebenen Verhältnissen. Was ist wirklich der Fall und was bilden wir uns nur ein? Wie können wir das, was der Fall ist, einordnen? Worauf kommt es an? Auch hier können *verschiedene Dimensionen* unterschieden werden: *Information (Tatsächlichkeit), Perspektivenwechsel, Urteilsfähigkeit und der Blick auf das Wesentliche (Evidenz).* Dabei entstehen Herausforderungen nach zwei Seiten: Ich muss alles Nötige erfahren, um eigenständig handeln zu können. Ich muss z. B. als Bereichsverantwortlicher meine Geschäftsergebnisse kennen. Erst wenn ich meine Zahlen in Beziehung zum Ganzen setzen kann, komme ich zu eigenständiger Erkenntnis. Früher waren die Zahlen ein Machtinstrument in der Hand der Vorgesetzten (vgl. Dietz 2008, S. 69 f.). Das ist die eine Seite der Transparenz: dass man sich *rückhaltlos und umfassend informiert*. Auf der anderen Seite muss ich die *Informationen* nicht nur erhalten, sondern *auch verstehen* können. Ich muss erkennen können, was sich beispielsweise in den Geschäftszahlen „ausspricht", um mir dadurch die komplexe Ganzheit des Geschehens vor Augen zu führen. Diese Fähigkeit ist nicht selbstverständlich. Sie zu lernen ist eine wichtige Bildungsaufgabe im Unternehmen (vgl. Dietz 2011, S. 34–44).

Eine zweite Aufgabe der Transparenz ist es, aus den Einzelwahrnehmungen eine *„Ganzheit" entstehen zu lassen*. Die Verschiedenheit der Blickwinkel muss dabei aktiv genutzt werden (*Perspektivenwechsel*). Erst das Gesamtbild kommt der Wirklichkeit nahe. Dadurch entsteht „eine Ehrfurcht vor allem Thatsächlichen" (Nietzsche 1980, S. 152). Ich muss aber drittens auch in der Lage sein, die (unsichtbaren) Zusammenhänge der (sichtbaren) Geschehnisse einzubeziehen, z. B. ihre Ursachen und Konsequenzen. Es bedarf der *Urteils- und Erkenntnisfähigkeit*. Und schließlich ist es im Berufsleben notwendig, immer zwischen wesentlich und unwesentlich zu unterscheiden. Sonst kann ich keine *Prioritäten setzen* und verliere mich im Vagen oder falle auf subjektive Standpunkte zurück (vgl. Dietz 2008, S. 66–68). Ähnlich wie Mark Twain gesagt haben soll: Als wir das Ziel endgültig aus dem Auge verloren hatten, verdoppelten wir unsere Anstrengungen.

Daraus ergeben sich folgende *Orientierungsfragen zu den Dimensionen der Transparenz* (vgl. Dietz 2008, S. 68 f.):

- *Was ist tatsächlich der Fall?*
  Die *erste Dimension der Tran*sparenz wendet sich den Sachverhalten zu:
  Tatsächlichkeit statt Vermutungen, Gerüchten, Täuschungen oder Vorurteilen.
- *Ist meine Sicht umfassend genug?*
  Die *zweite Dimension* geht auf die Perspektiven der Beteiligten und ihre Gesamtheit ein:
  Ganzheit statt Parteilichkeit, Tunnelblick oder Beharren auf eigenen Standpunkten.
- *Warum ist das so?*
  Die *dritte Dimension* setzt auf die Urteilsfähigkeit:
  Erkenntnis der Wirklichkeit statt Meinungsbildung oder Ignoranz.
- *Worauf kommt es an?*
  Die *vierte Dimension* erfasst die Prioritäten:
  Evidenz des Wesentlichen statt Subjektivität oder Orientierungslosigkeit.

Transparenz bedeutet also *Autonomisierung* statt Automatisierung des Blickes auf die Wirklichkeit. Sie erfordert und erzeugt zugleich ein Vertrauen in die „Durchschaubarkeit" oder „Verstehbarkeit" (comprehensibility) der Wirklichkeit (vgl. Antonovsky 1997, S. 34 f.; Dietz 2004b, S. 9–12). Hiermit ist zugleich das Anliegen der *Salutogenese* gestreift, zu dem die Dialogischen Prozesse ebenfalls einen Beitrag leisten können (vgl. Dietz 2004b, S. 12–14). Das kann allerdings in diesem Zusammenhang nicht weiter vertieft werden.

Man hört häufig den *Einwand* – und er gibt sich dabei „praktisch" –, dass doch gar *nicht alle diese Selbständigkeit im Sinne des Ganzen leisten können.* Das ist selbstverständlich der Fall. Neue Mitarbeiter, Kranke, aber auch Ausgebrannte oder Willensschwache haben es möglicherweise schwerer mit der Eigenständigkeit. Wenn aber die Anforderungen fortschrittlichen Handelns durch Unfähigkeit Einzelner dauerhaft konterkariert würden, befände sich die Menschheit wohl heute noch in der „Höhle". Als Einwand wäre der Hinweis jedenfalls wirklichkeitsfremd (vgl. Dietz 2008, S. 71).

4.3 Der Prozess der Beratung (Ideenfähigkeit)

Der Dialogische Prozess der Beratung handelt vom *Umgang mit der Zukunft.* Unternehmerisches Handeln setzt immer auf das Künftige. Ohne Entwicklung ist ein Unternehmen nicht lebensfähig. Der Umgang mit Potenzialen steht mindestens gleichberechtigt neben der vergangenheitsorientierten Empirie und der gegenwartsverbundenen Organisation des Bestehenden. *Beratung findet ständig statt* – in jeder Konferenz, in jedem Arbeitskreis. Wir versammeln uns ja – mit Ausnahme vielleicht von Weihnachtsfeiern – nie mit dem Hauptziel festzustellen, wie schön es doch wieder unter uns ist (oder wie unbefriedigend), sondern eigentlich immer, um uns zu fragen: Was braucht die Zukunft? Wollen wir etwas anders machen? Was wollen wir tun? Die Zukunft ist auch der Anlass zur Bestandsaufnahme des Gegenwärtigen. Sie bedarf ständig originärer Ideenfindung. Beteilige ich den einzelnen Menschen an der Ideenfindung, dann steht er ganz anders in seiner Arbeitswelt, als wenn er nur Vorgaben erfüllen soll. Für die Beteiligung an der Ideenfindung gibt es differenzierte Formen. Je lebendiger der Prozess der Beratung gepflegt wird, umso produktiver – geistig und wirtschaftlich – wird das Unternehmen im Ganzen (vgl. Dietz 2008, S. 71–76).

Der Blick in die Zukunft veranlasst mich, mein gegenwärtiges Handeln an etwas auszurichten, das noch nicht mit Augen zu sehen ist: an Ideen. Zum unternehmerischen Umgang mit Ideen gehört auch, sich in die Ideenwelt anderer Menschen einzuleben, überhaupt für Ideen sensibel zu werden – und sie nicht einfach mit Meinungen zu verwechseln (vgl. Dietz 2014a, S. 87 f.). Natürlich kann man sich in eine „irgendwie geartete Zukunft" auch ohne Ideenbildung bewegen, indem man auf Vorhandenes (aber vielleicht noch nicht so Bekanntes) zurückgreift. Dann aber ist die Zukunft prinzipiell immer von gestern. Man wird im Prozess der Beratung deshalb immer wieder *Anregungen aus der Kreativitätsforschung* suchen dafür, wie man sich im Ideenbereich bewegt, und wie Ideen für das Leben fruchtbar werden (vgl. Dietz 2014a, S. 90–92). Bei der Ideenbildung sind verschiedene Phasen zu unterscheiden (vgl. Dietz 2008, S. 72–74):

- *Mit Fragen leben*
  Erste Voraussetzung zur Ideenfähigkeit ist es, mit Fragen zu leben. Die Ausgangsfragen müssen präzise gestellt sein und die Antwort ist zunächst offen zu halten. Dieses Offenhalten ist eine erhebliche Anforderung! Die weit verbreitete Tendenz zu einem „ge-

schlossenen Weltbild" verführt dazu, auf jede gestellte Frage sofort eine Antwort zu produzieren, meistens aus mitgebrachtem Wissensschatz. Das aber steht der Bildung neuer Ideen entgegen. Mit offenen Fragen zu leben erfordert einen Überschuss an Aufmerksamkeit. „Kreativität gedeiht am besten in Fragenschutzgebieten" (Werner 1997, S. 219).

- *Kreative Unruhe*
  Was als offene Frage beginnt, kann in Unsicherheit münden. Diese muss ich aushalten. Ich versuche, die offenen Fragen immer wieder neu zu formulieren, und mich von den lieb gewonnenen Vorstellungen zu lösen, ohne schon ein bestimmtes Ergebnis im Auge zu haben. Dazu muss ich lernen, eine paradoxe Situation zu ertragen: etwas zu suchen, von dem ich noch nicht weiß, was es ist.

- *Inkubation der Idee*
  Von jetzt ab kann ich meine Schritte nicht mehr von mir aus gestalten. Die Idee kommt mir entgegen oder auch nicht. Ideen sind nicht von mir hergestellt, sondern kommen auf mich zu. Ich kann sie – wie jeder weiß – nicht erzwingen, ich kann aber ihr Erscheinen zu provozieren versuchen. Dem dient nach der „Unruhe" die „Inkubation". Nachdem ich eine innere Offenheit hergestellt habe, kommt es darauf an, meine Fragen und die darin schlummernden Ideen sich selbst zu überlassen und eine Weile gar nicht mehr daran zu denken.

- *Intuition*
  Es ist gar nicht so leicht, meine Fragen, Probleme und Unsicherheiten einfach ruhen zu lassen. Aber dann geschieht, was viele Menschen so beschrieben haben: Plötzlich, während sie an etwas ganz anderes dachten, vorzugsweise morgens nach dem Aufwachen, kam ihnen die Idee, nach der sie lange Zeit gesucht hatten. Ideen treten nicht ohne mich auf, aber sie sind nicht von mir gemacht, sondern „pro-duziert", „hervor-gebracht". Sokrates etwa bezeichnete sich im Hinblick auf die Ideenbildung als „Hebamme": er verhalf den Ideen anderer Menschen zur „Geburt". Ideenbildung hat mit einer „Entbindung" außerdem noch etwas gemeinsam: Wenn sich die Idee ankündigt, weiß man noch nicht, wie sie aussehen wird. Sie ist noch nicht verbalisiert, sondern erscheint wortlos. Die so erlebte „Geistes-Gegenwart" halten wir nicht lange durch, sondern suchen sofort nach einer Formulierung. Wir müssen aufpassen, durch die Formulierung die Idee nicht zu verkürzen oder vorzeitig festzulegen; eine unformulierte Idee würde uns andererseits rasch entgleiten.

- *Ausgestalten der Idee*
  Die weitere Ausgestaltung der Idee bedarf einer konstruktiven Kooperation. Wenn jemand seine Idee in ihrer ersten, vorläufigen Form ausspricht, klingt sie meistens wenig attraktiv. Sie ist nicht voll verständlich, scheint unvollständig oder enthält Seltsamkeiten. Jetzt geschieht es oftmals in einer Gruppe, dass man sich auf dieses unfertige Gebilde stürzt und es mit *Killerphrasen* zu erledigen versucht. Beispiele:
  - So etwas hat es ja noch nie gegeben?
  - Wozu brauchen wir denn so etwas!
  - Das funktioniert doch gar nicht!
  - „Wer soll das bezahlen?"

Man kann aber auch *das Umgekehrte tun* und sich für die vielleicht noch unfertig formulierte Idee interessieren und z. B. folgende Fragen stellen:

- Wie haben Sie das gemeint, können Sie das noch einmal erläutern?
- Ich sage einmal mit meinen Worten, wie ich es verstanden habe, und frage Sie dann, ob es so gemeint war.

Schließlich kann sogar gemeinsam an der Ausgestaltung der Idee gearbeitet werden, wodurch die Beteiligten ihrerseits zu neuer Ideenbildung angeregt werden.

- *Prüfung der Idee*
  Ist die Idee wirklich geeignet für unsere Situation, hat sie Schwachstellen usw.? Hierzu muss die Idee zunächst einmal konkretisiert werden. Man muss realitätsnahe Vorstellungen ausbilden. Das Ganze ist ein sozial interessanter und anspruchsvoller Prozess.
- *Durchführung*
  Erst ganz zum Schluss ist die Durchführung zu organisieren. Das kann unter Umständen auch von anderen geleistet werden, die im Organisieren besser sind als derjenige, der die Idee produziert hatte.

Die *Phasen der Ideenbildung* sind in der Abb. 2 zusammengefasst.

Es liegt auf der Hand, dass gerade der Prozess der Beratung eine besondere Gesprächskultur fordert, die allerdings in diesem Zusammenhang nicht näher dargestellt werden kann (vgl. hierzu Dietz 2014a, S. 66–69).

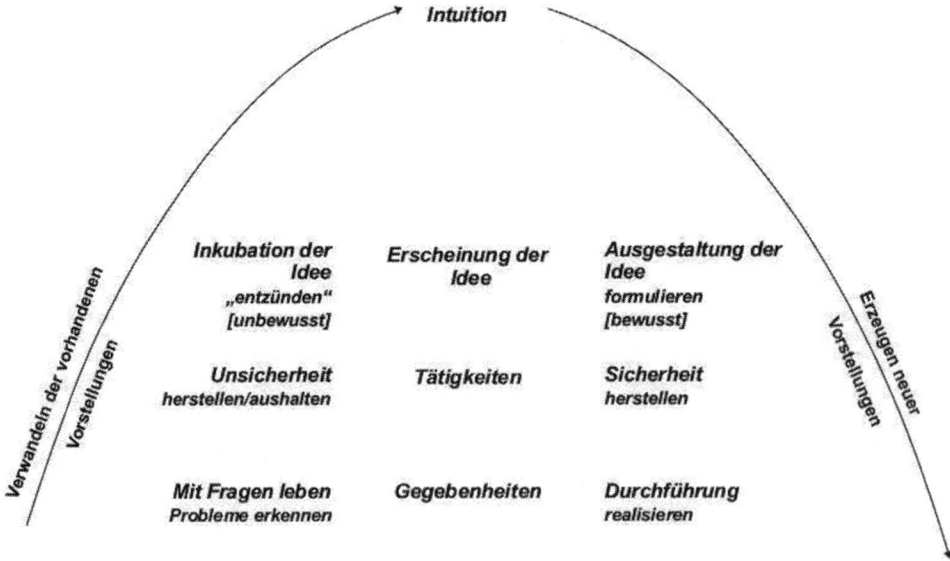

Abb. 2 Phasen der Ideenbildung im Dialogischen Prozess der Beratung, nach Dietz (2008, S. 75)

4.4   Der Prozess des Entschlusses (Initiative und Verantwortung)

Das Handeln der Einzelnen in der Dialogischen Unternehmenskultur ist gekennzeichnet durch Eigen-Initiative und Übernahme von Verantwortung für das Ganze. Auch dies ist eine Umwendung gegenüber dem traditionellen Arbeits- und Führungsverhalten um 180 Grad: Handeln geschieht hier nicht auf Anordnung. Es ist rechenschaftspflichtig über das unmittelbare eigene Tun hinaus. Gleichzeitig führt der Prozess des Entschlusses die eigenständigen Tätigkeiten der Einzelnen zu einem Ganzen zusammen. Die anderen Prozesse sind dabei vorauszusetzen: Die Menschen müssen einbezogen, die Gegebenheiten berücksichtigt und die Ideenbildungen abgeschlossen sein. Auch *im Entschlussprozess sind verschiedene Dimensionen mit unterschiedlichen Anforderungen zu unterscheiden* (vgl. Dietz 2008, S. 77 f.):

- *Überschauen der Situation*
  Wer entscheidet, muss sich einen Überblick über die Situation und über die vor dem Entschluss durchlaufenen Dialogischen Prozesse verschafft haben.
- *Entscheiden*
  Am Ende der Beratung standen gegebenenfalls mehrere Optionen und mögliche Handlungsmodelle. Diese müssen jetzt auf eine eindeutige Lösung reduziert werden, mit der man sich willentlich verbindet. Dabei ist zwischen verschiedenen Arten von Entscheidungen zu differenzieren: Solche mit genau festgelegtem Ergebnis und gebundener Marschroute für die Ausführenden (Ergebnisentscheidung), aber auch solche mit offenem Ziel, die lediglich die Richtung vorgeben und noch der weiteren Ausgestaltung bedürfen (Tendenzentscheidungen/evolutive Entscheidungen). Entsprechend unterschiedlich ist der Auftrag an die Durchführenden: von einem kontrollierbaren Vollzug von Vorgaben bis hin zum eigenständig zu erfüllenden Gestaltungsauftrag.
- *Gestalten*
  Die getroffene Entscheidung muss bei allen Betroffenen und Beteiligten in geeigneter Weise bekannt gemacht, dann aber auch nachgehalten, begleitet und ggf. rechtzeitig revidiert werden, wenn sich beispielsweise die Verhältnisse geändert haben sollten. Die Ausführenden müssen deshalb nicht nur alle Details des Entschlusses kennen, sondern sich auch in die Vorläufe mit ihren Diskussionen und in den Sinn des Ganzen eingearbeitet haben. Denn sie müssen täglich neu entscheiden können, wie die Durchführung situationsgemäß angemessen verläuft.
- *Verantworten*
  Beteiligung am Entschluss setzt Verantwortung voraus. Und zwar im Hinblick auf das Vorgehen (Prozess-Verantwortung) ebenso wie auf die Ergebnisse des Handelns (Ergebnis-Verantwortung). Und umgekehrt: Wer verantwortet, muss am Entschluss und seinen Vorläufen teilnehmen. Die getroffenen Entscheidungen und ihre Durchführung sind nach innen und außen zu vertreten. Natürlich kann sich niemand einfach über eine gefasste Entscheidung hinwegsetzen, wenn sie ihm nicht gefällt; aber man darf erwarten, dass sie erläutert wird. Sonst können sich die Kollegen nicht damit identifizieren und nicht eigenständig damit umgehen. Davon aber lebt eine Dialogische Kultur!

Zusammenfassend kann das *Wesentliche des Entschluss-Prozesses* so charakterisiert werden (vgl. Dietz 2008, S. 78):

- *Überschauen:* Ich überblicke die Situation.
- *Entscheiden:* Ich nehme die Entscheidung auf mich.
- *Gestalten:* Ich gebe dem Vorhaben eine flexible Kontinuität.
- *Verantworten:* Ich übernehme die Verantwortung im Einzelnen wie im Ganzen.

Je „dialogischer" eine Unternehmenskultur ist, umso selbständiger agieren die Einzelnen und umso evolutiver im o. g. Sinne sind die Entscheidungen. Unternehmerisches Handeln besteht nicht darin, unerwartete Entscheidungen aus dem Hut zu zaubern und durchzusetzen, sondern umfassend vorbereitet zum richtigen Zeitpunkt zu handeln und die davon Betroffenen angemessen zu beteiligen.

5   Dialogische Unternehmenskultur

Kontinuierliche Bemühung um Verwirklichung der Dialogischen Prozesse bewirkt die Herausbildung einer *Dialogischen Unternehmenskultur*. Diese bewirkt bis ins Einzelne, dass möglichst viele Menschen im Unternehmen in eine unternehmerische Disposition kommen, dass an die Stelle von Anweisung immer mehr die Anregung tritt und Ermöglichung an die Stelle von Vorgaben. Dieses Grundanliegen wird häufig noch nicht voll verstanden wie dies nachfolgende *Anekdote* zeigt.

Anekdote zur Dialogischen Unternehmenskultur

Ich (der Verfasser) hatte vor einiger Zeit mit einem bekannten Führungsfachmann über Dialogische Führung zu diskutieren. Es ist mir nicht gelungen, ihm zufriedenstellend klarzumachen, dass und warum Dialogische Führung keine Theorie ist und kein Konzept, das man „wasserdicht" formulieren und dann „umsetzen" kann. Es ist mir außerdem nicht gelungen, ihm verständlich zu machen, dass wir den Erfolg von Fortbildungsmaßnahmen im Sinne der Dialogischen Führung nicht „messen" können und wollen. Messen könnte man ihn ja nur dann, wenn es einheitliche Standards gäbe. Aber aus einem Seminar zur Dialogischen Führung nimmt jeder etwas anderes mit. Denn jeder ist anders gestimmt, hat andere Fragen und steht in einem anderen sozialen Zusammenhang im Unternehmen. Das alles über den Leisten eines stereotypen Fragebogens schlagen zu wollen, wäre unangemessen. Aber genau das konnte der Gesprächspartner nicht verstehen. Und des Weiteren konnte ich ihm nicht deutlich machen, dass und warum wir die Leute, denen wir – in seinen Worten – „dialogische Maßnahmen angedeihen lassen", nicht methodisch „aussuchen". Selektion und Erfolgskontrolle – das ist doch das A und O des Führungsgeschäfts! Aber: Kreativität, Urteilsfähigkeit und Initiative sind prinzipiell nicht evaluierbar (vgl. Bröckling 2007, S. 241). Der Gesprächspartner bediente sich eines Vergleichs aus dem Tierreich und ging davon aus, dass es genetisch bedingt sei, ob jemand für so etwas Anspruchsvolles wie Dialogische Führung geeignet ist. Ich konnte ihm natürlich nicht widersprechen – denn ich weiß es nicht. Aber es ist auch eigentlich nicht von Interesse. Interessanter ist hingegen die Frage, auf welcher Grundlage Desinteresse sich in Aufmerksamkeit oder Gleichgültigkeit in Engagement verwandeln. Es ist immer wieder beobachtet worden, dass an ganz unerwarteten Stellen Menschen plötzlich ein „Licht aufgeht", auch wenn sie vorher ziemlich „ungeeignet" wirken mochten. Und das ist das Entscheidende. Ihre Ansichten und ihr Verhalten ändern sie dann schon selbst. Ihr Handeln wird authentisch – und Authentizität dürfte schwer zu quantifizieren sein.

Es geht also letztlich nicht um eine Summe von bestimmten Führungsmaßnahmen, obgleich solche gut zu beschreiben sind. Vielmehr entsteht eine gesamthafte Dialogische Unternehmenskultur, durch welche die Zusammenarbeit im weitesten Sinne geprägt wird. Sie besteht darin, individuell und gemeinschaftlich auf dem Weg zu sein. Wenn aber die Wege individuell zu bahnen sind, wie könnte es da allgemein gültige Maßstäbe geben? Dialog ist der Feind des Prinzipiellen und damit auch der Feind alles Einförmigen (vgl. Dietz 2014b, S. 24).

6 Zusammenfassung und Ausblick

Blickrichtungen, Prozesse und Leistungen (vgl. Abb. 1) sind schließlich eingemündet in die vier Prozesse der Dialogischen Unternehmenskultur und damit in Handlungselemente, die im Besonderen geeignet sind, die übliche Außenlenkung durch innere Freiheitsakte zu ersetzen. Abbildung 3 stellt die Grundintention der Dialogischen Unternehmenskultur in

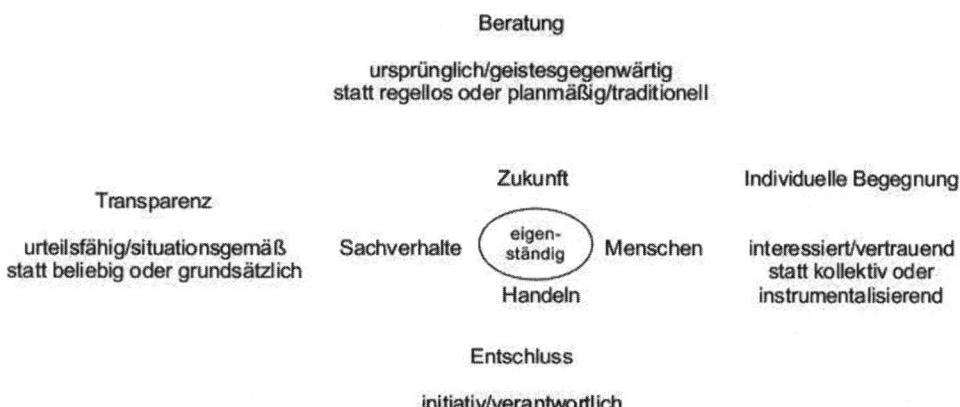

Abb. 3 Die dialogischen Prozesse

den Mittelpunkt: Eigenständig Handeln im Sinne des Ganzen (vgl. Dietz 2014b) und fügt die bekannten Blickrichtungen hinzu (Sachverhalte, Menschen, Zukunft…) sowie die vier Dialogischen Prozesse. In deren Vollzug kommen Eigenschaften zum Tragen, die sich im Laufe der Zusammenarbeit noch verstärken. Daher ist es berechtigt, hier von einer „Kultur" und nicht etwa nur von einer Verfahrensweise o. ä. zu sprechen.

Traditionen und Ideologien werden aufgehoben in der gemeinsamen Ideenbildung (*Beratung*); die Würdigung des einzelnen Menschen löst Rollenverhalten und Ämterhierarchie ab (*Individuelle Begegnung*). Der eigenständige Blick des Einzelnen auf die gegebene Wirklichkeit ersetzt vorgesetzte Rahmenbedingungen und Vorschriften (*Transparenz*); das initiative Handeln steht an der Stelle von Anweisungen oder von Vollzügen vorher ausgedachter Detailplanungen (*Entschluss*) (vgl. Dietz 2008, S. 79).

Die Dialogischen Prozesse unterscheiden sich von Strukturen auch dadurch, dass jeder dieser Prozesse in jedem anderen enthalten ist. Auch wenn sie nach Zielsetzung und Vorgehensweise eindeutig unterschieden werden können, müssen sie doch *alle vier zusammenwirken*: Mit individuellen Menschen haben wir es in jeder Phase der Arbeit zu tun (individuelle Begegnung). Auf die eigenständige Urteilsfähigkeit jedes Einzelnen (Transparenz) kommt es ebenfalls bei allem an, was wir tun. Die Fähigkeit, mit Ideen aktiv oder passiv richtig umzugehen (Beratung), ist Voraussetzung für eine Nachhaltigkeit des Unternehmenserfolges. Im Entschluss sind die anderen Dialogischen Prozesse sogar bis ins Einzelne präsent (vgl. Dietz 2008, S. 79 f.):

- *Begegnung:* Beim Entschluss rechne ich mit den menschlichen Situationen und Konstellationen, nicht nur mit Sachverhalten.
- Mithilfe der *Transparenz* wird alles berücksichtigt, auch das Fehlende oder noch nicht Gelungene.
- *Beratung:* Je nachdem, wie durchschlagend die Ideen gewirkt haben, fällt auch die Entscheidung aus. Entweder sie ist impulsiv, voller Tatkraft. Oder sie ist mehr resignativ: man entscheidet sich z. B. für das kleinere Übel, um eine Sache zum Abschluss zu bringen. Der Entschluss muss jedenfalls ständig auf die ursprüngliche Intention bezogen werden können.
- Im *Entschluss* werden die anderen drei Prozesse zusammengeführt. Das Ergebnis wird in die eigene Verantwortung genommen (vgl. Abb. 4).

In dem Maße, in dem eine Verwirklichung der Dialogischen Prozesse gelingt, sehen sich die Einzelnen zur Eigentätigkeit aufgerufen und leisten dadurch gleichzeitig ihren Beitrag zur *Gemeinschaftsbildung*. Alle Prozesse bedürfen der inneren Aktivität des Einzelnen – und doch führen sie zu einer wirkungsvollen Zusammenarbeit und zur Ausbildung eines Gemeinschaftsgefühls:

- *Individuelle Begegnung* konfrontiert mich mit der unternehmerischen Natur der anderen und meiner selbst;
- *Transparenz* weckt den Sinn für Aufgabenstellungen in der gegebenen Situation;

Abb. 4 Der Entschluss-Prozess im Fokus der vorausgehenden Prozesse

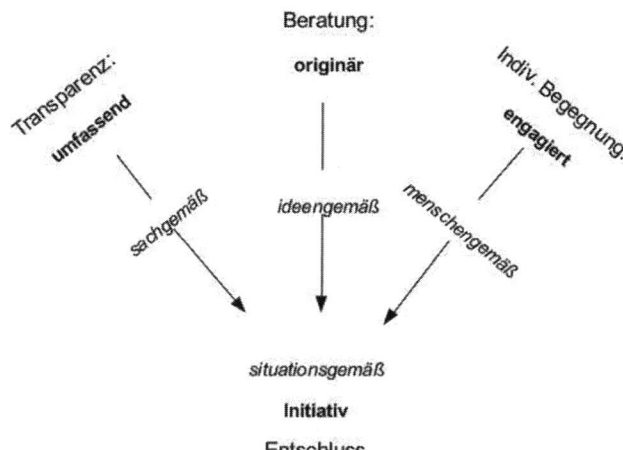

- *Beratung* verbindet mit der gemeinsamen Zielsetzung und
- der *Entschluss* bewirkt Identifizierung des Einzelnen mit dem Ganzen.

Die Prozesse der Dialogischen Unternehmenskultur bahnen auf diese Weise Pfade zur Verwirklichung unternehmerischen Handelns im Einzelnen ebenso wie in der Gemeinschaft (vgl. Dietz 2008, S. 80). Sie antworten auf Fragen, die sich jeder Einzelne immer wieder stellen kann. Beispiele:

- *Wie achte ich die Würde der beteiligten Menschen (Individuelle Begegnung)?*
- *Wie mache ich das Beste aus der gegebenen Situation (Transparenz)?*
- *Wie wird mein Handeln innovativ (Beratung)?*
- *Wie handle ich aus Initiative (Entschluss)?*

Es ist bereits hervorgehoben worden, dass Achtung vor dem anderen Menschen, Urteilsfähigkeit, Ideenkraft und Initiative weder angeordnet noch vereinbart werden können. Der Einzelne muss sie „wollen", wenn sie stattfinden sollen. Möglich ist nur, sich gegenseitig auf die Perspektiven hinzuweisen, die durch die Ausbildung dieser inneren Fähigkeiten erreicht werden, und sich zur Realisierung zu ermutigen. Insofern ist die *Dialogische Unternehmenskultur zugleich eine Kultur der Freiheit*, die weit über gewährte oder erkämpfte Freiräume hinausgeht und auf der Erweckung innerer Kraft beruht (vgl. Dietz 2013a, 2013b, S. 13–20).

Literatur

Antonovsky, A. (1997). *Salutogenese. Zur Entmystifizierung der Gesundheit*. Tübingen: dgvt.
Bartussek, J., & Weyergraf, O. (2015). *Mad Business. Was in den Führungsetagen der Konzerne wirklich abgeht*. Frankfurt a. M.: Campus.

Beck, U. (1986). *Risikogesellschaft. Auf dem Weg in eine andere Moderne.* Frankfurt a. M.: Suhrkamp.

Beck, U. (1994). Jenseits von Stand und Klasse. In U. Beck & E. Beck-Gernsheim (Hrsg.), *Riskante Freiheiten. Individualisierung in modernen Gesellschaften* (S. 43–60). Frankfurt a. M.: Suhrkamp.

Böckenförde, E.-W. (2002). Vom Wandel des Menschenbildes im Recht. In Gerda Henkel Stiftung (Hrsg.), *Das Bild des Menschen in den Wissenschaften* (S. 193–224). Münster: Rhema.

Bröckling, U. (2007). *Das unternehmerische Selbst. Soziologie einer Subjektivierungsform.* Frankfurt a. M.: Suhrkamp.

Buber, M. (1997). *Das dialogische Prinzip.* Gerlingen: Lambert Schneider.

Dietz, K.-M. (1988). *Die Suche nach Wirklichkeit. Bewusstseinsfragen am Ende des 20. Jahrhunderts.* Stuttgart: Freies Geistesleben.

Dietz, K.-M. (2004a). *Heraklit von Ephesus und die Entwicklung der Individualität.* Stuttgart: Freies Geistesleben.

Dietz, K.-M. (2004b). *Gesund denken und handeln. Zur geistigen Dimension der Salutogenese.* Heidelberg: MENON.

Dietz, K.-M. (2008). *Jeder Mensch ein Unternehmer. Grundzüge einer dialogischen Kultur.* Karlsruhe: KIT Publishing.

Dietz, K.-M. (2011). *Führung: Was kommt danach? Perspektiven einer Neubewertung von Arbeit und Bildung.* Karlsruhe: KIT Publishing.

Dietz, K.-M. (2013a). Menschenwürde als innere Freiheit. Eine Herausforderung. *Die Drei, 3,* 25–32.

Dietz, K.-M. (2013b). *Wie Freiheit entsteht. Vom Freiraum zur Lebensform.* Heidelberg: MENON.

Dietz, K.-M. (2014a). *Dialog. Die Kunst der Zusammenarbeit.* Heidelberg: MENON.

Dietz, K.-M. (2014b). *Eigenständig im Sinne des Ganzen. Zur Intention einer Dialogischen Unternehmenskultur.* Heidelberg: MENON.

Dietz, K.-M., & Kracht, T. (2011). *Dialogische Führung. Grundlagen – Praxis. Fallbeispiel: dm-drogerie markt* (3. Aufl.). Frankfurt a. M.: Campus.

Dueck, G. (2008). *Abschied vom Homo Oeconomicus. Warum wir eine neue ökonomische Vernunft brauchen.* Frankfurt a. M.: Eichborn.

Enders, C. (1997). *Die Menschenwürde in der Verfassungsordnung. Zur Dogmatik des Art. 1 GG.* Tübingen: Mohr Siebeck.

Fromm, E. (2000). *Authentisch leben.* Freiburg: Herder.

Goos, C. (2011). *Innere Freiheit. Eine Rekonstruktion des grundgesetzlichen Würdebegriffs.* Göttingen: V&R unipress.

Hamel, W. (1989). Individualisierung – Neue Herausforderung der Personalwirtschaft? In H. J. Drumm (Hrsg.), *Individualisierung der Personalwirtschaft. Grundlagen, Lösungsansätze und Grenzen* (S. 59–68). Bern: Paul Haupt.

Heitsch, E. (2011). *Aletheia. Eine Episode aus der Geschichte des Wahrheitsbegriffs.* Stuttgart: Steiner.

Kerschner, K.-J. (2013). *Homo Oeconomicus. Form und Wesen einer beachtenswerten Spannung.* Marburg: Metropolis.

Kirchgässner, G. (2013). *Homo oeconomicus. Das ökonomische Modell individuellen Verhaltens und seine Anwendung in den Wirtschafts- und Sozialwissenschaften.* Tübingen: Mohr Siebeck.

Manstetten, R. (2000). *Das Menschenbild der Ökonomie. Der homo oeconomicus und die Anthropologie von Adam Smith.* Freiburg: Alber.

Neschke-Hentschke, A. (2010). Der Platonische Dialog als Prototyp der Gattung „Philosophischer Text" und Gegenstand der Exegese. In A. Neschke-Hentschke (Hrsg.), *Argumenta in dialogos Platonis. Teil 1: Platoninterpretation und ihre Hermeneutik von der Antike bis zum Beginn des 19. Jahrhunderts* (S. 5–22). Basel: Schwabe.

Neuberger, O. (1994). *Personalentwicklung.* Stuttgart: Ferdinand Enke.

Neuberger, O. (1997). *Personalwesen 1. Grundlagen, Entwicklung, Organisation, Arbeitszeit, Fehlzeiten.* Stuttgart: Ferdinand Enke.

Nietzsche, F. (1980). Götzen-Dämmerung oder Wie man mit dem Hammer philosophiert. In G. Colli & M. Montinari (Hrsg.), *Sämtliche Werke. Kritische Studienausgabe* (Bd. 6, S. 55–161). Berlin: Walter de Gruyter.

de Saint-Exupéry, A. (1960). *Nachtflug.* Frankfurt a. M.: Fischer Taschenbuch.

Scharmer, C. O. (2014). *Theorie U: Von der Zukunft her führen. Presencing als soziale Technik.* Heidelberg: Carl Auer.

Sprenger, R. K. (2010). *Mythos Motivation. Wege aus einer Sackgasse.* Frankfurt a. M.: Campus.

Sprenger, R. K. (2012). *Radikal führen.* Frankfurt a. M.: Campus.

Taylor, F. W. (1995). *Die Grundsätze wissenschaftlicher Betriebsführung.* Weinheim: Beltz, PsychologieVerlagsUnion.

Vandercruysse, R. (2015). *Ich und mehr als ich. Grundübungen einer Kultur der Selbstführung.* Heidelberg: MENON.

Werner, J. (1997). Ora et Labora. In H. von Pierer & B. von Oetinger (Hrsg.), *Wie kommt das Neue in die Welt?* (S. 209–225). München: Carl Hanser.

Whyte, H. W. Jr. (1958). *Herr und Opfer der Organisation.* Düsseldorf: Econ.

Womack, J. P., Jones, D. T., & Roos, D. (1991). *Die zweite Revolution in der Autoindustrie. Konsequenzen aus der weltweiten Studie aus dem Massachusetts Institute of Technology.* Frankfurt a. M.: Campus.

Karl-Martin Dietz, Dr. phil, geb. 1945. Studium der Literaturwissenschaft, Philosophie und der Wirtschaftswissenschaften in Heidelberg, Tübingen und Rom. Lehrtätigkeit Universität Heidelberg. 1978 Begründung des Friedrich von Hardenberg Instituts für Kulturwissenschaften. Dort Entwicklung der Dialogischen Unternehmenskultur: www.hardenberginstitut.de. Foto: Ortner (www.holdeortner.de).

Führen aus systemischer Sicht

Bernd Schmid

Inhaltsverzeichnis

B. Schmid (✉)
isb GmbH - Systemische Professionalität, Schlosshof 1, 69168 Wiesloch, Deutschland
E-Mail: schmid@isb-w.eu

© Springer Fachmedien Wiesbaden 2016
C. von Au (Hrsg.), *Wirksame und nachhaltige Führungsansätze,*
Leadership und Angewandte Psychologie, DOI 10.1007/978-3-658-11956-0_7

1 Einleitung

Führung ist so alt wie die Zivilisation. Schon immer gab es welche, die anderen Vorgaben machten, was zu tun wäre und wie. Schon immer gab es welche, die sich solcher Führung angeschlossen haben oder sich ihr unterwerfen mussten. Schon immer gab es erfolgreiche und erfolglose, befriedigende und unbefriedigende Führungsbeziehungen und Ideen darüber, wie man führen sollte. Jeder mögliche Führungsstil wurde bereits bewusst oder intuitiv gelebt, jede Erfahrung und jede Ansicht darüber irgendwie festgehalten. Warum also erneut darüber schreiben? Sicher nicht, weil man glaubt, etwas gänzlich Neues zu Führung sagen zu können. Aber es können und müssen neue Ausgangspunkte beschrieben werden, von denen aus bekanntes Terrain und neue Felder vermessen werden können. Dies führt zu *neuen geistigen Landkarten*, zu neuen Einstellungen und Prioritäten, womit man sich in Bezug auf Führung beschäftigen will, zu neuen Programmatiken, damit man sich für bestimmte Varianten entscheiden und eine bewusste Pflege einer entsprechenden Führungskultur anstreben kann.

In diesem Beitrag werden systemische Sichtweisen, Konzepte, Haltungen und Erfahrungen dargestellt, wie sie am *isb-Wiesloch* (www.isb-w.eu) gelehrt werden. Unter der systemischen Fahne sammeln sich etliche andere Gruppierungen, verwandte und weniger verwandte. Sie rücken andere Gesichtspunkte in den Vordergrund, pflegen andere Kulturvarianten. Sie können an dieser Stelle nicht dargestellt werden.

2 Führung und lebende Systeme

Führung kann sich kaum auf ein technisches Verständnis instruktiver Beeinflussung beschränken. Instruktiv (vgl. Riegas und Vetter 1990) meint, dass durch einen berechenbaren Input ein berechenbarer Output bewirkt wird. Bei Beziehungen zwischen lebenden Systemen fehlt diese *Berechenbarkeit*. Weder Input noch Output noch der Zusammenhang zwischen beidem lassen sich vollständig und gesichert bestimmen. *Beziehungen zwischen lebendigen Systemen folgen Eigengesetzlichkeiten.* Auch bei relativ bestimmbarer Oberfläche bleiben sie und damit die Zusammenhänge komplex, d. h. der Berechenbarkeit entzogen. Statt um Instruktion geht es um relativ bewährte Stimulation von gegenseitiger Eigensteuerung. Folgender Spruch frei nach Gregory Bateson bringt dies in Erinnerung:

Wenn ich einen Fußball in genau berechneter Weise trete, kann ich berechnen, wie und wohin er sich bewegt. Bei einem Hund ist das anders (vgl. Todesco 2007). Zwar weiß ich die Wirkungszusammenhänge umso besser einzuschätzen, je besser ich mich, den Hund und die Situation kenne, doch kann immer etwas anderes geschehen als ich erwarte. Selbst erfahrene Dompteure wurden schon von ihren Raubkatzen zerfleischt.

Führungsbeziehungen können relativ zuverlässig „funktionieren", wenn kompatible Regelmechanismen bewusst und unbewusst gelebt werden. Dies, weil die *Selbstorganisationen* der Beteiligten von vornherein gut zueinander passen oder aufeinander eingespielt sind. Wechselseitige Beeinflussung funktioniert dann im Normalfall wie gewünscht. Der

Unterschied der Betrachtungen liegt dann hauptsächlich im Umgang mit *„Kommunikationsstörungen"*. Im einen Fall sind sie Fehlfunktionen, die korrigiert werden müssen. Im anderen Fall sind sie Gelegenheiten, sich besser kennenzulernen, wechselseitige Abstimmungen nachzujustieren und eventuell für neue Herausforderungen weiterzuentwickeln. Fehler erinnern daran, dass das Funktionieren nicht selbstverständlich ist, sondern eine Gemeinschaftskulturleistung darstellt, die Investition und Pflege braucht. Hierfür brauchen wir eine andere Einstellung zu Störungen (vgl. Schmid 2005) und andere Modelle für Kommunikation (vgl. Schmid 2004; Kannicht und Schmid 2015).

3 Systemische Führung

Unter dem Begriff systemische Führung können vielfältige Betrachtungen zusammengefasst werden. Eigentlich müsste es *systemisches Verständnis von Führung* heißen, denn systemisch ist keine Eigenschaft von Führung, sondern eine Betrachtung von und ein Umgang mit Führung. Nachfolgend werden einige der wichtigsten *Perspektiven* genannt:

- Führung wird als *Dimension von (Selbst-)Steuerung in Systemen* betrachtet. Sie ist zu anderen Dimensionen – wie z. B. Rahmensetzungen oder Anreizsysteme – in Beziehung zu setzen.
- Unser Verständnis von Führung: *Führen heißt, jemanden durch Kommunikation bewegen, bei Wirklichkeitsgestaltung mitzuwirken.* Es geht also um Wirklichkeitsgestaltung und darauf ausgerichtet um Beziehungsgestaltung durch Kommunikation.
- Führung meint immer *Führungsbeziehung.* Ausgeweitet meint Führung ein Geflecht von Führungsbeziehungen.
- Führungskompetenz ist letztlich *Systemkompetenz.* Persönliche Kompetenz kommt nur im Zusammenspiel zur Geltung.
- Führung ist *kontextbedingt*, sie ist Ausdruck von und Beitrag zu Systemkultur.
- Führung wird *gelernt*. Gewünschte Führungskultur muss in vielfältiger Weise gepflegt werden.
- Führung ist eine *wesentliche Gestaltungsdimension von Organisationen* als Praxis der (Selbst-)Steuerung und übergeordnet als gezielte Kulturbildung.

Wir fassen also ein *Mindset für Führung* neu unter dem Begriff systemische Führung, wie das Bushe und Marshak (2015) unter dem Begriff Dialogic Organization Development bezogen auf Organisationsentwicklung getan haben. Aus den Ausgangspositionen und Perspektiven eines neuen Mindsets kann durchaus auch auf bekannte Erfahrungen, vielleicht in neuem Zuschnitt zugegriffen werden. Viele bekannte Konzepte und Methoden können – in einen neuen Rahmen transformiert – beibehalten werden. Einiges muss neu gefasst oder neu entwickelt werden. Hier wird also *kein „systemisches" Rezept* geboten, sondern ein systemisches Mindset erläutert. Es erlaubt auszuwählen, was situativ passt bzw. zur Situation passend wie entwickelt werden könnte. Das bedeutet Abschied vom klassischen Führungstraining, dessen Nutzen verständlicherweise umstritten ist. Es ist in einigermaßen komplexen Organisationen fraglich, wie aussichtsreich es ist, Führungsverhalten von außen zu definieren, Individuen darin zu trainieren und dessen Umsetzung in der Organisation durchzusetzen.

Führung thematisieren heißt hier im *Dialog zwischen den Betroffenen* Fragen zu Führungsbeziehungen aus systemischer Perspektive aufwerfen und bezüglich der Antworten Dialog halten. So gerahmt, kann sich jeder Einzelne über seine Art zu führen, über seine inneren Bilder von Führungsbeziehungen Gedanken machen und sich mit anderen austauschen und abstimmen. Darüber hinaus können sich Verantwortliche fürs Ganze und Fachleute überlegen, welche Art von Führungskultur und Auseinandersetzung sie in ihrer Organisation pflegen wollen. Auch wenn sich geschichtlich akzeptable Verhältnisse eingestellt haben, entsteht erfahrungsgemäß die Aufgabe, sicherzustellen, dass diese beim Eintritt neuer Generationen bewahrt werden und dass sich eine positive Führungskultur mit der Organisation und ihren Herausforderungen mitentwickelt.

4 Führungspersönlichkeit und Führungsbeziehung

4.1 Führungspersönlichkeit?

Müssen wir Abstand nehmen davon, dass es Führungspersönlichkeiten gibt, und vom Studieren dessen, was sie ausmacht? Ist es grundsätzlich verfehlt, zur Verbesserung von Führung die richtigen Führungspersönlichkeiten auszuwählen, sie in Führung zu schulen, und darauf zu setzen, dass das Gelingen von Führung von ihrer Kompetenz und Strahlkraft abhängt? Nein. Wir dürfen unsere Betrachtungen nur nicht auf solche „heroischen" Dimensionen beschränken. Es gab immer schon Menschen, denen es wie auch immer gelang, andere Menschen dazu zu bewegen, sich an ihnen zu orientieren, sich von ihnen leiten zu lassen. Es gibt überall Menschen, die Talent, Lust und Ehrgeiz entwickeln, sich anderen erfolgreich zur Orientierung zu empfehlen. Doch sind besondere Talente selten und sie warten auch nicht in jedem auf den erlösenden Kick. Die meisten versuchen zur Erfüllung ihrer Funktion irgendwie möglichst gut zu führen, auch wenn sie darin kein „Heimspiel" haben. Es gibt aber auch die Vielen, die in Selbstverkennung oder um hierarchisch aufzusteigen, Führungsfunktionen wahrnehmen, obwohl sie weder Lust noch Geschick dazu haben. Das hat auch mit Karrieren zu tun, die an Aufstieg in Führungshierarchien gebundenen sind. Unter den einen Umständen geht das schief, führt zu Fehlleistungen und miesen Beziehungen, unter anderen Umständen aber nicht, weil Führung zwar nicht besonders funktioniert, aber auch niemand darin gestört wird, sich selbst zu führen, durch Ziele motiviert wirksam zu handeln und sich mit anderen darin befriedigend abzustimmen. Manchmal reicht das aus, doch darf man daraus nicht schließen, dass kompetente Führung verfügbar ist. Schon der Volksmund weiß, dass man den guten Seemann erst beim schlechten Wetter erkennt.

Auch bei prinzipieller Lernbereitschaft ist unter gegebenen Bedingungen nicht alles entwickelbar. Manchmal lässt sich mit begrenztem Aufwand keine hinreichende Qualität von Führungsbeziehungen herstellen. Dann muss auch erlaubt sein, Beziehungen aufzulösen, am besten nach dem Zerrüttungsprinzip oder eben wegen mangelnder Passung, ohne dass jemandem ein schlechtes Zeugnis ausgestellt werden muss. Nicht immer sind es dann die Geführten, die das Feld räumen müssen. Wenn zu viele Führungsbeziehungen schlecht laufen, dann kann es auch die Führungskraft sein, die in diesem Kontext nicht erfolgreich ist. Führung muss eben auch ins System passen oder das System zu den Talenten und Ansprüchen der Führenden.

Es kann auch mal sinnvoll sein, von einem Lehrer, Coach, Supervisor „Einzelunterricht" zu erhalten, wie man mit der einen oder anderen Situation besser und oder entschlossener umgehen kann. Bleibt man bei Schulungen und Führungscoaching, ist dennoch gut, die Perspektive dabei nicht auf das Individuum zu verengen. Eine „postheroische" Betrachtungsweise legt nahe, nicht nur auf Führungsheldentum und Eignung dafür zu setzen, sondern das ganze Netzwerk der Führungsbeziehungen und die Passung der Einzelnen in dieses Netzwerk zu betrachten.

4.2 Persönliche Führungsarchetypen

Dennoch ist es für den Einzelnen interessant, sich über seine Talente, Neigungen und Kompetenzen im Bereich Führung klar zu werden. Dann kann er Passung besser prüfen, Kariere-Entscheidungen für sich besser treffen. Auch wäre hilfreich, wenn jeder über sich und seine *Vorstellungen von Führungsbeziehungen* plausible Auskünfte geben könnte. Wie bin ich gestrickt? Was ist mir wichtig? Wo habe ich Spielräume? Wie stelle ich mir Abstimmung und Lernen zur Pflege der Führungsbeziehung vor? Damit wir dauerhaft miteinander auskommen, aneinander Freude haben, sollten wir folgendes voneinander wissen, uns über folgendes untereinander verständigen. Hierbei ist nur auskunftsfähig, wer sich durch Selbstbefragung und Dialog darin übt. Da schlechte Führungsbeziehungen als Hauptgrund für äußere und innere Kündigungen gelten, sollte man auch dann einen Sinn in solchem Austausch sehen, wenn man nicht unbedingt an psychologischen Betrachtungen interessiert ist.

Um sich selbst besser kennenzulernen, kann es z. B. hilfreich sein, sich über *in der eigenen Biographie gewachsene Grundmuster* klar zu werden. Denn diese wirken im Hintergrund im Guten wie im Schwierigen. Kennt man wechselseitig solche Hintergründe, dann kann man Passung oder Nichtpassung oft viel besser verstehen und manches tolerieren, was man sonst vielleicht zu persönlich genommen hätte. Dazu ist oft sinnvoll, zunächst die Erfahrungen aus der eigenen Biographie ins Bewusstsein zu rufen, etwa in einer geleiteten Phantasie, in der die frühen Erfahrungen damit, geführt worden zu sein oder selbst andere geführt zu haben, wachgerufen werden. Oft bleibt einem das in Erinnerung, was einen geprägt hat, ja zu einer Urvorlage für spätere Führungsbeziehungen geworden ist (vgl. Schmid 2014a, 2014b). Diese Vorlage kann sich „eingebrannt" haben, obwohl eigentlich etwas anderes zu einem passen würde. Oder man hat sich einen Führungsstil einer prägenden Person oder Organisation angewöhnt, der eigentlich nicht zu dem eigenen Wesen und zu den biographischen Prägungen passt. Dann kann man gemeinsam mit anderen dazu lernen, zeitgemäße Alternativen entwickeln.

Passen die Vorlagen eigentlich gut zu einem selbst, dann kann man in konkreten Führungsbeziehungen prüfen, ob damit Führung hinreichend gut gestaltet werden kann. Geht es um die Auswahl einer Führungskraft, dann wäre es ideal, wenn alle an dem zu etablierenden Führungssystem Beteiligten, solche Klärungs- und Lernprozesse gemeinsam absolvieren könnten. Intuitiv geschieht das, aber es fehlt oft Qualität durch bewusste Klärung. Dass dazu kein technisches Führungstraining, sondern eine ganz andere Mentalität in Sachen Führungskultur erforderlich ist, liegt auf der Hand.

4.3   Richtige Führung?

Jeder, der verantwortlich führen will, fragt sich irgendwann, ob er es richtig macht. Spätestens, wenn Führung schwierig wird und man aus dem gewohnheitsmäßigen Repertoire keine Lösung findet, sollte man nach neuen Wegen suchen. Naheliegend ist, nach richtigen Rezepten, gültigen Regeln und Verhaltensweisen zu fragen. Doch: *Richtige Führung gibt es nicht, nur erfolgreiche!* Diese Behauptung soll durch den Vergleich zweier Choreographen illustriert werden. Sie unterschieden sich in ihrem Führungsstil dramatisch und waren doch beide erfolgreiche und charismatische Führer. *Pina Bausch* in Wuppertal führte ihre internationale dance company durch Aufmerksamkeit, durch Schaffung eines Entfaltungsraumes und durch gelegentliche Anregungen. Sie gab wenig vor. Drehbuch und Regie ließen jede Menge Raum, dass die Tänzer ihren Tanz aus ihren Impulsen entwickeln und untereinander abstimmen und so das Stück, getragen durch die Aura und Anwesenheit von Pina Bausch, entwickeln konnten. Ganz anders *John Neumeier* in Hamburg. Er brachte in die choreographische Arbeit seine recht ausgefeilten Entwürfe für die einzelnen Tänzer und ihr Zusammenspiel mit. Er illustrierte seine Gestaltungsvorstellungen durch Vortanzen, ja durch gemeinsame Tanzbewegungen, durch die das Verständnis von Körper zu Körper übertragen werden sollte. Auch er war dadurch sehr präsent und in enger Verbundenheit mit seiner Company. Beide waren geliebt und erfolgreich. Man hätte sie vermutlich aber nicht austauschen können, weil sie völlig verschiedene Führungskulturen repräsentierten, zu der die Mitspieler passend ausgewählt und hingeführt waren. Richtig daran ist allenfalls das Prinzip der Gestaltungskraft und der Bezogenheit, mit der diese Kultur aufgebaut wurde.

4.4   Persönliche Kompetenz und Kompetenz der Führungsbeziehung

Die *kleinste Einheit* von Führung ist also die *Führungsbeziehung*. Auch Selbstführung kann man so konzipieren. Geht man von einer aus Teilen zusammengesetzten Persönlichkeit aus, dann kann man die innere Führung als Beziehungsgestaltung zwecks Zusammenwirkens begreifen. Alle Fragen der Beziehungsgestaltung draußen sind dann auch im Innenverhältnis relevant. Aber auch draußen ist Führung so gut wie die Führungsbeziehung. Diese hängt von allen Beteiligten und dem Kontext ab wie das nachfolgende *Beispiel* zeigt.

Beispiel zur Bedeutung und Ausgestaltung der Führungsbeziehung

Ohne es zu wissen, habe ich dazu als Jugendlicher schon viel gelernt:
Ich war ca.15 Jahre alt und ein begeisterter Nachwuchs-Reiter in einem Provinz-Reit-Verein. Die Mietpferde, auf denen wir lernten, waren drittklassig. Nun sollte ich neben Dressur auch Springen lernen. Mein Reitlehrer war ein sympathischer, recht raubeiniger und ehrgeiziger Ex-Kavallerist. An einem regnerischen Tag stellte er ein Cavaletti (ca. 40 cm hohes Balkenhindernis) quer über den pfützennassen Kiesplatz und hieß mich, darauf zu galoppieren. Zur Vorbereitung auf den Sprung sollte ich mich nach vorne beugen. Springen über Hindernisse gehört nicht zu den natürlichen Verhaltensweisen von Pferden, wie ich später erfuhr, und mein Pferd „Abruzze" konnte Springen so wenig wie ich. Es galoppierte auf das Hindernis los, und ich beugte mich, den Sprung erwartend, nach vorne. Direkt vor dem Hindernis stemmte Abruzze die Vorderbeine in den Kies, stoppte abrupt und senkte den Kopf. Ich selbst überwand in einem hohen Bogen das Hindernis, nur halt ohne Pferd und landete im Matsch. Beim nächsten Mal stemme ich mich nach hinten, um gegen das Stoppen gewappnet zu sein. Abruzze stoppte auch wieder kurz, sprang dann aber doch und das in einem ungestümen Bocksprung. Und schleuderte mich, in einem noch höheren Bogen, in den Matsch. Immerhin, wir waren beide drüben. Mindestens ein Duzend Abstiege dieser Art, immer in neuen überraschenden Varianten erlebte ich in dieser Reitstunde. Doch es gelang schließlich, dass Pferd und Reiter über das Hindernis kamen und langsam ein richtiges Maß, einen richtigen Rhythmus und einen Zusammenklang fanden. Dann durfte ich auf ein im Springen geschultes Pferd eines Privatmannes. Ich musste nur richtig sitzen und etwas lenken. Das Pferd konnte den Rest. Erstaunlich, um wieviel kompetenter ich mich sofort fühlte und wie schnell ich nun springen lernte. Zurück auf Abruzze, verfiel das meiste meines gerade noch beindruckenden Könnens. Ein ungeschultes Pferd für Springen zuzureiten war dann doch noch etwas anderes. (Schmid 2014c, S. 26).

Wie das Beispiel zeigt, hängt das Gelingen einer Führungsbeziehung zwar auch von der Kompetenz des Führenden, aber letztlich vom Können aller, von deren Zusammenspiel und den vorliegenden Umständen ab. Geht man davon aus, dass sich Menschen in Organisationen als Rollenträger begegnen, dann geht Beziehungskompetenz über privat persönliches Harmonieren hinaus. Hier begegnen sich Rollen im Kontext (vgl. Kannicht und Schmid 2015). Ob sich gute Führung einstellen kann, hat dann damit zu tun, ob das Rollengefüge stimmig angelegt ist, ob es in den Kontext und zu den Neigungen der Rollenträger passt und zu den Umständen, in denen die Rollen zusammenspielen sollen. Will z. B. der Leiter einer öffentlichen Fachhochschule Schule und Unterricht reorganisieren, verfügt er über entsprechende Entschlossenheit und in der Wirtschaft erworbene Führungskompetenz, dann kann er immer noch scheitern, wenn ihm nicht klar ist, dass das Kollegium meist kein Interesse an Geführt-werden hat und disziplinarisch der Wissenschaftsbehörde unterstellt ist. Die Führungskompetenz in der Beziehung hängt nun davon ab, ob jeder über das von ihm zu erbringende Rollenverhalten verfügt, ob er die Logik der Führungsbeziehungen in diesem Kontext und damit auch das vorgesehene Zusammenspiel versteht und ob er beides bedienen möchte, weil es Sinn macht und zu ihm passt. Ein erfolgreicher Führer in der Wirtschaft kann mangels Kontextverständnis oder unter nicht zu beeinflussenden Umständen scheitern.

Dies drückt sich in der *Wieslocher Kompetenzformeln* aus (vgl. Kannicht und Schmid 2015; Schmid und Gérard 2012). Die *Gesamtkompetenz des Einzelnen* ergibt sich aus dem Produkt der drei Komponenten „Rollenkompetenz", „Kontextkompetenz" und „Sinn":

$$Persönliche\ Kompetenz = Rollenkompetenz \times Kontextkompetenz \times Sinn$$

Für die *Kompetenz der Führungsbeziehung* kommt noch die Passung zueinander hinzu bzw. man kann „Sinn für den Einzelnen" und „Passung zueinander und zum Gesamten" in einer Kategorie zusammenfassen:

$$Kompetenz\ der\ Führungsbeziehungen$$
$$= Rollenkompetenzen \times Kontextkompetenzen \times Passungen$$

Führungsbeziehungskompetenz zeigt sich auf zwei Ebenen, nämlich der *„operativen"* und der *„strategischen" Ebene*. Die Beteiligten müssen ihr alltägliches Zusammenspiel kompetent bedienen, sie müssen aber auch ihr Zusammenspiel zum Dialogthema machen und damit weiterentwickeln können. Beides geht auch intuitiv und mit gewohntem Repertoire, wenn Verhältnisse stabil sind. Liegen neue Anforderungen an die Führungsbeziehungen und entsprechend erheblicher Gestaltungs-, Lern- und Abstimmungsbedarf vor, dann ist ein bewusster Umgang mit Führungsbeziehungen und ihren Entwicklungen gefragt. Dann bekommen Führungsgestaltung und Führungslernen ein eigenes Gewicht und verlangen nach einer bewussten professionellen Kompetenz.

5   Führung und Innovation durch Wirklichkeits(neu)inszenierungen

5.1   Wirklichkeitsinszenierungen mit Hilfe von Theatermetaphern

Zur Erinnerung: *Führen heißt, jemanden durch Kommunikation bewegen, bei Wirklichkeitsgestaltung mitzuwirken.* Bislang haben wir uns mit Führung als Beziehungsgestaltung und Kompetenz dafür befasst. Nun kommen wir zur Wirklichkeitsgestaltung und wählen dafür die wirklichkeitskonstruktive Perspektive, ein zentrales systemischen Konzept. Wirklichkeit wird aufgrund von Ideen inszeniert. Auch sehr stabile Wirklichkeitsgewohnheiten, manchmal als Selbstverständlichkeit etabliert oder in Paragraphen oder Beton gegossen, lassen sich in als Wirklichkeitsinszenierungen verstehen. Daher lassen sie sich auch anders inszenieren, um andere Wirklichkeitsvorstellungen zu verkörpern.

Der Existenzgrund für Führung zumindest in Unternehmen dürfte sein, trotz Funktionsteilung gemeinsam Leistung zu erbringen und dafür Wirklichkeitsinszenierungen zu gestalten. Anschaulich wird dies erfahrungsgemäß mit der *Theatermetapher* (vgl. Schmid und Messmer 2005a). Bei Theater geht es auch um *Wirklichkeitsinszenierung*, wobei die gelungene Inszenierung meist schon die erbrachte Leistung ist. Aber auch in vielen Organisationen ist die gelungene Inszenierung entscheidend. Welche anderen Leistungen über diese Inszenierung der Welt erbracht werden, tritt oft in den Hintergrund. Mithilfe der Theatermetapher können auch solche leicht in Inszenierungen denken, denen die wirklichkeitskonstruktive Sichtweise unvertraut ist.

Im Theater braucht man zunächst einen *Plot*, also eine Idee, zu welchem Thema und was erzählt werden soll. Dann braucht man Vorstellungen, wie die Erzählung in Zeit und Raum auf die Bühne gebracht werden soll, also ein *Drehbuch*. Das Drehbuch enthält geordnete Ideen, wie mit welchen Rollen und Abläufen gespielt werden soll. Dies kann entweder von vornherein festgelegt werden oder sich unterwegs herausbilden. Dieses Herausbilden nennen wir *Drehbucharbeit*. Man kann das auch *strategisches Management* nennen, zu dem man in erster Linie *Designkompetenz* braucht.

Dann braucht man *Spieler*, die definierte *Rollen* ausfüllen können und eine *Regie*, die dafür sorgt, dass das Stück wie geplant eingeübt und gespielt wird (*Regiearbeit*). Geht es um die Wiederaufführung eines bereits eingeübten Stückes, spricht man von Tagesregie. Geht es um eine Neuinszenierung, dann müsste man wohl von Neuinszenierungsregie sprechen. *Tagesregie* entspricht eher der *operativen Führung*. In den Führungsbeziehungen wird sichergestellt, dass bekannte Abläufe und Qualitäten erhalten bleiben. *Neuinszenierungsregie* entspricht eher der *strategischen Führung*. Sie muss dafür sorgen, dass aus dem Drehbuch überhaupt erst eine Inszenierung wird, dass alle Komponenten dafür in der richtigen Qualität verfügbar gemacht und zusammengefügt werden. Weitere wichtige Komponenten wie Bühnenbauer, Requisiteure, Kostümschneider, Maskenbildner, Techniker usw., also Funktionen, die jeder – ein bestimmtes Theater vor Augen – ausmachen kann, lassen wir der Einfachheit halber erst mal außer Acht.

Die Theater-Metapher beleuchtet einige für Führung notwendige Überlegungen. Erkennbar wird, dass das Verfertigen eines Drehbuches eine andere Kompetenz ist als das Einstudieren des Stückes. Im ersten Fall braucht es die Fähigkeit, eine Erzählung in Darstellungsdimensionen und Inszenierungsschritte zu fassen. Dies kann vorab geschehen. Dann müssen eben die Ressourcen für eine solche Aufführung gefunden werden. Meist jedoch geht es um den Zuschnitt eines Drehbuches für ein vorhandenes Ensemble. Dann geht es darum, den Inszenierungsplan mit verfügbaren Ressourcen aller Art in Einklang zu bringen. Was können die Schauspieler? Sind sie prinzipiell aufeinander eingespielt oder was braucht es, wenn dies bei dieser Gelegenheit gelernt werden soll? Wie groß ist die Distanz zwischen Geläufigem und Neuem, die bei der Neuinszenierung überwunden werden muss? Gibt es dafür Verständnis und Motivation? Wer ist wann für welche Art von Proben und Aufführungen verfügbar? Braucht es mehrfache Besetzungen, um Aufführungssicherheit zu gewährleisten usw. Für *Drehbuchklärungen*, sowohl was das Stück als auch die Abläufe bis zur Premiere betrifft, braucht es in erster Linie *Designkompetenz*.

Regie braucht in erster Linie *Kommunikations- und Beziehungskompetenz.* Wie muss mit den Schauspielern gearbeitet werden, dass sie dem Stück dienen und dennoch ihren eigenen Stil dabei leben können? Welche Ansprache braucht wer? Wie sind einzelne, wie das ganze Ensemble zu motivieren? In welchen Schritten und wie detailliert wird geübt? Lässt man den Akteuren viel oder wenig Spielraum? Wann geht man eher auf die ermutigende und stützende Seite, wann auf die bis an Grenzen fordernde? Welche Umgangsweise passt wie zum Regisseur und zu den Schauspielen?

Jemand kann ein starker Regisseur sein, aber nicht unbedingt ein starker Drehbuchschreiber oder umgekehrt. *Wie passen Drehbucharbeit und Regiestil zusammen?* Manchmal fallen die Funktionen und Kompetenzen zusammen und doch bleiben es unterscheidbare Dimensionen und sie sollten getrennt gedacht und aufeinander abgestimmt verfügbar sein. Drehbucharbeit und Regie können wie in den obigen Choreographen-Beispielen sehr verschieden angegangen werden. Es gibt zwar plausible Kategorien, welche Dimensionen bedacht und versorgt werden müssen, jedoch kein Schema, wie es richtig zu machen ist.

5.2   Strategisches Management – Drehbucharbeit

Bei innovativen Vorhaben muss die Grundidee in Vorstellungen übersetzt werden, welche Dimensionen dabei konkret gemeint sind, wie konkrete Schritte zur Verwirklichung aussehen könnten, insbesondere welche beispielhaften Ereignisse dafür mit verfügbaren Ressourcen und Kompetenzen um- oder neugestaltet werden könnten. Es geht also um *Designkompetenz,* um aus Grundideen Drehbücher für beispielhafte Inszenierungen der gewünschten Wirklichkeit zu machen.

Nehmen wir zur *Verdeutlichung der Herausforderung die Zusammenarbeit in einer Entwicklungs-Abteilung.* Es stehen dringende Entwicklungen an, die nur mit leichtfüßiger interdisziplinärer Zusammenarbeit zu leisten sind. Entsprechend hatte der Abteilungsleiter den Auftrag erhalten, eine neue Entwicklungsstrategie und entsprechende Arbeitskultur einzuführen. Bislang konnte und durfte jeder Entwickler in Ruhe seine Teillösung erarbeiten und dann in Iterationsschleifen mit Kollegen zusammenfügen. Zwar wurde die neue Devise unwidersprochen angenommen, doch änderte sich de facto wenig. Der Abteilungsleiter beklagte diesen Umstand zwar, hatte aber keine Vorstellung davon, dass und wie er die Änderung der Gewohnheiten anleiten sollte. Er verstand sich mehr als erster Entwickler, der Aufträge verteilt und ihre Erfüllung prüft. Sein Führungsrollenverständnis ging über Appelle und notfalls auch Druckausübung als Beschleunigungsmittel kaum hinaus. Auch die Mitarbeiter sahen ihn so. Sie erwarteten weder Führung darüber hinaus, noch würden sie ihm diese ohne Auseinandersetzung zubilligen. Eine Abteilung vom Typ „Freiberufler-Agentur" alten Stils.

Als Denk-Instrument für solche Konzeptionen haben wir das *Perspektiven-Ereignismodell* (vgl. Schmid und Messmer 2004) entwickelt. Es fördert systematisches Durchdenken, welche Inszenierungsgesichtspunkte (Perspektiven) in welcher Kombination und Priorität konkret zu entscheiden und über welche konkreten Ereignisse sie in Szene zu setzen sind. Denn: Zu oft verlieren sich Diskussionen über Innovationen in einem verwirrenden Mix von Zieldiskussionen ohne konkrete Inszenierungsideen und praktischen Maßnahmen ohne geklärte Steuerungsgesichtspunkte. Nachfolgend beleuchten wir das Perspektiven-Ereignismodell am *Beispiel* einer Betriebskantine.

Beispiel Betriebskantine als Metapher

Die Grundidee:
Es soll leichter gekocht und gegessen werden. Soweit die Grundidee. Nun *Perspektiven*, die für diese stehen: Die Esser sollen *weniger Kalorien* aufnehmen, sich *gesättigt, aber leichter* fühlen, dabei *keine Genusseinbußen* erleiden und möglichst ihre *Eigenmotivation* Richtung gesünderer und umweltgerechterer Ernährung steigern. Über welche Ereignisse soll das inszeniert werden? Sagen wir Menüplanung, Einkauf, Kochen, Essensablauf.
Umsetzungsideen:

- *Zum Essensablauf:* Wie kann das Essen auf mehrere kleine, aber attraktive Gänge umgestellt werden? Können durch Verlangsamung und Strecken der Nahrungsaufnahme durch gespürte Sättigung Nahrungsmengen gemindert werden?
- *Zur Essensbereitung*: Wie können Gewohnheiten etwa in der Fettverwendung unterbrochen, andere Garmethoden adoptiert und die Speisen durch Geschmacksbereicherung etwa durch Kräuter attraktiv gemacht werden?
- *Zum Einkaufen:* Wo und wie können regionale Produkte erworben und wie von sachkundigen Einkäufern ausgewählt werden? Wie können verfügbare Lieferanten zu Sortimentsänderungen angeregt werden?
- *Zur Essensplanung:* Wie können bewährte Rezepte anderer übernommen werden? Könnten die Adressaten des Pilotprojektes in die Planung einbezogen, zu ihren Präferenzen befragt werden?
- *Zur Umfeldgestaltung:* Wie kann die Aktion erkennbar und als bedeutungsvoll in der Kantine inszeniert werden? Extra Tische? Kleine Incentives? Veröffentlichung der Ideen und vielleicht die Namen der Mitwirkenden und Ideengeber? Einladung zum Dialog über die Aktion?

Dieses einfache Beispiel der Betriebskantine macht deutlich, *wie viel zusammenspielen sollte*, dass überhaupt eine Chance besteht, Ereignisse so umzugestalten, *um eine nachhaltige Veränderung zu erzielen*. Je mehr diese (geplante) Veränderung einen Unterschied zu eingespielten Gewohnheiten, Abläufen und Mentalitäten macht, umso leistbarer und zueinander stimmig müssen die Schritte sein, wenn gewünschte positive Erfahrungen zu neuen Gewohnheiten führen sollen.

5.3 Strategische Führung – Regiearbeit

Bislang haben wir uns im Beispiel der Betriebskantine nur mit dem Design einer beispielhaften alternativen Prozesskette befasst. Neben der Drehbucharbeit geht es um Regiearbeit, sprich *strategische Führung*. Hier sind die folgenden Fragen zu stellen: Wer bringt die Umgestaltungsideen den Playern nahe, sorgt dafür, dass sie das neue Stück spielen werden? Wer übernimmt die Gesamtregie für die anstehenden Um-Inszenierungen, sorgt also dafür, dass alle Player die Ideen für die neu zu gestaltenden Ereignisse aufgreifen, gegebenenfalls weiterentwickeln, auf dafür notwendige neue Rollenverständnisse umstellen, ihr Repertoire erweitern und sich mit der Regie und den Mitspielern abstimmen und neues Zusammenspiel einstudieren? Wie funktionieren die Führungsbeziehungen bislang? Müssen sie verbessert, strukturell neu geordnet werden? Muss zusätzliches Lernen gestaltet werden, weil das notwendige Lernen über das bei der Neuinszenierung nebenher Leistbare hinausgeht?

5.4 Reifegrad der Organisation für Neuinszenierungen

Oft genug planen Organisationen große strategische Vorhaben, übersehen aber, dass sie dafür nicht bereit sind, weil *Grundqualifikationen und Erfahrungen mit Neuinszenierungen* fehlen und entsprechend dies alles anlässlich der Neuerung erst aufgebaut werden müsste. Wie soll strategische Führung funktionieren, wenn es schon bei der operativen Führung klemmt? Dann kann man nur „kleine Brötchen backen" und muss viel investieren, um das System innovationskompetent zu machen. Eine Erhöhung des Reifegrads der Organisation (vgl. Schmid 2014c) muss parallel geleistet werden, kann aber dann bei weiteren Vorhaben genutzt werden.

6 Führung als Systemkompetenz

6.1 Führungskultur und Führungsverantwortung

Führung ist nur dann effektiv, wenn sie durch die ganze Prozesskette wirkt. Würden im Kantinenbeispiel alle gut abgestimmten Vorgänge am Ende durch Servicegewohnheiten konterkariert, weil dort Führung nicht funktioniert, dann wäre die Kompetenz des Führungssystems gering. *Jede Kette ist so stark wie ihr schwächstes Glied.* Also muss in die relativ schwächsten Führungsbeziehungen investiert werden bzw. sollten sich *Führungskulturansprüche an den Engpässen orientieren.*

Denkt man in *Hierarchie,* dann ist entscheidend, ob Ideen ganz oben in Drehbücher und Führungskommunikation wie in einer Kaskade bis nach unten mehrfach transformiert werden können. Jede Stufe braucht Vorstellungen davon, welche Orientierungspunkte für die über- und die untergeordnete Stufe wichtig sind und in welchem Verhältnis diese zu den eigenen Orientierungspunkten stehen. Zumindest an Beispielen sollte ein Austausch darüber stattfinden, was das im Handeln jeder Ebene heißt und wie dieses Handeln ineinandergreifen soll. Ohne solche geteilten Vorstellungen ist gemeinsame Verantwortung kaum denkbar und sind Korrekturen kaum einzufordern, wenn die Vorstellungen von komplementärem Handeln auseinandergehen. Darüber hinaus sollte es einen geteilten Stil geben, wie miteinander zu kommunizieren ist, besonders wenn Führung nicht wirksam oder befriedigend ist. Dieser Anspruch verbietet von selbst, Führung als Einbahnstraße zu verstehen. Erfahrungen und Anregungen sollten als Impulse die hierarchische Kette soweit hinaufgelangen, bis sie angemessen verarbeitet und beantwortet sind. Wie dies zu verstehen und in Szene zu setzen ist, ist Teil jeder Führungskultur und gehört zur Führungsverantwortung. Wie anders soll eine Führungskette lernfähig und in verteilter Verantwortung auf Anforderungen resonanzfähig sein?

Hierarchie ist nur ein Teil eines Führungsnetzwerkes, vielleicht zunehmend ein *Sonderfall*. Der größere Teil eines Führungsnetzwerkes ist nicht hoheitlich festgelegt, sondern ergibt sich aus Prozessen bzw. muss zwischen den Beteiligten ausgehandelt werden. Auf vielen Ebenen und in zahlreichen Wechselbeziehungen bildet sich heraus, wer sich an wem in Sachen gemeinsamer Inszenierung orientiert. Wer dabei warum wem welchen Einfluss einräumt, wird später unter dem Abschnitt „Hoheitsmacht und Autorisierung" ausgeführt. In jedem Fall ist Abstimmungskompetenz entscheidend, auch dann, wenn hierarchische Macht Entscheidungsbefugnisse verleiht.

6.2 Dialogkompetenz und Führung

Geht man davon aus, dass derselbe Führungsstil keinesfalls in allen Führungsbeziehungen funktioniert, ist es naheliegend, *Dialoge zwischen den Beteiligten über deren Führungsbeziehung* anzuleiten. Wie oben angedeutet, können sie dabei Wirklichkeitsverständnisse und Inszenierungsideen abgleichen und so Übersetzbarkeit und Passung herstellen. Zur Verwirklichung eines modernen Führungsstils, der die Selbststeuerung eigenständiger Menschen einbindet, ist also Dialogkompetenz notwendig, die über das Adoptieren von neuen Gewohnheiten hinausgeht und Führungsbeziehungen selbst zum Gegenstand der Abstimmung machen kann. Manchmal mag oder kann nicht jeder sein Verhalten über dialogische Abklärungen steuern. Dann können klare hierarchische Ansagen und Ausführungskontrollen hilfreich sein und müssen in den sonst dialogischen Stil eingebettet werden. Nimmt man Führung ernst, dann wird daraus eine eigene Kompetenz- und Gestaltungsperspektive bei den Akteuren in Führungsbeziehungen und besonders bei den Verantwortlichen für Führungskulturentwicklung.

6.3 Hoheitsmacht und Autorisierung

Neue Versuche in Sachen Führungskultur erwecken manchmal den Eindruck, dass Führung eigentlich ausgedient hat und durch kreative freiwillige Zusammenarbeit ersetzt werden kann. Doch werden da Notwendigkeit und Nutzen von Macht in Führungsbeziehungen verkannt. Sich über Macht und Autorisierung auch in Führungsdialogen zu verständigen, ist sogar eine wichtige Dimension, die nicht außen vor gelassen werden sollte. Sonst besteht die Gefahr, dass eine vordergründige Liberalität nicht hinreichend geordnete Leistung hervorbringt oder dann doch in dumpfes Ausüben hierarchischer Macht umschlägt, wenn es eng wird. Ein *bewusster Umgang mit Macht* hilft sehr bei der Rahmung von Führungsbeziehungen und bei der Steuerung von Prozessen gemäß Prioritäten. Als Gegenstück zur Macht gilt es dabei über Autorisierung zu sprechen. Wie und durch wen wird demjenigen, der Gefolgschaft beansprucht, Einfluss eingeräumt? Wir unterscheiden z. B. Hoheitsmacht von Schöpfermacht (vgl. Schmid und Messmer 2005b). In hierarchischen Beziehungen wird Macht durch politische Mandate und Status-Berechtigungen verliehen, also Autorisierung durch Vorrechtsverleihung. Wenn andere Abstimmungen, etwa über Prioritäten, nicht mit vertretbarem Aufwand zu einvernehmlichen Lösungen führen, dann ist so definiert, wer zu bestimmen hat. Dies kann ein hilfreicher Rahmen für Führungsklärungen sein. Es kann auch entlasten, weil klar ist, dass Entscheidungen gemäß Hierarchiemacht getroffen und verantwortet werden. Nachfolgende Instanzen sind nicht für die Entscheidungen, wohl aber für einen möglichst konstruktiven Umgang damit verantwortlich. Hoheitsmachtentscheidungen sollten mit entsprechender Verantwortungsübernahme einhergehen, auf die sich alle berufen können. Führungskultur und Verantwortungskultur gehören zusammen. Hier gibt es viele Missverständnisse, Lücken und Vermeidung, die im Bedarfsfall auch Teil des Führungsdialogs sein müssen.

6.4 Schöpfermacht und Verantwortungsdialoge

Schöpfermacht ist die Fähigkeit, kokreative Inszenierungen zu schaffen, in die andere komplementär eintreten und sie mitgestalten. (Schmid und Hipp 1998, S. 3).

Schöpfermacht entsteht also dadurch, dass andere sich an einem orientieren, weil sie Gestaltungskraft anerkennen und einen aufgrund dieser zur Führung autorisieren. Diese Dimension in der Führungsbeziehung basiert auf Überzeugung und Nachfolge aus eigenem Antrieb. Der Schöpfermacht in Führungsbeziehungen kommt umso größere Bedeutung zu, je weniger hierarchische Macht ausreicht, um sinnvolle Gefolgschaft zu organisieren und je weniger Führungsbeziehungen formal definiert sind. Schöpfermacht entscheidet, wenn nicht hoheitlich festgelegt ist, wessen Drehbuch adoptiert, wessen Führungsimpulse als leitend anerkannt werden müssen, ja nicht mal, wer das Recht hat, andere „zur Verantwortung zu ziehen". In nichthierarchischen Beziehungen meint zur Verantwortung ziehen, in Verantwortung und Abstimmung darüber einzuladen. Verantwortung in diesem Zusammenhang kommt von Antwort geben. Hier ist zu regeln, wer sich welchen Fragen stellt, wer in welchem Zusammenspiel zum Antworten kompetent, motiviert, mit Ressourcen ausgestattet und verpflichtet ist (vgl. Schmid und Messmer 2005c). Außerdem ist zu regeln, welche Antworten jeder gemäß einer Zuständigkeitseinteilung gibt (Verantwortung für) und welche von allen zu allen Fragen des Ganzen (Verantwortung in Bezug auf) zu geben sind. In komplexen und nur ganzheitlich zu gestaltenden Prozessen versteht sich von selbst, dass niemand sich auf Fragen seiner Zuständigkeit zurückziehen kann, es sei denn, dies wurde durch hierarchische Anweisung oder Zuständigkeits-Vereinbarung eingeschränkt.

6.5 Team und Führung

Wir verwenden den Begriff Team verbunden mit einer modernen Definition. Würde man von einem klassischen Verständnis von Team ausgehen, bestimmt durch ein festes Merkmal, wie etwa einer bestimmten Abteilung zugehörig, dann wäre das ein zu statisches Konzept. Wir definieren Team flexibel als *Verantwortungsgemeinschaft*: Zum Team gehören in einer spezifizierten Situation alle, die bezüglich einer aktuell fokussierten Fragestellung Verantwortung tragen. Wenn es um Konflikte anlässlich der Einführung einer neuen Software geht, dann können Fachleute, Vorgesetzte, Untergebene, User, Kooperationspartner anderer Abteilungen, Kunden usw. zum Team gehören, wenn sie bezogen auf das Zusammenspiel eine mitverantwortliche Funktion haben. Sieht man in den Konflikten eher ein Problem im Umgang mit Arbeitsbelastung und Personalentwicklung, dann gehören andere zum Team, weil es um andere Aspekte von Verantwortung geht. Das *Teamsteuerungsdreieck* hilft, sich über den Fokus der Teambetrachtung und damit die jeweilige Zusammensetzung zu verständigen (vgl. Kannicht und Schmid 2015).

Team ist in dieser Definition nicht nur *kooperativ horizontal* zu verstehen, sondern auch *hierarchisch vertikal*. Vorgesetzte und Untergebene gehören dann zum Team, wenn sie in ihren Führungsbeziehungsfunktionen auch Verantwortung tragen. Teambetrachtungen sind eng mit Führung verbunden, sei es, dass Hierarchie gefordert ist oder im Zusammenwirken Führungsbeziehungen anderer Art bedeutsam sind. Unter dem Begriff der *vertikalen Teamentwicklung* (vgl. Schmid und Hehmann 1998) nähert sich Teamentwicklung gleichzeitig an Organisationsentwicklung an, wobei durch die strategiespezifische Auswahl von Repräsentanten aus dem System dafür gesorgt wird, dass die Überschaubarkeit der Arbeitsformen für Teamentwicklung nicht verloren geht.

6.6 Führungslernen

In komplexen Organisationen, bei komplexen Herausforderungen müssen Wissen und Vorgehensweisen ständig angepasst werden. Man lernt also ständig zusammen. Dies gelingt umso besser, je selbstverständlicher das Miteinander und voneinander Lernen Teil der Prozesse und Beziehungen ist. Dies gilt auch in Führungsbeziehungen. Geht es um ausdrückliches Führungslernen, dann lernen am besten solche gemeinsam, die in Führungsbeziehungen miteinander stehen. Sie bringen dann automatisch Lernanliegen, Wirklichkeitsvorstellungen, Kontexte und Führungskulturfragen der relevanten Organisation mit in die Lernsituation. Wenn am Beispiel gelernt wird, bezogen auf Ereignisse, Gestaltungsbeiträge und Perspektiven der Beteiligten, dann nennen wir das *induktives Lernen*. Es unterscheidet sich vom *deduktiven Lernen*, bei dem eine Betrachtungsart vorgegeben wird und man sich übt, diese auf konkrete Beispiele anzuwenden.

Der vorliegende Text ist ein Beitrag zum deduktiven Lernen, adressiert aber eine Lernkultur, bei der, so gerahmt, induktives Lernen im Vordergrund stehen soll. Zur Führungskompetenz gehört auch die Gestaltung von Beziehungslernen in Sachen Führung. So gesehen gehören Führungs- und Lernkultur zusammen.

6.7   Führung als Perspektive

Wen wundert es, wenn Führung als zwar wichtige Perspektive der Beschreibung und
Steuerung von Organisationen zu verstehen ist, aber keine völlig abgrenzbare Thematik
darstellt. Ein und dieselbe Situation kann unter der Perspektive Verantwortung, Kooperation, Lernen, Rollenklärung, Teamsteuerung etc. oder eben der Perspektive Führung betrachtet werden. Dieselbe Sache wird von einem jeweils anderen Blickwinkel ins Visier
genommen. Führung ist wie die anderen Dimensionen von Organisation weniger ein ab-
gegrenztes Ding als eine Betrachtung im Wechselspiel mit anderen Betrachtungen. Beim
systemischen Ansatz spiegelt Wirklichkeit Perspektiven und Sichtweisen des Betrachters.
Wir verwenden zur Illustration die *Scheinwerfermetapher*: Ein und dieselbe Situation zeigt
sich bei unterschiedlicher Beleuchtung (Perspektiven) in unterschiedlichem Licht. Was ins
Auge gefasst und beschrieben wird, hat mit Weltbildern und den nachfolgenden Gestal-
tungsinteressen zu tun. Dabei ist es eine eigene Aufgabe, die verschiedenen Betrachtungen sprachlich aneinander *anschlussfähig* zu machen. Sonst weiß man nicht, ob man mit
denselben Begriffen Verschiedenes beschreibt oder dasselbe mit verschiedenen Begriffen.
Dies gilt auch für die Nutzung von Metaphern. Wird z. B. das Bild vom Lotsen ungeklärt
verwendet, kann sich erst nach längerem Gebrauch herausstellen, dass die einen im Lotsen
einen Ratgeber mit Ortskenntnissen und die anderen einen in seinem Revier Entschei-
dungsbefugten gesehen haben. *Rekursivität* erfordert eben immer wieder *Metabetrachtun-
gen und Verständigungsjustierung an Beispielen*. Damit ist nichts gesichert unter Kontrolle, doch steigt die Wahrscheinlichkeit, dass man koordiniert und sinnvoll handelt. Wenn
Komplexität und menschliche koordinierte Steuerung das Problem ist, dann ist *(Dialog-)
Kultur* die Lösung. In diesem Beitrag geht es um Professions- und Organisationskultur
unter der Perspektive Führung aus unserer Sicht. Dies ist der Grund, weshalb sich dieser
Text um Anschluss an andere isb-Konzepte und Perspektiven bemüht, aber nicht versucht,
gleichzeitig die Bezüge zu anderen Kulturvorstellungen und Konzepten zu diesem Thema
abzuhandeln. Der Vergleich der Ansätze muss den Lesern überlassen bleiben.

7   Zusammenfassung und Ausblick

Dieser Beitrag betont die systemische Perspektive auf Führung und Führung als Systemkompetenz. Der Blick löst sich von der Führungspersönlichkeit und von Kompetenz als
deren Eigenschaft. Er richtet sich auf die Führungsbeziehungen, erweitert auf Führungsketten in Netzwerken und auf Eigenschaften dieser Beziehungen. Statt „richtiger" Führung
und deren Schulung wird „wirksame" Führung, über die man sich im Dialog verständigen
muss, betont. In Organisationen erkennt man wirksame Führung daran, dass Wirklichkeitsvorstellungen als Steuerungsimpulse über Führungsketten hinweg top-down, bottom-up
und horizontal wirken. Die Theatermetapher veranschaulicht Parallelen zu Drehbuch- und
Regiearbeit bei Theater-Inszenierungen von Wirklichkeit. Überlegungen zu Macht und
Teamsteuerung, Führungslernen und Führungskulturentwicklung runden den Beitrag ab.

Literatur

Bushe, G. R., & Marshak, R. J. (2015). *Dialogic organization development: The theory and practice of transformational change.* Oakland: Berrett-Koehler.

Kannicht, A., & Schmid, B. (2015). *Einführung in systemische Konzepte der Selbststeuerung.* Heidelberg: Carl-Auer.

Riegas, V., & Vetter Ch. (Hrsg.). (1990). *Zur Biologie der Kognition. Ein Gespräch mit Humberto R. Maturana und Beiträge zur Diskussion seines Werkes.* Frankfurt a. M.: Suhrkamp.

Schmid, B. (2004). Kommunikationsmodelle. isb-Audio Nr. 617. http://www.systemische-professionalitaet.de/isbweb/component/option,com_docman/task,doc_download/gid,673/. Zugegriffen: 18. Mai 2015.

Schmid, B. (2005). *Störungen – Beeinträchtigung oder Entwicklungsanreiz?* isb-Schrift Nr. 96. Heidelberg: Carl-Auer.

Schmid, B. (2014a). Persönliche Leitbilder und berufliche Lebenswege, Festschrift zum 30jährigen Jubiläum des isb-Wiesloch. http://www.systemische-professionalitaet.de/isbweb/component/option,com_docman/task,doc_download/gid,2165/. Zugegriffen: 18. Mai 2015.

Schmid, B. (2014b). *Leitsterne beruflicher Entwicklung. 45 min Live-Vortrag auf den Petersberger Trainertagen 2014 (DVD).* Bonn: managerSeminare. http://www.managerseminare.de/Verlagsprogramm/Leitsterne-beruflicher-Entwicklung,232771. Zugegriffen: 18. Mai 2015.

Schmid, B. (2014c). Reifegrade von Professionellen und Organisationen. In B. Schmid (Hrsg.), *Systemische Organisationsentwicklung. Organisationskultur und Change gemeinsam gestalten* (S. 25–32). Stuttgart: Schäffer-Poeschel.

Schmid, B., & Gérard, C. (2012). *Systemische Beratung jenseits von Tools und Methoden: Mein Beruf, meine Organisation und ich.* Bergisch Gladbach: EHP.

Schmid, B., & Hehmann, R. (1998). Vertikale Teamentwicklung als ein Beitrag zur Organisationsentwicklung. isb-Schrift Nr. 35. http://www.systemische-professionalitaet.de/isbweb/component/option,com_docman/task,doc_download/gid,437/. Zugegriffen: 18. Mai 2015.

Schmid, B., & Hipp, J. (1998). Macht und Ohnmacht in Dilemmasituationen. isb-Schrift Nr. 24. http://www.systemische-professionalitaet.de/isbweb/component/option,com_docman/task,doc_download/gid,426/. Zugegriffen: 18. Mai 2015.

Schmid, B., & Messmer, A. (2004). Das Perspektiven-Ereignismodell zur gedanklichen Strukturierung von Innovationsprozessen. isb-Schrift Nr.92. http://www.systemische-professionalitaet.de/isbweb/component/option, com_docman/task,doc_download/gid,537/. Zugegriffen: 18. Mai 2015.

Schmid, B., & Messmer, A. (2005a). Die Theatermetapher in der Praxis. In B. Schmid & A. Messmer (Hrsg.), *Systemische Personal-, Organisations-und Kulturentwicklung: Konzepte und Perspektiven* (S. 151–168). Bergisch Gladbach: EHP.

Schmid, B., & Messmer, A. (2005b). Macht, Politik, Werte. In B. Schmid & A. Messmer (Hrsg.), *Systemische Personal-, Organisations-und Kulturentwicklung: Konzepte und Perspektiven* (S. 136–150). Bergisch Gladbach: EHP.

Schmid, B., & Messmer, A. (2005c). Auf dem Weg zu einer Verantwortungskultur. In B. Schmid & A. Messmer (Hrsg.), *Systemische Personal-, Organisations-und Kulturentwicklung: Konzepte und Perspektiven* (S. 48–63). Bergisch Gladbach: EHP.

Todesco, R. (2007). How G. Bateson informs dogs. *Kybernetes, 36*(7/8), 1089–1097. Bradford: Emerald.

Dr. Bernd Schmid ist Leitfigur des isb-Wiesloch und der Schmid-Stiftung. Er wirkt als Professionskultur-Entwickler, als Autor und internationaler Referent, als Gründer von Initiativen und Verbänden und als Mentor für Profit- und Nonprofit-Unternehmertum. Essays unter www.blog.bernd-schmid.com.

Zur Stammesgeschichte von Führung – Gruppendynamik und die „Heilige Ordnung der Männer"

Gerhard Schwarz

Inhaltsverzeichnis

1   Einleitung

Der Mensch ging in seiner *Stammesgeschichte von etwa 8 Mio. Jahren* durch eine Reihe von revolutionären Entwicklungsschritten. Jede Revolution hat einige Parameter seines Verhaltens verändert, wie z. B. das Verhältnis der Geschlechter, sein Verhalten zu Nahrungsbeschaffung, Eigentum, Gruppenverhalten und zu Führung. Führung war immer sehr wichtig. Die Menschen waren – und sind – nie führungslos.

Die Entwicklung dieser *ererbten Verhaltensmuster* wurde allerdings im Bereich der Führung bisher wenig berücksichtigt. Heute bemühen sich viele Wissenschaften, die Evolution des Sozialverhaltens zu erklären (vgl. Wilson 2013). Eine große Hilfe neben den Biologen sind die Neurologen und Gehirnphysiologen, die entdeckt haben, dass das

G. Schwarz (✉)
Langackergasse 11a, 1190 Wien, Österreich
E-Mail: schwarz@gruppendynamik.com

© Springer Fachmedien Wiesbaden 2016
C. von Au (Hrsg.), *Wirksame und nachhaltige Führungsansätze*,
Leadership und Angewandte Psychologie, DOI 10.1007/978-3-658-11956-0_8

Gehirnwachstum evolutiv erfolgte. Die jeweils neu entwickelten Lappen ermöglichten dem Homo Sapiens neue Funktionen (vgl. Gassen 2008, S. 39).

Es ist ermutigend, dass die aus verschiedenen Wissenschaftszweigen gewonnenen Erkenntnisse über das Gruppenverhalten des Homo Sapiens gut übereinstimmen. So scheinen wir heute, auch das Führungsverhalten der Menschen aus Sicht der Evolution besser verstehen zu können. Erst relativ spät trat das *Prinzip der „Heiligen Ordnung" (griech. Hierarchie)* in Erscheinung. Dieses Ordnungsprinzip scheint heute – vorsichtig formuliert – seinen Höhepunkt in der Brauchbarkeit überschritten zu haben. Aber was kommt nach der Hierarchie?

Um diese Frage beantworten zu können, müssen wir wohl noch etwas weiter in die Vergangenheit zurückblicken. Die verschiedenen Formen von „Führung", die in der Geschichte aufgetreten sind, stellten immer – so die *These der Gruppendynamik* – eine Anpassung des Homo Sapiens an seine jeweilige Umweltsituation dar. Wir stellen heute fest, dass bestimmte Formen von Führung für bestimmte Situationen geeigneter sind als andere. So hat etwa das Team in bestimmten Situationen eine höhere Performance als es Einzelentscheidungen im Rahmen der Hierarchie haben können – in anderen Situationen kann es umgekehrt sein.

2   Evolutionsbedingte Verhaltensmuster von Führung in Gruppen

Zunächst haben unsere Vorfahren in der Zeit vor dem Auftreten des Homo Sapiens in *Stammesverbänden* gelebt. Wir können davon ausgehen, dass es dort jeweils ein Ranking von der Alpha-Position über niedrigere Rangstufen bis zur Omega-Position gab.

Die Beobachtungen der Verhaltensforscher bei *Primaten* (vgl. de Waal 1991) haben als *erstes Muster* ergeben, dass die Top-Positionen im Ranking immer mit denjenigen Individuen besetzt wurden, die die für eine Situation jeweils wichtigsten Funktionen erfüllten. Wenn also etwa bei den Primaten im Regenwald oder in der Feuchtsavanne die größte Gefahr von Leoparden ausgeht, die sich in der Nacht anschleichen und sich dann ihre Beute von den Bäumen holen, dann kommt derjenige in die Alphaposition, der das beste Gehör hat. Außerdem muss er noch in der Lage sein, auf eine Bedrohungssituation richtig zu reagieren. Man hat festgestellt, dass solche Alpha-Positionen ihre Dominanz verlieren, wenn sie die für die Gruppe wichtigen Funktionen nicht mehr erfüllen können (wenn sie z. B. schlechter hören). Alle sozial organisierten Tiere haben ihre eigenen *Rang-Ausleseverfahren.*

Ein *zweites Muster* aus der Primatenzeit ist die von mir sogenannte *„Top-down-Exekution".* (vgl. Schwarz 1985). Damit ist gemeint, dass die *Alpha-Position* bei ihrer Reaktion mit der Gefolgschaft der übrigen Positionen rechnen kann. So wird z. B. der Alpha-Pavian, der vor dem sich anschleichenden Leoparden flüchtet, die Fluchtreaktion der anderen Mitglieder der Gruppe auslösen. Auf diese Weise bringt sich die ganze Gruppe in Sicherheit. Dieses Muster hat sich in der Evolution weitgehend erhalten. So wird etwa berichtet, dass Alexander der Große, der nur über ein sehr kleines militärisches Kontingent von Griechen gegenüber einer großen persischen Übermacht verfügte, dieses Muster nützte: er ritt mit seinem Pferd und hoher Geschwindigkeit durch die Reihen der Perser bis zum Feldherrnhügel des Perserkönigs Dareios und bedrohte diesen mit dem Schwert. Er hätte ihn ohne weiteres töten können, tat dies aber nicht, sondern bedrohte ihn so lange, bis dieser flüchtete. Als die Perser ihren König flüchten sahen, flüchteten sie ebenfalls. So gewann Alexander der Große durch Ausnutzen dieses Musters die Schlacht gegen das übermächtige Heer der Perser (vgl. Seewald 2013).

Auch ich habe schon öfter dieses Muster bei meinen Interventionen in Unternehmen beobachten können. Ein Wunsch, eine Anordnung, ein Befehl oder Ähnliches der Alpha-Position – des CEO, des Vorstandsvorsitzenden oder des Generaldirektors – wurde ohne zu hinterfragen top-down exekutiert. Dies gelegentlich auch dann, wenn einer oder mehrere der niedrigeren Positionen über Informationen verfügten, die eigentlich eine andere Entscheidung nahelegen würden. Das Muster lautet: Alpha setzt eine Handlung und die anderen folgen, ohne darüber zu diskutieren. Mit dem Beispiel aus dem Urwald versteht man das auch ganz gut: die Primaten, die ihre Alpha-Position flüchten sehen, setzen sich nicht zu einer Konferenz zusammen, um über die Handlungsweise der Alpha-Position zu diskutieren, etwa mit den Tagesordnungspunkten: Täuscht sich der Alpha in seiner Wahrnehmung oder täuscht er sich nicht? Zweiter Tagesordnungspunkt: Flüchten wir mit ihm oder warten wir ab, was passiert? Dritter Tagesordnungspunkt: Gibt es alternative Möglichkeiten gegen das Raubtier? Usw. Ein solches Verhalten gegen dieses Top-Down-Muster hätte sich in der Evolution nicht durchgesetzt. Wir alle sind Nachkommen der „Flüchter, die nicht hinterfragen". „Führung" heißt also zunächst, das richtige Individuum in die Alpha-Position zu bringen und dann seinen Entscheidungen zu folgen. Dieses Muster hat noch einen zweiten Effekt: es wird damit eine einheitliche *emotionale Situation* in der Gruppe hergestellt: Alle flüchten, alle werden aggressiv usw. Der Sinn einer einheitlich agierenden Gruppe besteht darin, dass eine solche Gruppe unter Konkurrenzbedingungen anderen, in sich uneinigen Gruppen überlegen ist. Gruppen, die in sich Konflikte haben, sind nicht oder nicht so schnell gemeinsam handlungsfähig.

Daraus hat sich ein *weiteres Muster* entwickelt: unter Bedrohungssituationen werden Konflikte ganz schnell beseitigt und damit wird die *Einheitlichkeit der Gruppe* hergestellt. Bis heute benützen viele Politiker oder andere Alpha-Positionen Feindattrappen, um in der Gruppe Einheit herzustellen. Außenfeinde oder konkurrierende Gruppen sind hilfreich, um die Einheit einer Gruppe wieder herzustellen. Dieses Muster findet sich mitunter auch ohne Außenfeind: Wenn eine Person einmal als Autorität anerkannt ist, dann wird sie für alle Probleme als Experte herangezogen. Die Medien berichten über sie, dadurch erhöht sich ihr Renommee und es kommen noch mehr Anfragen auf sie zu usw. Dieses Eskalationsmuster wird in der Bibel reflektiert mit dem Satz: „Wer hat, dem wird gegeben werden, und wer nicht hat, dem wird auch das noch genommen werden, was er hat." (Lukas 19/12–27). Der evolutive Sinn dieses Musters ist leicht einzusehen: die Einheit einer Gruppe soll möglichst rasch wiederhergestellt werden. „Wenn ihr vom Baum der Erkenntnis esst, müsst ihr des Todes sterben", sagt Gott in der Bibel (Genesis 3,1). Gott ist hier eine Metapher für eine Alpha-Position eines Sozialgebildes. Diese Position gibt den Gruppenmitgliedern Sicherheit und verunsichernde Außenseiter werden eliminiert.

Es haben sich jedoch in der Geschichte des Homo Sapiens Situationen ergeben, in denen die Entscheidungen der *Alpha-Person größere Fehlerraten* aufwiesen. Dies begann mit dem Verlassen des angestammten Habitats, wodurch sich unsere Vorfahren veränderten Umweltbedingungen stellen mussten. Vermutlich lagen die wesentlichen Informationen dadurch nicht mehr exklusiv bei der Alpha-Position, sondern es verstanden auch andere Gruppenmitglieder vieles, weil sie Informationen hatten, die die Alpha-Position nicht hatte. Um diese Informationen zur Verbesserung der Entscheidungen nützen zu können, wurde es notwendig, die Entscheidungen des Alpha auch infrage stellen zu können – der *Widerspruch* war „erfunden" worden.

An dieser Stelle der Evolution setzen viele Mythen an, die sich in der Tradition der meisten Völker erhalten haben. Dabei geht es immer um den revolutionären Verstoß gegen ein Gebot der Alpha-Position. Bis zu dieser Revolution – ich nenne sie die *religiöse Revolution* – galt das Prinzip: Wer widerspricht, muss des Todes sterben. Je schneller es gelang, einen Außenseiter, der die Einheit der Gruppe störte, zu eliminieren, desto erfolgreicher war die Gruppe gegenüber anderen Gruppen. Dies gilt für Gruppen unter Konkurrenzbedingungen. Deswegen beobachten wir bis heute z. B. beim Mobbing eine Eskalationssituation: Sehr oft verhält sich etwa ein von Mobbing betroffenes Individuum einer Gruppe nach einiger Zeit tatsächlich so, wie ihn die Mobbingvorwürfe beschreiben. Wenn man ihm etwa vorwirft, Informationen nicht ausreichend weiterzugeben, dann würde er nach einiger Zeit dies auch tatsächlich tun. Und je mehr Informationen er zurückhält, desto misstrauischer wird man ihm gegenüber, und je misstrauischer man wird, desto eher wird er Informationen zurückhalten. Dieser Konflikt eskaliert bis zum Ausschluss der betreffenden Person aus der Gruppe.

3 Der Sündenfall als emanzipatorischer Schritt gegen Führungsautorität

Im Mythos vom Sündenfall tritt hier jedoch interessanterweise eine *Konkurrenz-Autorität* auf: die Schlange. Sie sprach zu Eva: Hat Gott wirklich gesagt, ihr müsst des Todes sterben, wenn ihr vom Baum der Erkenntnis esst? Eva meinte: Jawohl. So lautet das Gebot. Keineswegs werdet ihr sterben, sagte die Schlange. Ihr werdet vielmehr sein wie Gott, selber erkennend, was gut und böse ist. Da sah Eva, dass es schön wäre, vom Baum der Erkenntnis zu essen, sie gab auch Adam davon und auch er aß. Anschließend gingen ihnen die Augen auf und sie sahen, dass sie nackt waren. Dem Alpha der Bibel – Gott genannt – entging diese Entwicklung nicht lange und er intervenierte: Wieso wisst ihr, dass ihr nackt seid? Habt ihr vielleicht vom Baum der Erkenntnis gegessen? So fragte er Adam, und Adam antwortete: Eva hat mir davon gegeben. Dann fragte Gott Eva: Wieso hast du vom Baum der Erkenntnis gegessen? Die Schlange hat mich verführt, sagte Eva. Dann sagte Gott etwas sehr Interessantes: Siehe! Adam ist geworden wie unsereiner – erkennend, was gut und böse ist. Dann folgte ein Fluch über die Schlange und die Vertreibung aus dem Paradies.

Dieses Muster stellt meines Erachtens heute eines der größten Probleme für Führung in der Hierarchie dar: Jemand, der einer höheren Position widerspricht, stellt sich auf die gleiche Stufe wie diese. Er gibt vor, es genauso gut oder sogar besser zu wissen als die höhere Alpha-Position. Hier tritt nun bis in die Gegenwart eine interessante *Dialektik* auf: Ignoriert oder negiert die Alpha-Position den Widerspruch, dann riskiert diese Person unter Umständen eine Fehlbarkeit ihrer normalen Unfehlbarkeit (viele Personen in Organisationen nennen den Alpha auch „*Gottsöberster*") und ihre Entscheidungen werden schlechter. Unter Konkurrenzbedingungen kann man dies natürlich nicht akzeptieren. Gibt man dem Widerspruch daher statt, dann werden die Entscheidungen zwar besser, aber man verliert die Autorität, das Monopol auf die Wahrheit. Der Kompromiss, den heute viele Führungspersönlichkeiten in der Hierarchie machen, besteht wohl darin, dass sie Kritik unter vier Augen akzeptieren (wo Autorität eben nicht öffentlich gefährdet ist), aber nicht in größeren Gruppen oder Organisationen.

Für die *Gruppe* gibt es diese Dialektik ebenfalls – nur von der anderen Seite. Kritisiert man die Meinung der Alpha-Position, dann erreicht man zwar unter Umständen eine bessere Performance der Entscheidung, aber man fällt bei der Autorität in Ungnade und riskiert möglicherweise seinen Job. Außerdem verliert die Gruppe die Sicherheit, die viele Menschen in der Hierarchie brauchen: nämlich die vermutete Unfehlbarkeit der Alpha-Position. Kritisiert man hingegen nicht, dann riskiert man im Extremfall, dass das ganze System gegen die Wand fährt – wenn es sich um wichtige Probleme handelt. Deshalb hieß in der Geschichte die Alternativautorität, die zum Widerspruch verführte, auch „*Lichtträger*" (lateinisch Luzifer). Denn durch den Widerspruch wird Licht in eine sonst dunkle, weil oft einseitige Sache gebracht.

Wie mündlich überliefert wurde, fand in den fünfziger Jahren bei NTL (National Training Laboratory in USA) ein Experiment statt, bei dem Gruppen Aufgaben gestellt wurden, die sie lösen sollten. Es stellte sich heraus, dass es im Großen und Ganzen zwei Typen von Gruppen gab:

- In der *ersten Art von Gruppen* traten nach der Bekanntgabe der Aufgabenstellung „Spezialisten" auf, die behaupteten, eine Expertise zu dem Problem zu besitzen. Die Gruppenmitglieder waren meist froh über einen solchen Experten und beschlossen, seinen Empfehlungen zu folgen. Diese Gruppen waren mit der Aufgabe rasch fertig, sie fühlten sich sehr wohl. Sie lieferten aber – wie sich dann herausstellte – eine sehr schlechte Lösung ab: Die Lösung war immer nur so gut wie die Expertise des Spezialisten.
- In der *zweiten Art von Gruppen* begann der Prozess genauso wie in der ersten Art: Jemand trat als „Experte" auf, der eine Lösung vorschlug. Doch im Verlauf der Diskussion trat hier eine *Gegenautorität* auf, die diese Lösung infrage stellte (der Geist, der stets verneint). Nun mussten sich die Gruppenmitglieder mit der Problematik auseinandersetzen und konnten nicht einfach der Meinung der vermeintlichen Alpha-Position zustimmen. Diese Gruppen benötigten zur Lösung wesentlich länger als die andere Art von Gruppen, sie fühlten sich auch nicht sehr wohl, weil es viele Konflikte gab. Jedoch lieferten sie ein sehr viel besseres Ergebnis ab.

Dieses Muster hat dazu geführt, dass in der Geschichte sehr oft nach einem Gegenspieler zur göttlichen Autorität gesucht wurde. Ich nenne das die Erfindung des Teufels. Deshalb nenne ich diese Revolution auch die *religiöse Revolution*. Oft werden in Gruppen solche Widerspruchsgeister gesucht oder es wird notfalls ein „advocatus diaboli" installiert, um die Performance von Entscheidungen zu verbessern. Dazu eine Story, die man beim Tod des vorletzten Papstes erzählte: Der inzwischen heiliggesprochene Papst kommt in den Himmel und es macht ihm der Teufel auf. Der Papst ist entsetzt und meint, er habe doch ein so heiliges Leben geführt, sodass er nicht verstehe, dass er in der Hölle gelandet sei. Der Teufel antwortet ihm und sagt: „Pech gehabt – wir haben fusioniert!"

Seit dieser „Revolution" wurden Personen, die der Gruppennorm oder der sie vertretenden Alpha-Position widersprachen, nicht mehr eliminiert oder sogar getötet, sondern sie wurden als ein wertvoller und integrativer Bestandteil der Gruppe geschätzt. So wird in heutigen Gruppen das Prinzip des Widerspruchs als dynamisches Element angesehen. Ich vermute, dass die Akzeptanz des Widerspruchs mit den immer komplexeren Umweltbedingungen einherging, die insbesondere durch das Auswandern des Homo Sapiens aus den angestammten Habitaten in Afrika ihren Ausgang genommen hat.

Seit dieser Zeit setzten sich Gruppen und Organisationen, die Widerspruch zulassen oder diesen sogar fördern, meist besser durch als jene, bei denen nach wie vor der Widerspruch verboten ist. Wie wir alle wissen, hat sich diese Revolution noch nicht in allen Bereichen unserer Kultur und auch nicht innerhalb von Kulturen in allen Bereichen durchgesetzt. In der Gegenwart muss man Gruppen extra trainieren (via *Gruppendynamik*), um einen besseren Umgang mit Widersprüchen zu erreichen.

Die Gruppendynamik könnte man überhaupt als gemeinsames „Essen vom Baum der Erkenntnis" bezeichnen. Durch die Metaebene (bei sogenannten „T-Gruppen" = Trainingsgruppen in einer Laborsituation – aber auch sonst) werden die in einer Gruppe ablaufenden Prozesse zuerst analysiert und dann der Steuerung durch die Gruppe übergeben. Die sogenannten „Trainer" oder „Berater" ziehen sich zurück, wenn die Gruppen „reif" sind – d. h. wenn sie ihren Gruppenprozess selber steuern können. Die *Gruppen in Laborsituationen durchlaufen* dabei *meist in kurzer Zeit die stammesgeschichtliche Entwicklung*, so wie auch die Kinder die Entwicklung in Kurzform durchlaufen. Auch neu zusammengesetzte Gruppen sind sozusagen „Kinder", die erst zu einer Reife, d. h. zur gemeinsamen Handlungsfähigkeit kommen müssen. Dabei wird diese Einheit – seit der religiösen Revolution – nicht mehr nur von der Autorität garantiert.

4 Weitere Revolutionen der Menschheit

Vor der religiösen Revolution gab es noch andere wesentliche Revolutionen: Die früheste nenne ich *Wasserrevolution*. Sie betrifft das Herabsteigen des Menschen von den Bäumen und den aufrechten Gang. Menschen wurden dadurch in die Lage versetzt, mit dem Freiwerden der Hände Werkzeuge zu gebrauchen. Unsere Vorfahren lebten hier am Wasser – an Ufern von Seen oder Flüssen. Bis heute übt Wasser eine große Faszination auf die

Menschen aus. Diese Revolution haben nicht alle Primaten nachvollzogen. Die in den Bäumen Gebliebenen sind zwar mit uns sehr nahe verwandt (man spricht von 2 % Gen-Unterschieden), aber sie zählen eben nicht zu den Menschen.

Die zweite große Revolution – ich halte sie für die größte überhaupt – ist die *Feuer-revolution*. Sie ist durch die Domestizierung des Feuers gekennzeichnet. Mit der Beherr-schung des Feuers hatte der Mensch die Möglichkeit, sich nicht mehr nur biologisch an ein Habitat anpassen zu müssen, sondern er konnte sich kulturell anpassen. Biologische Anpassung meint z. B., dass der Mensch ein stärkeres Gebiss entwickeln musste, wenn er sich von durch die Trockenzeit stark gehärteten Samen ernähren musste (Homo habilis). Kulturelle Anpassung meint, dass der Mensch durch die Domestizierung des Feuers lernte, Nahrung so zuzubereiten, dass sie seinen Bedürfnissen besser entsprach und sie auch reichhaltiger und besser verzehrbar wurde (Sein Gebiss musste nicht neu angepasst werden). Das Feuer ermöglichte dem Menschen auch, Licht in der Nacht herzustellen und die Schrecken der Finsternis zu vertreiben, womit eine größere Sicherheit gegeben war. Außerdem erzeugte das Feuer Wärme und war auch eine geeignete Waffe für die Jagd. Man kann annehmen, dass damit auch erstmals die Möglichkeit zu einem Habitatswechsel gegeben war.

Im Führungsverhalten zeigen sich Muster aus der Feuerrevolution, die auf eine völlig neue Perspektive des Zusammenlebens der Menschen verweisen, nämlich auf die *Jagd-gruppe*. Es handelt sich hierbei um eine Männergang, die im Idealfall aus zwölf Perso-nen bestand und eine sehr intensive interne Kommunikationsstruktur besaß. Die Gruppe musste sich gegen viele Außenfeinde zur Wehr setzen. Dies waren nicht nur Nahrungs-konkurrenten wie andere Gruppierungen (z. B. in Europa der Neandertaler), sondern auch Raubtiere.

Es entwickelte sich in diesen Jagdgruppen ein ganz wesentliches Muster: die *emotiona-le Vereinheitlichung einer Männergruppe*. Dieses Phänomen des emotionalen Zusammen-schlusses von Männern können wir heute noch vielfach beobachten: „Einer für alle – alle für Einen" lautet ihr Slogan. Die Zwölf finden sich in verschiedenen gesellschaftlichen Strukturen: bei den zwölf Aposteln, den zwölf Geschworenen, bei Montagegruppen, bei Vorständen, Geschäftsleitungen von Organisationen, bei Aufsichtsräten und nicht zuletzt bei der Fußball-Elf, die übrigens eine klassische Reproduktion einer Jagdsituation dar-stellt. Ich vermute, dass diese Zahl aus der Optimierung einer Jagdsituation entstand. Die Jagdgruppe musste intensiv und rasch kooperieren. War sie kleiner als Zwölf, war sie nicht groß genug, um Tiere einzukreisen, zu stellen und schließlich die Jagdbeute abzu-schleppen. War sie größer als 12, gab es Kommunikationsschwierigkeiten in der arbeits-teiligen Gruppe.

Eine der wichtigsten Neuerungen der Feuerrevolution war die *Entwicklung einer kol-lektiven Aggressivität – besonders in der Männergruppe*. Als Primaten sind wir – wie schon oben ausgeführt – Flüchter. Mithilfe des Feuers aber war es möglich, aus dem Ge-jagten einen Jäger zu machen. Vermutlich vertrieben unsere Vorfahren eben mit Hilfe des Feuers Raubtiere von ihrer Beute. Erst sehr viel später waren sie in der Lage, sel-ber zu jagen. Dazu musste eine hohe Aggressivität innerhalb der Gruppe gegen „Feinde" entwickelt werden. Diese Aggressivität stellt sich bis heute besonders in Männergruppen kollektiv ein. Als Individuen sind wir immer noch die Feiglinge, die wir immer schon waren. Aber in der Männergang fühlen sich Männer stark. Dies wird bis heute in Jugendgruppen und auch Erwachsenengangs immer wieder trainiert. Der starke Zusammenhalt in Männergruppen kann stammesgeschichtlich durch die Jagdnqtwendigkeit begründet werden. Die emotionale Partizipation war zwar für die Koordination der Jagd gut, bedingte aber gleichzeitig einen großen Konformitätsdruck. Personen oder Mitglieder von Gruppen, die in der sensiblen Koordination einer Jagdsituation nicht entsprechend mittaten, waren für die Gruppe sehr gefährlich. Hier entstand wahrscheinlich die Tendenz, solche Personen als *Außenseiter* auszuschließen und/oder zu töten.

Führung von männlichen Gruppen bestand damals darin – und besteht gelegentlich bis heute darin –, die *Einheit einer Gruppe* herzustellen. Diese Einheit wird durch die Alpha-Position repräsentiert. Ein Angriff auf die Alpha-Position ist daher gleichzeitig auch ein Angriff auf die Einheit der Gruppe. Diese Einheit ist sozusagen heilig. Man findet diese Denkweise fast nur bei Männern. Frauen entwickeln dieses Muster nicht. Sie sind individualistisch geprägt und fühlen sich in Gruppen nicht so gestärkt. Ein wichtiger Unterschied zwischen Frauen- und Männergruppen besteht darin, dass *Männer einem auferlegten Konformitätsdruck früher oder später nachgeben, Frauen sich jedoch dagegen verwehren*. Wird nämlich auf Frauen Konformitätsdruck ausgeübt, dann erreicht man eher das Gegenteil, denn man mobilisiert damit ihr Widerstandspotenzial. Frauen haben in der Geschichte nie – oder nur selten – Gangs gebildet. Aufgrund der geschlechtsspezifischen Muster kann es zu Konflikten in Mann-Frau-Beziehungen kommen.

Nach der Wasserrevolution (Herabsteigen von den Bäumen und Werkzeuggebrauch), der Feuerrevolution (vom Gejagten zum Jäger, Jagdbande) und der religiösen Revolution (Erfindung des Widerspruchs, d. h. des Teufels) folgte ein Paradigmenwechsel: mit der Erfindung der Viehzucht und später des Ackerbaus wurden die Menschen sesshaft. Man spricht von der vierten, der großen *neolithischen Revolution*.

Mit dem *Sesshaftwerden* wurde es notwendig, *wichtige Funktionen zu zentralisieren*. Entscheidungen, die alle betrafen, wurden in jeweiligen Zentren getroffen. Aus dieser Zentralisierung entwickelte sich das *hierarchische Führungsmodell* – und damit eine völlig neue Qualität von Führung. Die Hierarchie führt das Ranking von Gruppen fort, doch benötigt die Alpha-Position für ihren Informationsvorsprung die Koordination mehrerer Gruppen. Der im Zentrum Befindliche besitzt jeweils mehr Informationen als die Personen oder Gruppierungen an der Peripherie. Es können daher auch nur im Zentrum richtige Entscheidungen getroffen werden, weil nur dort alle Informationen verfügbar sind, und auch nur dort können Konflikte durch übergeordnete Wahrheiten gelöst werden. Allerdings war es bei der nun folgenden Einteilung in Obertanen und Untertanen auch notwendig, deren gegenseitige Abhängigkeit herzustellen: die Erfindung der *Sklaverei*. Aristoteles hält dies für die Voraussetzung von Arbeitsteilung und die Entstehung von Reichtum für eine Oberschicht.

Man kann die *Einteilung der Menschen in Herren und Sklaven* als Grundlage auch der viel später erfolgten *industriellen Revolution* ansehen. Aristoteles meint, dass sich erst durch die *digitale Revolution* (er nannte sie Automation) Sklaverei erübrige. Vielleicht ist es interessant, hier den Originaltext anzusehen: Aristoteles, Politik 1, 2–4: „Die Herrschaft über Sklaven ist naturwidrig indem nach unserer Meinung nur durch Gesetz und Satzung der eine Sklave ist und der andere frei, während von Natur kein solcher Unterschied zwischen ihnen besteht, daher denn das ganze Verhältnis nicht in der Gerechtigkeit begründet sei, sondern in der Gewalt."

Der *Paradigmenwechsel von Jägern und Sammlern zu Viehzüchtern und Ackerbauern* wurde durch die Ressourcenverknappung der Jagd erzwungen. Die Menschen waren als Jäger erfolgreicher, als es von der Natur vorgesehen war. Unseren Vorfahren ist es offenbar gelungen, bis zu 60 % der Säugetiere in bestimmten Bereichen der Nordhemisphäre auszurotten – inklusive Mammut und anderen großen Tieren. Da es sich hier um eine schriftlose Zeit handelt, können wir die Problematik nur vermuten (die Fantasie ist ja eine Informationsquelle, die uns nie im Stich lässt). Die Lösung des Problems schien darin zu bestehen, die Jagdwaffen weiterzuentwickeln, um das Jagdergebnis zu verbessern. Das ehemals erfolgreiche Verhalten wurde beibehalten und optimiert. Damit entstand ein Teufelskreis: je bessere Waffen man hatte, desto mehr Tiere konnten erlegt werden. Und je mehr gejagt wurde, desto weniger Tiere gab es, und desto bessere Waffen mussten entwickelt werden. Solche Teufelskreise haben sich in der Geschichte bis heute wiederholt („Mehr desselben – oder: wenn die Lösung selbst das Problem ist", Watzlawick 1974, S. 51). Ich vermute, dass dieser Teufelskreis erst durch die Etablierung des Widerspruchs durchbrochen werden konnte. Irgendjemand wird wohl bemerkt haben, dass die Ursache für den Misserfolg das Beibehalten der Jagd war. Es musste ein Paradigmenwechsel erfolgen. Dieser Paradigmenwechsel ging damals und geht auch heute nur über den Konflikt und seine Lösung.

Der Schritt zu Viehzucht und später zu Ackerbau brachte jedoch eine neue Schwierigkeit: Die sesshaft gewordenen Menschen konnten bei *Überfällen* durch feindliche Gruppen nicht mehr einfach flüchten. Sie mussten nun ihr Hab und Gut verteidigen. Wie wir heute von Archäologen wissen, sind die ersten Ansiedlungen immer wieder zu Grunde gegangen. Die einzelnen Schichten, die an zentralen Orten ausgegraben wurden, haben oft nichts miteinander zu tun. Das bedeutet, dass Menschen wiederholt dort gesiedelt haben und immer wieder durch Überfälle vernichtet wurden. Kulturen entstanden und gingen wieder zugrunde – ohne voneinander Kenntnis zu haben. Dies geschah insbesondere an zentralen Orten. Diese befinden sich etwa an Flussmündungen, an Seen oder an dem Zusammenfluss von mehreren Flüssen. Es ist naheliegend, diese Orte für Siedlungen auszuwählen. Auch hier gab es einen Teufelskreis: Je größer und reicher eine solche Siedlung war, desto attraktiver war es für die noch nicht sesshaften Menschen, sich dort Ressourcen anzueignen. Die Ursache für die wiederholten Überfälle und Zerstörung von Ansiedlungen war die Unfähigkeit, sich zu verteidigen. Denn – sie hatten die Schwerter in Pflugscharen umgeschmiedet. Die Lösung des Problems war die *Entwicklung einer gemeinsamen Verteidigung* vieler solcher Ansiedlungen. Wie konnte das bewerkstelligt werden? Es war nun notwendig, Abgaben an die zentralen Orte zu leisten, die dafür Verteidigungssysteme entwickeln mussten. Von dort aus wurde Infrastruktur aufgebaut und

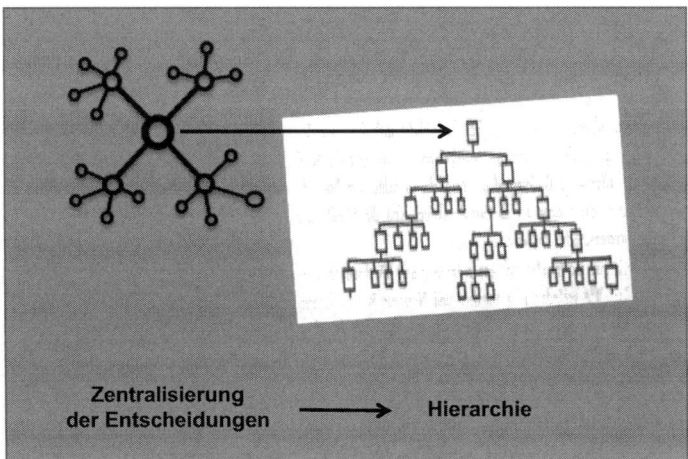

Abb. 1 Entstehung der Hierarchie

Informationssysteme, Straßen, Schrift und Zahlensysteme entwickelt. Mit Hilfe eines Militärs wurden Siedlungen geschützt. Dafür waren hohe Abgaben notwendig, die wohl nicht immer freiwillig geleistet worden sind. Aber es war nun möglich, das Militär notfalls auch gegen die eigenen Untertanen einzusetzen. Man schätzt, dass es 10.000 bis 15.000 Jahre gedauert hat, in denen die Siedlungen immer wieder zu Grunde gegangen sind, bis es ein *funktionierendes Verteidigungssystem* gegeben hat.

Der Preis dafür war eine *völlig neue Führungsstruktur*. Nun wurden *Entscheidungen* nicht mehr an der „produktiven" Peripherie getroffen, sondern nur mehr *im Zentrum*, das allerdings „unproduktiv" war und hohe Kosten verschlang. Aus den Zentren wurde der *übergeordnete Herrscher* („Chef") (vgl. Abb. 1): Für die richtige Entscheidungsfindung war es für das Zentrum notwendig, alle Informationen zur Verfügung zu haben. So konnten z. B. Konflikte zwischen verfeindeten Nachbarn mithilfe dieser übergeordneten Instanz zur Kooperation gezwungen werden. *Zwang* wurde zum Motto dieses neuen Systems: Der Preis für das Überleben war die Einteilung der *Menschen in Obertanen und Untertanen, in Herren und Sklaven*. Die Untertanen mussten die Abgaben an die Herren abliefern. Erstmals konnte durch Viehzucht und Ackerbau ein tauschbarer Überschuss erwirtschaftet werden, was in der Jäger- und Sammlerzeit nie möglich war. Hätte man die Menschen aber damals gefragt, ob sie ihren Überschuss an ein Zentrum abliefern oder selber konsumieren möchten, dann hätten sie möglicherweise gesagt: „selber konsumieren"! Daher durfte ihnen diese Frage nicht gestellt werden. Es wurde also mit Hilfe des Militärs ein System entwickelt, in dem Menschen über andere Menschen Entscheidungen treffen, ohne deren Zustimmung einzuholen.

Dieses System wurde dann von *Hammurabi „Umladasch"* genannt, was *zu Deutsch „heilige Ordnung"*, auf Griechisch „Hierarchie" heißt. „Hieros" heißt „Heilig" und das Wort „arché" übersetze ich mit „Ordnung". Es heißt aber auch Prinzip, Anfang und Herrschaft.

Die *vier Grundprinzipien dieser „Heiligen Ordnung der Männer"* (vgl. Schwarz 1985) waren:

1. Entscheidungszentralisierung: Nur der im Zentrum entscheidet.
2. Wahrheits- oder Informationszentralisierung: Nur der im Zentrum weiß alles.
3. Weisheitszentralisierung: Der Übergeordnete (ausgeschlossener Dritter) entscheidet im Konfliktfall.
4. Machtzentralisierung: Die Unteren sind abhängig von den Oberen.

Später, mit *Aristoteles und anderen Philosophen* entstanden daraus die *vier Axiome der Logik*:

1. Satz der Identität: Alles ist mit sich identisch. Identität ist durch Position in der Hierarchie definiert.
2. Satz vom zu vermeidenden Widerspruch: Von zwei einander widersprechenden Aussagen ist mindestens eine falsch.
3. Satz vom ausgeschlossenen Dritten: Die jeweils höhere Position hat die Wahrheit und entscheidet zwischen wahr und falsch. Ein Drittes gibt es nicht.
4. Der Satz vom zureichenden Grunde: Alles hat einen zureichenden Grund, und der liegt in der jeweils übergeordneten Instanz (Chef oder höheres Allgemeines).

Nach *Aristoteles* entstand damit eine *ungerechte Form von Ordnung*. Er bezeichnete sie als naturwidrige Einteilung der Menschen in Herren und Sklaven. Vermutlich – wir reden immer noch von einer schriftlosen Zeit – gab es hier einen Übergang von den eher von Frauen dominierten ersten Ansiedlungen zu den von Männer dominierten Hierarchien. Dies wird insbesondere durch die Ausbildung von Militär deutlich, die man als Weiterentwicklung der ehemaligen männlichen Jagdgruppe deuten kann. Untersuchungen von noch heute lebenden Jäger- und Sammlervölkern bezeugen eine weitgehende Gleichwertigkeit von Frauen und Männern (vgl. Parzinger 2014, S. 65). Die Dominanz des Mannes ist vermutlich erst mit der Landwirtschaft entstanden (vgl. Schwarz 1985; Röder 2014; Louis 2015).

Noch einmal zurück zu Aristoteles: „Die Werkzeuge sind aber teils leblose, teils lebendige wie z. B. für den Steuermann das Steuerruder ein lebloses, der Untersteuermann aber ein lebendiges Werkzeug ist". Diese lebendigen Werkzeuge sind nach Aristoteles allen toten Werkzeugen weit überlegen. Er blickt dann auch noch in die Zukunft und meint, dass es den Menschen irgendwann gelingen werde, Werkzeuge zu erzeugen, die die Sklaven zu ersetzen vermögen:

> Wenn freilich jedes dieser Werkzeuge auf Geheiß – oder sei es sogar demselben zuvorkommend – automatisch seine Aufgabe zu erfüllen vermöchte, wie es von den Bildsäulen des Dädalus oder den drei Füßen des Hephaistos heißt, von welchem letzten der Dichter sagt, dass sie aus eigenem Antrieb in die Schalen eingingen der Götter: wenn so die Weberschiffe

selber webten, und die Zitherschläge von selber die Zither schlügen, dann freilich bedürfte es
für den Meister nicht der Gehilfen, für den Herren nicht der Sklaven. (Susemihl 1879, S. 93)

Aristoteles nannte diese Gegenstände: *Automatoi*. Er meint also, dass mit der digitalen
Revolution – er sagt noch Automation – die Frage neu diskutiert werden muss, ob die
Einteilung der Menschen in Herren und Knechte, wie es die Hierarchie gemacht hat, noch
weiter aufrechterhalten werden muss.

5   Defizite der Hierarchie

Es könnte durchaus sein, dass man in nicht allzu ferner Zeit die *Hierarchie als eine Über-
gangsnotlösung in der Geschichte* auffassen würde. Denn ohne Entwicklung der Hierarchie konnten sich die ersten Ackerbau- und Viehzuchtansiedlungen nicht halten. Erst mit
der Zentralisierung und dem Militär waren sie überlebensfähig.

Die Hierarchie schloss an verschiedene *archaische Muster* an, die eigentlich schon
überwunden waren, und bettete sie in ihr Sozialgefüge ein. *Beispiele* hierfür sind:

- *Ranking:* Die durch Zentralisierung und anonyme Kommunikation gewonnene Macht
  war weit größer als die Dominanz einer Alpha-Position im Stamm oder in einer Gruppe.
- Das *Territorium und* das *Eigentum*, das über Jahrmillionen dem ganzen Stamm gehörte,
  wurde einer Person oder einer Gruppe zugeschrieben.
- Die *Machtfülle der Herrscher* verführte dazu, ihnen göttliche Prädikate zuzuschrei-
  ben: Sie waren allwissend, denn dort flossen alle Informationen zusammen. Sie waren
  allmächtig, denn die Sklaven dienten den Herren und waren von ihnen abhängig. Sie
  waren all-weise, weil sie Konflikte lösen konnten. Und – wie wir aus der Geschichte
  wissen – haben solche Herrscher nicht selten die ihnen zugeschriebenen Prädikate auch
  subjektiv exekutiert. „Ich, Claudius, Kaiser und Gott" oder Ludwig XIV.: „L'État –
  c'est mois" oder in der Gegenwart Mugabe: „Simbabwe is mine". Es glauben viele
  Alpha-Positionen selbst an die ihnen zugeschriebene Allmacht und Göttlichkeit.
- Manche Herrscher oder „Hierarchen" schlossen auch wieder an das eigentlich schon
  in der Wasserrevolution überwundene *Sexualverhalten der Primaten* an. Damit ist gemeint, dass die Frauen mehr oder weniger dem Alpha gehören und auch von diesem
  die Mehrheit der Kinder der Gruppe gezeugt werden. Noch bis in unsere Zeit hinein
  hatten etwa orientalische Herrscher mehrere 100 Kinder und auch in der Gegenwart
  versuchen solche dominante Alpha-Positionen, sich sexuellerweise ihren weiblichen
  Untertanen zu nähern. Dies gilt zwar bei uns als Skandal, jedoch noch im Mittelalter
  gab es das „Ius primae noctis", bei dem der Herrscher anlässlich der Hochzeit eines
  seiner Untertanen die erste Nacht mit der Braut verbrachte. Sozusagen eine von der
  Autorität organisierte Einführung in das Sexualverhalten. Dass der „Gottsöberste" auch
  Zugriff auf die Sexualität seiner Untertanen hat, zeigt sich auch in vielen Mythen, in

denen Menschen von Göttern gezeugt werden – etwa in der griechischen Mythologie. Hier wird versucht, den Führungsanspruch des „Alpha" von „noch höher" zu legitimieren. Auch in der Gegenwart gibt es Personen, die meinen, dass *„Alpha" direkt von Gott gezeugt* wurde. Das stellt allerdings meines Erachtens im Fall von Jesus von Nazareth ein *Missverständnis* der christlichen Überlieferung dar (vgl. Schwarz 1971).

In der Gegenwart wird allerdings die vermutete *Gott-Ähnlichkeit der Alpha-Positionen* von vielen Seiten *infrage gestellt*. So werden z. B. einige Vorstandsvorsitzende von DAX-Konzernen bezüglich ihres Führungsverhaltens unter die Lupe genommen: „Die autoritären Anführer sitzen an markanter Stelle, in den obersten Etagen der börsennotierten Vorzeigeunternehmen Tyrannosaurus DAX." (Student und Werres 2015, S. 40). Kritisiert wird dabei insbesondere das *archaische Muster der top down Exekution*:

> In vielen deutschen Konzernzentralen läuft immer noch alles top down. Zwar reden etliche Topmanager sonntags von Teamorientierung und modernem partizipativen Führungsverständnis. Es ist allerdings eine Scheindemokratie, die die verbreitete Herrschsucht nur kaschiert. (ebd., S. 40)

Tatsächlich wagt man es oft wirklich nicht, dem „Alpha" zu widersprechen, was sich auf die Qualität der Entscheidungen mitunter negativ auswirkt. Dafür sei die Psyche der Alpha-Individuen verantwortlich:

> Mit fortdauernder Amtszeit geraten CEOs in die Ego-Falle. Der Erfolgszenit mache den Ikarus auf dem Chefsessel zunehmend blind. (ebd., S. 43)

Selbstüberschätzung wird natürlich auch von den Untergebenen weiter gefördert, indem sie die Allmachtsfantasien des Herrschers bestätigen. Ich glaube aber, dass es sich neben mancher individuellen Schwäche hier um eine *Systemschwäche* handelt: Das in der neolithischen Revolution entstandene Führungs- und Organisationsprinzip der Hierarchie führte zu einem logischen Denksystem, in dem *Ordnung als Über- und Unterordnung* definiert wird (vgl. Schwarz 1985). Dieses System, das heute an seine Grenzen gekommen ist, muss – wenn nicht sogar abgeschafft – weiterentwickelt werden. Seine *Hauptschwächen* sind:

1. Frauen werden in dem System nicht berücksichtigt. Dieser „Anzug" passt ihnen meistens nicht.
2. Als logisches Denkmodell werden Widersprüche eliminiert und damit wird die Entwicklung behindert.
3. Das System ist nicht konsensfähig. Es gilt: „Ober" sticht „Unter".
4. Es lässt keine Gruppenentscheidungen zu.
5. Es ist als System nicht lernfähig, weil nur die Funktionsträger lernen müssen und nicht das System.

6. Die Komplexität der Umwelt kann nicht mehr von Einzelpersonen voll erfasst und verstanden werden.

7. Erwachsene Personen werden als Untertanen nach dem Modell Eltern-Kinder von den Obertanen behandelt.

8. Es gibt immer mehr Menschen, die in diesem System innerlich gekündigt haben und gegen das System arbeiten, indem sie „Dienst nach Vorschrift" machen (Zu Herbert von Karajan sagten die Wiener Philharmoniker einmal: Herr von Karajan, ärgern Sie uns nicht, weil sonst spielen wir wirklich einmal so, wie Sie dirigieren!).

Mit der *digitalen Revolution* gibt es noch zusätzliche Aspekte, die über die Marktwirtschaft eine mehr oder weniger sanfte Ablösung des Systems Hierarchie herbeiführen werden. Das System der Hierarchie geht nämlich nicht so wie die digitale Revolution heute von den Bedürfnissen aus, sondern von dem übergeordneten Leistungsprinzip. Dies ist aber heute nicht mehr konkurrenzfähig, denn die Leistung besteht darin, die Bedürfnisse der Kunden möglichst gut zu erfüllen („Google hilft in allen Lebenslagen"). Auch die durch die immer komplexere Umwelt bedingte Kompetenzumkehr einer arbeitsteiligen Gesellschaft bedeutet, dass die Untertanen oft mehr von einer Sache verstehen als ihre Chefs. Durch das Internet fällt auch das Informationsmonopol von zentralen Positionen. Ich glaube nicht, dass das System vollständig durch ein neues ersetzt werden wird. Doch man wird überlegen müssen, wo Gruppen oder größere Einheiten an Stelle von Hierarchien die notwendigen Lernprozesse vorantreiben.

Aus der Stammesgeschichte können wir auch heute den *Unterschied von weiblichem und männlichem Führungsverhalten verstehen.* Das weibliche Führungsverhalten lässt sich mit dem englischen Ausruf „*Go ahead!*" gut beschreiben. Denn dieses Verhalten ist mütterlich geprägt und von der Notwendigkeit geleitet, etwas wachsen und entstehen zu lassen – so wie man Kinder aufwachsen lässt, die sich möglichst frei entwickeln sollen. Die Väter kamen in der Stammesgeschichte als Erziehende wesentlich später zum Zug. Die jungen Männer wurden durch ihre Initiation in die Welt der Erwachsenen eingeführt und durften sich dann den Männergruppen anschließen und bei den jeweiligen Männertätigkeiten mittun (z. B. in einer Jagdgruppe, beim Militär, in Unternehmenshierarchien etc.). Das männliche Führungsverhalten heißt daher stammesgeschichtlich: „*Follow me*". Dies ist aus der oben beschriebenen Gefolgschaftsreaktion der vor-menschlichen Vorfahren her verständlich.

Ich erkenne hier einige Details der sogenannten „*Macho-Diskussionen*" der Gegenwart: Viele der später als Macho bezeichneten Männer werden im Allgemeinen nicht oder jedenfalls nicht nur von den Vätern zu Machos gemacht, sondern (ich vermute sogar zum Großteil) von den Müttern. Viele Mütter sagen ihren Söhnen: Du bist der Größte, der Schönste, der Beste. Wenn ein heranwachsender junger Mann das 15 Jahre oder länger von seiner „Führungskraft" hört, glaubt er das eines Tages wohl wirklich – auch wenn es nicht oder jedenfalls nur sehr teilweise stimmt. Den Töchtern sagen die Mütter das seltener. Hier spielt Konkurrenz zwischen Mutter und Tochter eine Rolle und die Tochter kann selten die Größe und Tüchtigkeit der Mutter erreichen. Daraus resultiert meines Erachtens einer der Gründe für das geringere Selbstvertrauen von Töchtern gegenüber den Söhnen.

Männer pflegen sich eher chronisch zu überschätzen, Frauen hingegen unterschätzen ihre Fähigkeiten sehr häufig. In jüngerer Zeit gibt es eine Gegenreaktion: Frauen werden gefördert, von Politik und Unternehmungen umworben und lernen selbst, einander zu unterstützen (vgl. Simsa 2015).

In der *Gruppendynamik* wird auf der Metaebene versucht, die in Gruppen auftretenden *Verhaltensmuster* zu *analysieren* und damit zugänglich zu machen. Dadurch entsteht ein neuer Freiheitsgrad. Denn wenn man erkennt, welche – meist unbewussten – Hintergründe einzelne Verhaltensweisen haben, kann man ihnen folgen oder auch nicht. Wenn man etwa erfährt, dass für einen Konflikt ein seit Jahrmillionen vorhandenes Muster „Territoriumsbesitz" verantwortlich ist, dann kann man – dies erkennend – sich auch anders verhalten und leichter zu einer Lösung kommen. *Gruppendynamische Konfliktbearbeitung* ist heute weit verbreitet und erspart oft – z. B. via Mediation – lange und teure Streitigkeiten.

Gruppen sind allerdings nicht „automatisch" in der Lage, solche Prozesse zu steuern, sondern sie müssen dazu erst entwickelt werden. *Reife Gruppen* – und zwar nur solche – lösen Probleme aber oft besser, als es die Hierarchie kann. In der Laborsituation der „T – Gruppe" (Trainingsgruppe) wird in einer Woche meist ein *Prozess der Selbstfindung* durchlaufen, der in kurzer Zeit die einzelnen Stationen der Stammesgeschichte und die Revolutionen der Menschheit durchläuft. Manche Gruppen sind oft erstaunt, was in dieser einen Woche alles „passiert" ist. Ich vermute, dass damit – natürlich auf einer höheren (d. h. zivilisatorisch entwickelten) Ebene – an die alte Tradition von Gruppen wieder angeschlossen wird. Die Hierarchie brachte eine zwar notwendige, aber doch recht einseitige Entwicklung von Führung, die in Zukunft wieder zu einer partizipativen Form der mehr oder weniger großen Gleichwertigkeit von Menschen führen wird. „*Wahrheit*" ist nicht mehr ein von oben (von wem auch immer) top-down exekutierter Inhalt, sondern *Resultat eines Konsensfindungsprozesses* zwischen den Mitgliedern von Gruppen und Organisationen. In diesem Konsensfindungsprozess werden wohl auch die vielfältigen notwendigen Unterschiede zwischen Menschen einbezogen werden.

6 Zusammenfassung und Ausblick

Führung ist immer eine Antwort auf die jeweilige Umweltsituation, in der sich ein Sozialgebilde befindet. Die Abb. 2 fasst die stufenweise Entwicklung des Führungsverhaltens in der Stammesgeschichte der Menschheit zusammen.

In der *Stammesgeschichte* entwickelt sich Führung von der Alpha-Position im Ranking einer Gruppe über die Einführung des Widerspruchs (Sündenfall) bis zur Zentralisierung von Funktionen in der neolithischen Revolution. In der industriellen Revolution werden mit Hilfe des hierarchischen Denk- und Führungsprinzips große Leistungen im technischen wie auch im wirtschaftlichen Bereich erbracht. Durch Globalisierung, Ökonomisierung und Digitalisierung wird unser Umfeld komplexer, sodass eine Ablöse bzw. Weiterentwicklung der Hierarchie notwendig erscheint. Für die Zukunft wird der partizipative Führungsstil ohne eine Monopol-Autorität, die allein über Wahrheit und Weisheit verfügt, immer mehr Bedeutung erlangen.

21. Jhdt.: **DIGITALE REVOLUTION:** 3 Megatrends: Globalisierung, Ökonomisierung und Digitalisierung. Letztere gewinnt Einfluss über die Bedürfnisbefriedigung. Führung durch Konsensfindung

17.Jhdt.: **INDUSTRIELLE REVOLUTION:** Maschinen als große Werkzeuge. Geld verstärkt die Polarisierung von Arm und Reich. Führung durch hierarchische Über- und Unterordnung. Weltbild der Logik.

Vor 15.000 Jahren: NEOLITHISCHE REVOLUTION: Hierarchie. Zentralisierung von Funktionen. Alpha bekommt Macht durch übergeordnete Organisation. Zwang zur Gruppenkooperation. Sklaven-Leibeigenschaft. Militär. Sesshaftigkeit durch Ackerbau. Führung durch autokratische Herrscher.

Vor 70.000 Jahren: RELIGIÖSE REVOLUTION: Erfindung des „Teufels". Widerspruch ist erlaubt. Alpha bekommt Gegenspieler. Verlust des Paradieses. Übergang zu Hirtennomaden. Auswanderung aus Afrika. Habitatswechsel bringt Komplexität.
Führung durch Widerspruch.

Vor ca. 2 Mio. Jahren: FEUERREVOLUTION: Jagdgruppe, stärkere Arbeitsteilung zwischen Mann und Frau. Kollektive Aggressivität: Männergang mit Anführer. Bei Frauen: Dominanz der alten Frauen, Großmütter. Entwicklung der Menopause wegen langer Abhängigkeit der Kinder. Führung eher partizipativ.

Vor 8-6 Mio. Jahren: WASSERREVOLUTION: Aufrechter Gang, Werkzeuggebrauch durch Freiwerden der Hände, leben an Ufern von Seen und Flüssen. Paarbildung. Demokratisierung der Sexualität. Männer beteiligen sich an der langen Aufzuchtphase der Kinder. Führung partizipativ und eher mütterdominiert: „Go ahead"

PRIMATENZEIT in den Wäldern: Ranking: Alpha dominiert sexuell und zeugt die meisten Kinder. Führung durch den richtigen (stärksten etc.) Alpha, der durch „follow me" seine Führung top-down exekutiert.

Abb. 2 Stammesgeschichte der Führung

Literatur

Gassen, H. (2008). *Das Gehirn.* Darmstadt: Wissenschaftliche Buchgesellschaft.

Kotrschal, K., & Schwarz, G. (2013). *Die Wesensentstehung des Menschen im Naturbezug. Wie archaische Muster unser Verhalten beeinflussen.* Klagenfurt: Wieser.

Louis, C. (2015). Ich Mann. Du Frau. *Emma* Juli/August, S. 72–79.

Parzinger, H. (2014). *Die Kinder des Prometheus.* Darmstadt: WBG.

Pesendorfer, B. (2010). Netzwerke – die Zukunft des Kapitalismus oder des Zusammenlebens überhaupt? In B. Pesendorfer (Hrsg.), *Wissenschaft – Freiheit – Konsens. Festschrift Gerhard Schwarz zum 70. Geburtstag* (S. 103–106). Wien: Löcker.

Röder, B. (Hrsg.). (2014). *Ich Mann. Du Frau. Feste Rollen seit Urzeiten?* Freiburg: Rombach.

Schwarz, G. (1971). *Was Jesus wirklich sagte.* Wien: Molden.

Schwarz, G. (1985). *Die Heilige Ordnung der Männer. Hierarchie und Gruppendynamik.* Opladen: Westdeutscher Verlag.

Schwarz, G. (1990). *Konfliktmanagement.* Wiesbaden: Gabler.

Schwarz, G. (Hrsg.). (1993). Philosophie und Gruppendynamik. In G. Schwarz und M. Weyrer (Hrsg.), *Festschrift für Traugott Lindner zum 70. Geburtstag, Gruppendynamik – Geschichte und Zukunft* (S. 73–94). Wien: WUV-Universitätsverlag.

Schwarz, G. (2011). *Die Religion des Geldes.* Wiesbaden: Gabler.

Schwarz, G. (2015). Religion und Gruppendynamik. Gruppendynamik und Organisationsberatung. *Zeitschrift für die Entwicklung von Gruppen, Personen und Organisationen, 2*(46), 155–171.

Seewald, B. (2013). Zehn Gründe, warum Alexander die Welt eroberte. Die Welt 4.6.2013. http://www.welt.de/geschichte/article116789477/Zehn-Gruende-warum-Alexander-die-Welt-eroberte.html. Zugegriffen: 1. November 2015.

Simsa, R. (Hrsg.). (2015). *Kunststück Führung. Worauf es erfolgreichen Führungskräften ankommt.* Wien: Linde.

Slater, P. E. (1978). *Mikrokosmos. Eine Studie über Gruppendynamik.* Berlin: Fischer.

Stegmüller, P. (2010). Was nützt Gruppendynamik im Alter? In B. Pesendorfer (Hrsg.), *Wissenschaft – Freiheit – Konsens. Festschrift Gerhard Schwarz zum 70. Geburtstag* (S. 255–258). Wien: Löcker.

Student, D., & Werres, T. (2015). House of CEOS. *Manager Magazin, 6,* 39–45.

Susemihl, F. (Hrsg.). (1879). *Aristoteles Werke. Politik.* Leipzig: Scientia.

de Waal, F. (1991). *Wilde Diplomaten. Versöhnung und Entspannungspolitik bei Affen und Menschen.* München: Carl Hanser.

Watzlawick, P. (1974). *Lösungen – Zur Theorie und Praxis menschlichen Wandels.* Bern: Huber.

Wilson, E. O. (2013). *Die soziale Eroberung der Erde. Eine biologische Geschichte des Menschen.* München: Beck.

Dr. Gerhard Schwarz, Universitätsdozent für Philosophie und Gruppendynamik, befasst sich mit archaischen Verhaltensmustern von Gruppen und Organisationen. Er ist Berater und Konfliktmanager namhafter Unternehmen und gefragter Referent auf Kongressen.

Shared Leadership

Simon Werther

Inhaltsverzeichnis

1 Einleitung

Shared Leadership ist alles andere als eine Randerscheinung in Bezug auf Führung, weshalb eine differenzierte und fundierte Auseinandersetzung mit dieser spannenden Führungsstruktur wünschenswert ist. Shared Leadership gewinnt gerade aufgrund der veränderten Erwartungen jüngeren Arbeitnehmer der Generation Y und Z sowie der damit einhergehenden Forderungen nach demokratischeren Unternehmen und neuen Führungskulturen immer mehr an Bedeutung.

S. Werther (✉)
HRinstruments GmbH, Agnes-Pockels-Bogen 1, 80992, München, Deutschland
E-Mail: werther@hr-instruments.com

© Springer Fachmedien Wiesbaden 2016
C. von Au (Hrsg.), *Wirksame und nachhaltige Führungsansätze,*
Leadership und Angewandte Psychologie, DOI 10.1007/978-3-658-11956-0_9

Spannend ist dabei die *Diskrepanz zwischen Wissenschaft und Praxis*. Aus wissenschaftlicher Sicht handelt es sich bei Shared Leadership immer noch um ein Randphänomen, da die vermeintlich klassischen Führungsstile mit einer Führungsperson im Mittelpunkt immer noch die meiste Aufmerksamkeit bündeln. Im Gegensatz dazu beurteilen Praktiker Shared Leadership allerdings als eine weitverbreitete und selbstverständliche Führungsstruktur, die gar nicht mehr aus Organisationen und Großprojekten wegzudenken ist (vgl. Werther 2013).

In diesem Beitrag wird mit theoretischen Grundlagen zu Shared Leadership begonnen. Dabei beschäftigen wir uns im Abschn. 2 sowohl mit der Definition von Shared Leadership und mit dem aktuellen Stand der Forschung als auch mit unterschiedlichen Dimensionen von Shared Leadership. Im darauffolgenden Abschn. 3 werden wir uns mit der Verknüpfung von Shared Leadership und Change Management auseinander setzen und Arten von Shared Leadership in der Praxis beleuchten. Der Beitrag schließt im Abschn. 4 mit einem Ausblick aus wissenschaftlicher und praktischer Perspektive.

2 Theoretische Grundlagen zu Shared Leadership

2.1 Definition und Theorieeinordnung

Zu Beginn möchten wir uns der Definition von Shared Leadership widmen, um die Abgrenzung gegenüber anderen Führungskonstrukten zu schärfen und den Betrachtungsgegenstand eindeutig zu beschreiben. Die Definition von Shared Leadership wird dadurch erschwert, dass die Unterscheidung von Führung als Rolle und Führung als sozialer Prozess hier besonders wichtig ist (vgl. Pearce et al. 2008). *Führung als Rolle* ist an eine Person gebunden, die somit die Führungsrolle ausübt. Im Gegensatz dazu ist *Führung als sozialer Prozess* durch mehrere Personen gekennzeichnet, so dass keine eindeutige Rollenzuordnung möglich ist.

An dieser Stelle ist ein kurzer Exkurs in die *historische Entwicklung der Führungsforschung* sinnvoll, die nach Hernandez et al. (2011) chronologisch folgendermaßen gegliedert werden kann:

- Eigenschaftstheorien
- Verhaltenstheorien
- Kontingenztheorien
- Soziale Austauschtheorien

Bei *Eigenschaftstheorien* stehen lediglich die Eigenschaften der Führungsperson im Mittelpunkt der Forschung. *Verhaltenstheorien* betonen das tatsächliche Verhalten der Führungskraft, wobei hier die zentrale Herausforderung die Messung bzw. Beobachtung dieses tatsächlichen Verhaltens ist. In den allermeisten Fällen erfolgt die Messung lediglich über subjektive Einschätzungen durch Mitarbeiter, was wiederum zu verzerrten Ergebnissen führen kann. Aufgaben- und Mitarbeiterorientierung sind zwei zentrale Ergebnisse der Verhaltenstheorien, was sich auch in den neueren Konzepten der transaktionalen und transformationalen Führung widerspiegelt (vgl. Yukl 2006). Bei *Kontingenztheorien* der Führung werden situationale Wechselwirkungen untersucht, da die Interaktion zwischen Führungsstilen und Merkmalen der Situation in Verbindung gebracht wird. Die sozialen *Austauschtheorien* fokussieren als jüngste Strömung der Führungsforschung insbesondere auf die Beziehung und Wechselwirkung zwischen Führungsperson und Geführten (vgl. Hernandez et al. 2011). Führung als Rolle lässt sich somit insbesondere auf Eigenschafts- und Verhaltenstheorien anwenden, wohingegen Führung als sozialer Prozess insbesondere auf soziale Austauschtheorien anwendbar ist. Wo lässt sich Shared Leadership verorten und wie kann die Einordnung in die historische Entwicklung der Führungsforschung erfolgen?

Wir beginnen mit der *Definition* von Shared Leadership. In Tab. 1 sind unterschiedliche Definitionen von verschiedenen Wissenschaftlern der letzten Jahre zusammengestellt. Als Arbeitsdefinition schlägt Werther (2013, S. 13) aufbauend auf dieser Klassifikation und aufgrund der uneindeutigen Definition von Shared Leadership folgendes vor:

> Geteilte Führung ist ein dynamischer sozialer Einflussprozess innerhalb eines Teams oder einer Organisation, bei dem mehrere formelle oder informelle Führungspersonen gemeinsam (d. h. zur gleichen Zeit) oder rotierend (d. h. zu verschiedenen Zeiten) auf ein kollektives Ziel hinwirken.

Zweifellos handelt es sich bei Shared Leadership um einen *sozialen Einflussprozess*, da es nicht um eine formelle Rolle gehen muss. Genauso gängig sind bei Shared Leadership informelle Führungseinflüsse, so dass diese entsprechende Berücksichtigung finden müssen. Darüber hinaus müssen *zwei oder mehr Personen formellen oder informellen Führungseinfluss* ausüben, schließlich geht es um den geteilten Aspekt der Führung. Diese *gemeinsame Ausübung* des Führungseinflusses kann sowohl *gleichzeitig* als auch *rotierend* erfolgen. Die *zeitliche Perspektive* spielt hier also ebenfalls eine Rolle, da sich Shared Leadership auch erst über die Betrachtung über einen längeren Zeitraum hinweg zeigen kann. Abschließend wird auf das *kollektive Ziel* eingegangen, da Shared Leadership nur dann vorliegen kann, wenn ein echtes Team vorhanden ist und somit ein gemeinsames Ziel verfolgt wird. Ansonsten wäre es mehr ein Nebeneinander unterschiedlicher Einzelkämpfer, die sich gegenseitig beeinflussen, was nicht mit Shared Leadership klassifiziert werden kann.

Shared Leadership ist also mehr ein *Merkmal der Führungsstruktur*, als dass es einen eigenständigen Führungsstil darstellt. Letztlich kann geteilt in einem Team geführt werden und es können dabei unterschiedlichste Führungsstile von unterschiedlichen Personen mit Führungseinfluss angewendet werden. Diese Unterscheidung ist von großer Bedeutung, da eine Gleichsetzung von Shared Leadership mit einem Führungsstil irreführend ist und diesem Führungskonstrukt nicht gerecht werden würde.

Doch wie lässt sich Shared Leadership in die bisherige Führungsforschung einordnen? Überraschenderweise wurde bereits sehr früh von *demokratischer Führung* gesprochen

Tab. 1 Definitionen von geteilter Führung, erweiterte Übersicht in Anlehnung an Carson et al. (2007) und Werther (2013, S. 12)

Autor(en)	Definition geteilter Führung
Pearce und Conger (2003)	A dynamic, interactive influence process among individuals in groups for which the objective is to lead one another to the achievement of group or organizational goals or both. (S. 1)
Ensley et al. (2006)	Team process where leadership is carried out by the team as a whole, rather than solely by a single designated individual. (S. 220)
Kramer (2006)	Shared leadership is a bottom-up process in which team values and structure emerge through the interaction of leaders and members as the leaders empower team members rather than control them. Collaboration occurs between designated leaders and group members as well as among group members. (S. 145)
Mehra et al. (2006)	Shared, distributed phenomenon in which there can be several (formally appointed and/or emergent) leaders. (S. 233)
Carson et al. (2007)	The source of leadership influence is distributed among team members rather than concentrated or focused on a single individual. Teams with high levels of shared leadership may also shift and/or rotate leadership over time. (S. 1220)
Morgeson et al. (2010)	Shared leadership is characterized by an internal locus of leadership and an informal formality of leadership. (S. 5)
Small und Rentsch (2010)	Because more than one person engaging in leadership functions defines shared leadership, an appropriate operational definition must assess leadership distribution. (S. 203)
Fausing et al. (2012)	Shared leadership is a social, emergent, and reciprocal influence process in teams characterized by distribution of leadership functions among team members. (S. 2)
Hoch und Kozlowski (2014)	Shared team leadership describes a mutual influence process, characterized by collaborative decision-making and shared responsibility, whereby team members lead each other toward the achievement of goals. (S. 4)
Ramthun und Matkin (2012)	Shared leadership, as a social process, enables subordinates to both exhibit leadership behaviors (directive, aversive, transactional, transformational, and empowering) and act in the role of follower to support other leaders' leadership contributions. (S. 307)
Yammarino et al. (2012)	Shared leadership is an approach that views leadership as a shared responsibility among team members, where a team is viewed quite broadly, both formally and informally. (S. 389–390)

(vgl. Lewin 1939). Allerdings ging es hier weniger um den geteilten Aspekt der Führung, sondern um tatsächliche Demokratie aus Führungssicht. Überraschend ist dennoch, dass bereits so früh aus dieser Perspektive Führung untersucht wurde, nachdem Shared Leadership in der aktuellen Forschung eher einen Nebenschauplatz darstellt. Bowers und Seashore (1966) gehen noch einen expliziten Schritt weiter und postulieren aufbauend auf den Michigan Studies, dass Führung unabhängig von der Position innerhalb der Organisation ist, da Führungseinflüsse von jedem Teammitglied ausgeübt werden können und nicht an eine hierarchische formelle Führungskraft gebunden sind.

2.2 Aktueller Forschungsstand

Der aktuelle Forschungsstand zu Shared Leadership ist sicherlich besonders aus *metaanalytischer Perspektive* interessant. Dazu existieren mehrere Metaanalysen, deren Ergebnisse im Folgenden zusammengefasst werden (vgl. D'Innocenzo et al. 2014, Wang et al. 2014; Werther 2013). Diese Metaanalysen haben mit 19 bis 50 voneinander unabhängigen Primärstudien gearbeitet, d. h. die Ergebnisse beziehen sich auf die Daten mehrerer tausend Einzelpersonen.

Erst einmal ist bemerkenswert, dass alle Metaanalysen eine *positive allgemeine Beziehung zwischen Shared Leadership und (Team-) Leistung* herausgefunden haben. Dabei muss allerdings beachtet werden, dass es sich aufgrund der metaanalytischen Untersuchung nicht um kausale Zusammenhänge handelt – es kann folglich nicht behauptet werden, dass Shared Leadership zu mehr Leistung führt, sondern lediglich, dass ein positiver Zusammenhang zwischen Shared Leadership und Leistung besteht. Dieser Zusammenhang wird von unterschiedlichen Faktoren beeinflusst, beispielsweise der inhaltlichen Fokussierung von Shared Leadership. Die Unterscheidung zwischen traditionellem Shared Leadership (z. B. transaktionale Führung und direktive Führung) und neuartigem Shared Leadership (z. B. visionäre, authentische und transformationale Führung) zeigt dabei einen stärkeren Effekt von neuartigem Shared Leadership (vgl. Wang et al. 2014). Das bestätigt die vorherige Feststellung, dass Shared Leadership nicht mit einem Führungsstil gleichgesetzt werden darf, da letztlich unterschiedlichste Führungsstile mit Shared Leadership kombiniert werden können. Die inhaltliche Zuordnung von Führungsstilen bei Wang et al. (2014) erscheint nicht immer schlüssig, aber dennoch liefert das Ergebnis aufgrund der Eindeutigkeit einen Anhaltspunkt für den Zusammenhang zwischen unterschiedlichen Führungsstilen und Shared Leadership.

Auffällig ist der allgemein positive Zusammenhang zwischen Shared Leadership und Leistung zweifellos, nachdem manche Dimensionen geteilter Führung eigentlich keinen positiven Zusammenhang mit Leistung erwarten lassen. Nach Ulhøi und Müller (2014) lässt sich die bisherige Forschung zu Shared Leadership anhand der Unterscheidung in *Antezedenzien* und *Konsequenzen* wie in Tab. 2 dargestellt einteilen. Unter *endogenen Antezedenzien* werden dabei innerhalb des Teams liegende Faktoren verstanden, beispielsweise eine gemeinsame Vision oder auch das Vertrauen innerhalb des Teams. Die *exogenen Antezedenzien* stellen hingegen externe Faktoren dar, beispielsweise die zunehmende Geschwindigkeit der technologischen Entwicklung, die sich auch auf die Zusammenarbeit innerhalb jedes Teams auswirkt. *Vermittelnde Antezedenzien* sind letztlich Prozesse, die für erfolgreiche Anwendung von Shared Leadership relevant sind. Sozialer Austausch innerhalb des Teams oder Strategien und Prozesse des Konfliktmanagements sind hier nur zwei von vielen Beispielen. Die *Konsequenzen von Shared Leadership* können dabei sehr vielfältig sein, beispielsweise eine Zunahme der Leistung der gesamten Organisation.

Tab. 2 Antezedenzien und Konsequenzen von Shared Leadership (Ulhøi und Müller 2014)

Endogene Antezedenzien von Shared Leadership	*Exogene Antezedenzien von Shared Leadership*
Gemeinsame Vision	Zunehmende Geschwindigkeit der technologischen Entwicklung
Selbstmanagement	Komplexe Technologien
Vertrauen	
Gemeinsames Verständnis einer sozialen Ordnung	
Einfluss von Kollegen	
Zwischenmenschliche Kompetenzen	
Gemeinsame Verantwortung	

Vermittelnde Antezedenzien von Shared Leadership
Sozialer Austausch
Infrastruktur der Kommunikation
Strategien zur Veränderung der Arbeitsumgebung
Encouragement und Engagement von Mitarbeitern und Führungskräften
Konfliktmanagement
Iterative Prozesse und Selbstselektion von Stakeholdern
Zirkulation von Initativen
Dynamische Delegation
Heterogene oder interdisziplinäre Teams
Laterale koordinative Mechanismen
Ermutigende Autonomie
Konsequenzen von Shared Leadership
Institutionalisierte Prinzipien, Praktiken und Werte
Organisationale Partizipation
Arbeitszufriedenheit
Partizipative und innovative Kultur
Professionelles und organisationales Empowerment
Wachsende dynamische Fähigkeiten
Zunahme der organisationalen Effektivität und Leistung

Bereits an dieser Zusammenfassung des bisherigen Stands der Forschung zu Shared Leadership wird deutlich, dass eine *Förderung von Shared Leadership* auch zu einer *modernen Organisationskultur und Unternehmensorganisation* führt. Gleichzeitig kann bereits an dieser Stelle festgestellt werden, dass Shared Leadership sicherlich nicht von heute auf morgen verordnet werden kann, da umfangreiche individuelle, zwischenmenschliche und organisationale Anpassungsprozesse dazu notwendig sind.

Ergänzend zu diesem kurzen Review und zu den metaanalytischen Befunden möchte ich exemplarische Ergebnisse einer *umfangreichen qualitativen Studie zu Shared Leader-*

Tab. 3 Ergebnisse einer qualitativen Studie zu Shared Leadership (Werther 2013, S. 88–97)

Individuelle Einflussfaktoren		Zwischenmenschliche Einflussfaktoren		Organisationale Einflussfaktoren	
Fachkompetenz	70%	Vertrauen	70%	Strukturierte Prozesse	73%
Konfliktkompetenz	50%	Kontaktfrequenz	50%	Klare Verantwortlichkeiten	70%
Soziale Kompetenz	40%	Konkurrenz	47%	Positive Organisationskultur	67%
Offenheit	40%	Reziprozität	43%	Gemeinsame Zielorientierung	53%
Führungspräferenz	37%	Ähnlichkeit der Arbeitsweisen	40%	Partizipationskultur	50%
Machtmotivation	37%	Kommunikation	33%	Ergebnisorientierung	43%
Selbstwirksamkeit	30%	Wertschätzung	30%	Zeitliche Ressourcen	33%
Egoismus	20%	Produktivität	30%	Freiheiten der Führungskräfte	27%
		Unterstützung	23%	Führungskräfte in Moderatorenrolle	20%

ship vorstellen (vgl. Werther und Brodbeck 2014; Werther 2013). In dieser Interviewstudie wurden Einflussfaktoren auf individueller, zwischenmenschlicher und organisationaler Ebene identifiziert, so dass sie eine gute Ergänzung zu dem gerade vorgestellten Review darstellen. Insgesamt wurden 30 Führungskräfte im Rahmen von teilstandardisierten, leitfadengestützten Interviews befragt. Einschlusskriterien für die Führungskräfte waren eine Tätigkeit als Führungskraft mit Führungsverantwortung, eine Festanstellung in Bezug auf die Führungstätigkeit, eine Führungserfahrung von mindestens einem Jahr und eine Berufserfahrung von mindestens 3 Jahren. Bei der Akquise der Führungskräfte wurde auf größtmögliche Heterogenität geachtet, um möglichst aussagekräfte und repräsentative Ergebnisse zu erhalten. Durch die Kodierung aller Ergebnisse durch eine unabhängige wissenschaftlich geschulte Hilfskraft wird eine Einhaltung zentraler psychologischer Gütekriterien bei qualitativen Studien, z. B. der Interraterreliabilität, gewährleistet.

Die *Ergebnisse der qualitativen Interviewstudie* in Tab. 3 geben jeweils auch die relative Häufigkeit dieser Nennungen über alle 30 Führungskräfte hinweg an. Fachkompetenz, Vertrauen, strukturierte Prozesse und klare Verantwortlichkeiten zeigen hier auffällig übereinstimmende Ergebnisse, obwohl alle Interviewpartner frei geantwortet haben. Gerade der Aspekt der Struktur und der Klarheit scheint von besonderer Bedeutung, da Shared Leadership ansonsten auch zu Verwirrung und somit zu verzögerten Prozessen und komplizierterer Zusammenarbeit führen kann. Im Gegensatz dazu erschweren Aspekte wie Machtmotivation, Egoismus und Konkurrenz die erfolgreiche Anwendung von Shared Leadership.

Zwischen der qualitativen Studie und dem davor vorgestellten Review gibt es zweifellos zahlreiche inhaltliche Überschneidungen. Das ist sehr positiv, nachdem es dafür spricht, dass die bisherige (vorwiegend quantitative) Forschung bereits zentrale Mechanismen und Einflussfaktoren untersucht hat. Einige Aspekte sollten aber in zukünftiger Forschung berücksichtigt werden, beispielsweise der *Einfluss individueller Machtmotivation* oder auch die Bedeutung der Kontaktfrequenz bei Shared Leadership. Diese Aspekte wurden bisher noch nicht differenziert in quantitativen oder qualitativen wissenschaftlichen Studien untersucht. Gerade Motive spielen jedoch bei Shared Leadership eine zentrale Rolle, da sich Führungskräfte mit hoher Anschlussmotivation sicherlich leichter in eine Führungssituation mit Shared Leadership einfügen können als Führungskräfte mit hoher Machtmotivation. Analog verhält es sich mit der *Kontaktfrequenz*, da eine niedrige Kontaktfrequenz zwischen Führungskräften erschwerte Rahmenbedingungen für Shared Leadership darstellt, obwohl hier eine quantitative Validierung dieser Aussagen noch aussteht.

Insgesamt zeigt sich an diesen Ergebnissen, dass förderliche Einflussfaktoren automatisch in eine moderne Unternehmenskultur münden, wie sie von jüngeren Generationen momentan gewünscht wird. Klarheit und Transparenz in Kombination mit Freiheiten und Ressourcen unter Berücksichtigung einer wertschätzenden und partizipativen Organisationskultur. Man mag es Zukunftsmusik und Utopie nennen, doch faktisch untermauern diese Ergebnisse in Kombination mit den metaanalytischen Befunden, dass Shared Leadership unter Berücksichtigung dieser Einflussfaktoren mit höherer Leistung einhergeht. Insofern sollte es im Interesse jedes Unternehmens sein, einige dieser Einflussfaktoren und im weiteren Verlauf auch Shared Leadership im eigenen Unternehmen anzuwenden. Doch auf die praktische Anwendung werden wir in Abschn. 3 detaillierter eingehen.

2.3   Dimensionen von Shared Leadership

Bereits in den vorherigen Abschnitten wurde darauf eingegangen, dass Shared Leadership keineswegs ein einheitlicher Führungsstil ist. Dementsprechend stellt sich weiterführend die Frage, ob nicht innerhalb von Shared Leadership als Führungsstruktur unterschiedliche *Dimensionen* identifiziert werden können, um eine differenzierte Betrachtung zu ermöglichen.

Mehra et al. (2006*)* differenzieren zwischen *koordiniert-geteilter Führung* und *fragmentiert-geteilter Führung* (vgl. Abb. 1). Dabei können bei koordiniert-geteilter Führung positivere Ergebnisse als bei klassisch-personenzentrierter Führung erreicht werden, wohingegen fragmentiert-geteilte Führung Probleme der Koordination mit sich bringt. Die *Dimension rechts oben* zeigt deutlich, wie sehr die Komplexität in der Extremform zunehmen würde, wenn tatsächlich jedes Teammitglied Führungseinfluss ausüben würde. Im Gegensatz dazu wirken die *Dimensionen oben links und unten links* verhältnismäßig geordnet und strukturiert. Dennoch muss die Extremform von Shared Leadership nicht automatisch zu schlechterer Leistung führen, wenn Klarheit und Transparenz besteht, wer an welcher Stelle mit welcher Aufgabe Führungseinfluss ausübt. Wenn jedoch wie in der *Dimension unten rechts* kein Austausch und keine Abstimmung zwischen den Personen stattfinden, die Führungseinfluss ausüben, dann kann natürlich nicht mit positiver Leistung und hoher Effektivität gerechnet werden.

In eine ähnliche und doch andere Richtung gehen die *Dimensionen von* Thorpe et al. (2011). Hier wird zwischen *zwei positiven und zwei negativen Dimensionen* von Shared Leadership unterschieden (vgl. Abb. 2):

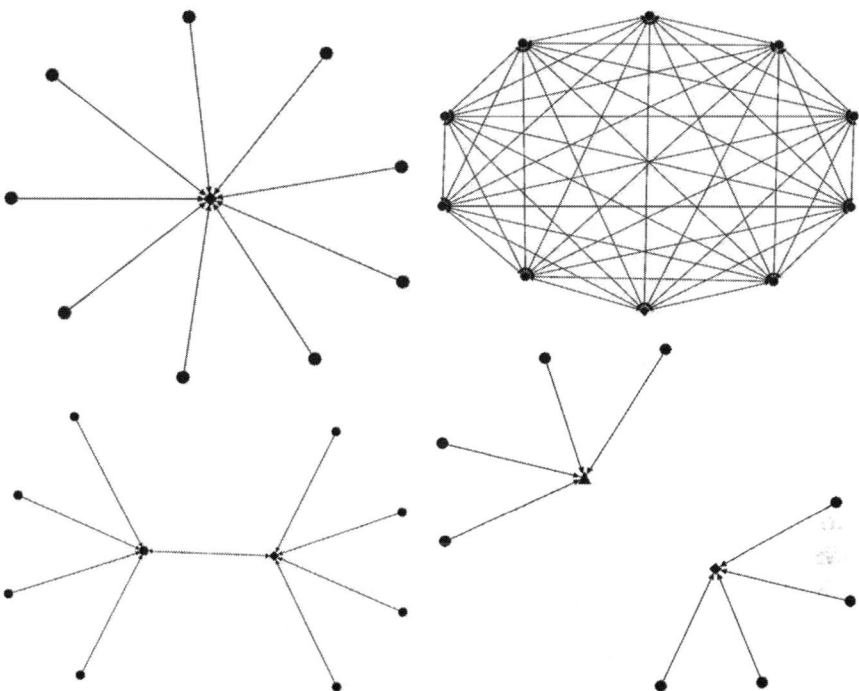

Abb. 1 Dimensionen von Shared Leadership nach Mehra et al. (2006, S. 234–236)

Abb. 2 Dimensionen von Shared Leadership nach Thorpe et al. (2011)

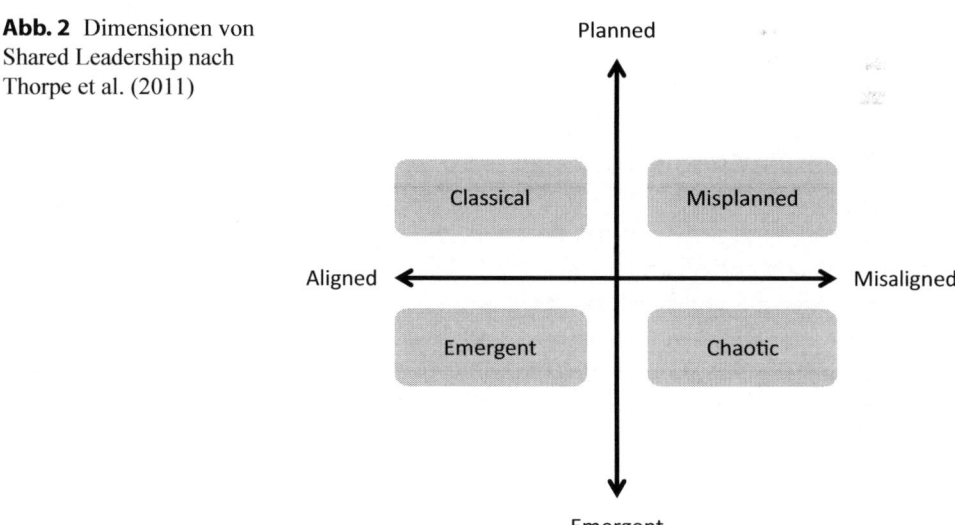

- *„Classical" und „Emergent"*: Die positiven Dimensionen „Classical" und „Emergent" unterscheiden sich lediglich darin, dass bei „Emergent" keine explizite Planung in Richtung Shared Leadership stattgefunden hat. Beide zeichnen sich jedoch durch einen zielgerichteten und damit effektiven Ansatz aus.
- *„Misplanned" und „Chaotic"*: Bei den negativen Dimensionen „Misplanned" und „Chaotic" fehlt genau dieser zielgerichtete und effektive Ansatz, so dass nicht von einem positiven Ergebnis ausgegangen werden kann. Zusätzlich ist die „Chaotic"-Dimension durch einen emergenten Charakter gekennzeichnet, d. h. Shared Leadership ist hier aus dem Prozess heraus entstanden und nicht explizit eingeführt worden.

Im Vergleich zwischen den beiden Dimensionsmodellen zu Shared Leadership wird deutlich, dass weniger der *intendierte und bewusste Einsatz* von Shared Leadership ein Erfolgskriterium ist, sondern vielmehr der zielgerichtete und effektive Umgang damit. Dabei spielt es keine Rolle, ob Shared Leadership bewusst eingeführt wurde oder emergent aus dem Team heraus entstanden ist.

Wichtig ist aber für alle wissenschaftlichen und praktischen Konzepte, die sich mit Shared Leadership beschäftigen, dass eine differenzierte Betrachtung unterschiedlicher Dimensionen erfolgen sollte. Die Kategorisierung mancher Metaanalysen und auch die Messung von Shared Leadership in vielen quantitativen Studien erscheint hier nicht zielführend, da alle Dimensionen geteilter Führung undifferenziert in einen Topf geworfen werden. Allerdings erfordert die Berücksichtigung unterschiedlicher Dimensionen auch umfassende und ausgefeilte Messinstrumente, wo sicherlich noch weiterer Forschungsbedarf besteht.

3   Integration von Shared Leadership

3.1   Shared Leadership und Change Management

Die Einführung von Shared Leadership in einem Unternehmen mit traditionell-personenzentrierten Führungsstrukturen ist bereits für sich ein Anlass für einen umfangreichen Change Prozess. Dementsprechend lässt sich Shared Leadership sowohl inhaltlich als auch methodisch stimmig mit Konzepten des Change Management verbinden. Dafür bietet sich beispielsweise die *strategische Mobilisierung* an, die wir in den folgenden Absätzen mit Shared Leadership verknüpfen möchten (vgl. Werther und Jacobs 2014).

Bei strategischer Mobilisierung geht es letztlich um einen *kontinuierlichen Veränderungsprozess* eines Unternehmens. In diesem Zug sollen alle Ressourcen und Energien des Unternehmens in eine Richtung gebündelt werden und auf die Strategie ausgerichtet werden. Allerdings ist die Strategie hier nicht statisch zu verstehen, sondern als vielmehr fortwährender Ausgangspunkt für Anpassung und Veränderung. Charakteristisch für strategische Mobilisierung ist eine Einbindung aller Mitarbeiter, Führungskräfte und Stakeholder in den gesamten Prozess. Bereits an dieser Stelle wird sicherlich deutlich, wie eng die strategische Mobilisierung mit Shared Leadership verknüpft werden kann.

Abb. 3 Strategische Mobilisierung als Ablaufkonzept für kontinuierliches Change Management (Werther und Jacobs 2014, S. 130)

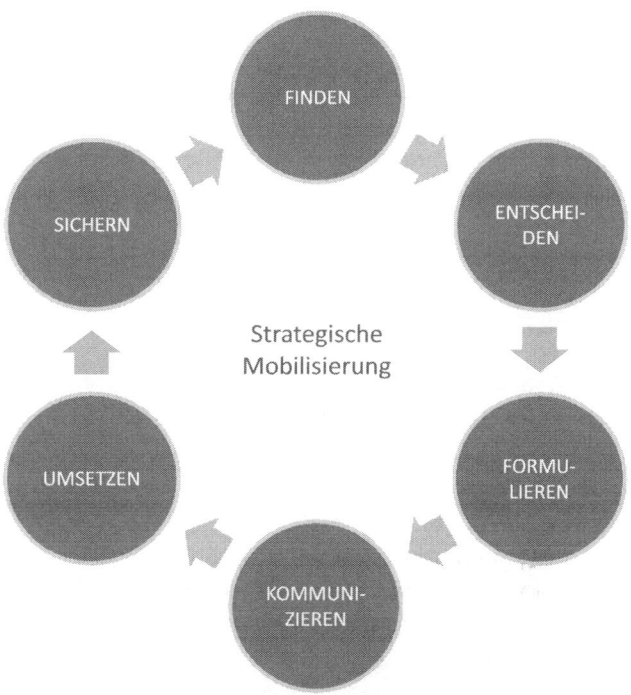

Dabei können die in Abb. 3 dargestellten *idealtypischen Phasen der strategischen Mobilisierung* folgendermaßen beschrieben werden:

- *Finden* – Erfindung der Zukunft der Organisation, insbesondere durch umfangreiche Analysen und Befragungen
- *Entscheiden* – Kritische Prüfung der unterschiedlichen Möglichkeiten der Gestaltung der weiteren Zukunft der Organisation
- *Formulieren* – Beschreibung und Ausarbeitung einer für die Mehrzahl der Stakeholder attraktiven gemeinsamen Zukunft
- *Kommunizieren* – Gestaltung einer Geschichte, die alle Stakeholder motiviert und antreibt, an der Zukunft der Organisation mitzuwirken
- *Umsetzen* – Konkrete Umsetzung der strategischen Elemente durch umfangreiche Projekte und Maßnahmen in allen Organisationsbereichen
- *Sichern* – Stabilisierung und Sicherung der laufenden strategischen Mobilisierung, um darauf aufbauend weitere Veränderungen zu ermöglichen

In den unterschiedlichen Phasen der strategischen Mobilisierung – die selbstverständlich nicht immer in dieser Reihenfolge abläuft und teilweise auch von Rückschritten gekennzeichnet ist – haben unterschiedliche Personen oder Abteilungen an unterschiedlichen Stellen die *Verantwortung*. Letztlich kann der gesamte Prozess aber nur dann gelingen, wenn alle an einem Strang ziehen. Insofern ist das ein klassisches Szenario, in dem Shared Leadership sehr wirkungsvoll eingesetzt werden kann – beispielsweise durch geteilte

Projektleitungen mit Vertretern unterschiedlicher Abteilungen. Doch bereits durch die Einbeziehung der Mitarbeiter und aller Stakeholder in den Prozess der strategischen Mobilisierung wird geteilte Verantwortung transportiert, was immer ein erster Schritt in Richtung Shared Leadership sein muss.

Letztlich kann Shared Leadership sogar als ein *allgemeiner Erfolgsfaktor für Veränderungsprozesse* in Organisationen verstanden werden. In zahlreichen Empfehlungen für die Gestaltung von Veränderungsprozessen tauchen Aspekte der Führungskoalition und der Beteiligung der Betroffenen auf (vgl. Gerkhardt und Frey 2006; Kotter 1996). Insofern kann bei einer konsequenten Umsetzung von Shared Leadership in Veränderungsprozessen alleine dadurch ein wichtiger Grundstein für den Veränderungsprozess gelegt werden, unabhängig von dem Inhalt der Veränderung. Das hängt sicherlich auch damit zusammen, dass bei Führungskoalitionen und bei einer Beteiligung der Betroffenen zwar mehr Abstimmungen und mehr Koordination notwendig sind, aber damit auch ein intensiverer Austausch und ein kritischeres Hinterfragen stattfinden. Darüber hinaus kann sowohl bei Veränderungsprozessen als auch allgemein in beliebigen Führungssituationen leichter Glaubwürdigkeit transportiert werden, wenn einstimmig von einem Führungsteam bestimmte Standpunkte vertreten werden.

Unterschiedliche moderne und offene Formen der Unternehmensorganisation greifen Shared Leadership so konsequent auf, dass gar keine hierarchische Führungsebene mehr vorgesehen ist. Dafür gibt es rotierende Projektleitungs- oder Führungsverantwortungen, ohne dass diese festgeschrieben an eine Person sind. Ein Beispiel dafür ist *Holocracy*, das anstatt Hierarchien mit sich selbst organisierenden Kreisen arbeitet, beispielsweise Teamkreise, Entwicklerkreise, Vertriebskreise. In Tab. 4 werden solch *offene Organisationsformen mit bürokratischen oder Matrix- und Projektorganisationen* verglichen. Dabei gehen offene Organisationsformen in den allermeisten Fällen mit Shared Leadership einher, da keine bürokratisch oder anderweitig statisch vorgegebenen Strukturen herrschen. Das führt auf der einen Seite zu hoher Veränderungsfähigkeit, doch muss dafür

Tab. 4 Unterschiedliche Organisationsformen von Unternehmen in einer vergleichenden Übersicht (Werther und Jacobs 2014, S. 38)

	Bürokratische Linienorganisation	Matrix- und Projektorganisation	Offene Organisationsformen
Hierarchie	Hoch	Mittel	Gering
Fähigkeit zur Veränderung	Gering	Mittel	Hoch
Zentralität	Hoch	Mittel	Gering
Projektfokus	Gering	Hoch	Hoch
Komplexität	Hoch	Mittel	Mittel
Dichte der Kommunikation	Gering	Hoch	Hoch
Selbstverantwortung der Mitarbeiter	Gering	Mittel	Hoch
Transparenz	Hoch	Mittel	Mittel

mit einer höheren Kommunikationsdichte, einer geringeren Transparenz und mit einer hohen Selbstverantwortung der Mitarbeiter gerechnet werden. Letztlich sind das genau die Aspekte, die auch als Herausforderungen und Hindernisse für Shared Leadership von der bisherigen Forschung identifiziert wurden.

3.2 Shared Leadership und Führen in Teilzeit sowie Job Sharing

Shared Leadership gewinnt auch dadurch weitere praktische Relevanz, dass *Job Sharing* und *Führen in Teilzeit* immer häufiger diskutiert. Allerdings sind Führen in Teilzeit und Job Sharing von Führungspositionen weiterhin eine Seltenheit im Unternehmensalltag (vgl. Abrell 2015). Dennoch spielt Shared Leadership hier eine besonders wichtige Rolle, nachdem es bei Job Sharing genau darum geht: Eine Führungsposition zwischen zwei Personen zu teilen. Und auch bei Führen in Teilzeit müssen in vielen Fällen Modelle gefunden werden, um den Führungseinfluss auf mehrere Personen zu verteilen, da die Teilzeit-Führungskraft nicht immer erreichbar und verfügbar sein kann.

Umso überraschender ist allerdings aufgrund der anhaltenden Diskussionen um veränderte Erwartungen der Arbeitnehmer bei jüngeren Generationen, dass viele Unternehmen immer noch konservativ mit diesen Trends umgehen. Auf der einen Seite ist das natürlich verständlich, da noch keine Erfahrungswerte für Jobsharing oder Führen in Teilzeit vorhanden sind, und somit das Risiko höher erscheint als bei „klassischen" Führungsmodellen. Darüber hinaus darf auch nicht übersehen werden, dass mit Job Sharing in den allermeisten Fällen höhere administrative Kosten und Personalkosten einhergehen, z. B. auch aufgrund notwendiger Zeitüberlappungen der Führungskräfte bei Job Sharing zur Absprache. Dennoch können viele Vorteile für diese alternativen Führungsmodelle sprechen, die sich in Vorteile aus Unternehmenssicht und Vorteile aus Personensicht untergliedern lassen.

Vorteile aus der Sicht des Unternehmens:

- Die Komplexität im Führungsalltag und das Tempo von Veränderungen nehmen stetig zu. Somit können zwei Personen realistischer dieser Komplexität und diesem Veränderungstempo standhalten, als es eine Person alleine könnte.
- Jede der Führungskräfte bringt individuelle Kompetenzen und Ressourcen mit in die Führungsposition. Insofern kann unterschiedlichen Mitarbeitern und vielfältigen Herausforderungen durch diese Vielfalt besser begegnet werden.
- In Krankheitsfällen oder bei längeren Abwesenheiten einer Führungskraft steht eine andere Führungskraft zur Verfügung, die den gleichen Wissensstand hat und somit ohne Einarbeitung direkt die Vertretung wahrnehmen kann.

Vorteile aus der Sicht der Führungskräfte:

- Den veränderten Erwartungen der Generationen Y und Z bezüglich Arbeitszeiten und Arbeitsbelastung kann durch Job Sharing entsprochen werden. Somit sind Führungskarrieren auch ohne extreme zeitliche Belastungen möglich.
- Durch den ständigen Austausch mit der anderen Führungskraft ist eine permanente Weiterentwicklung gewährleistet. Gerade dieser offene und ehrliche Austausch fehlt vielen Führungskräften auf „klassischen" Führungspositionen.
- Bei Konflikten können differenzierte Perspektiven angenommen werden, da ein Austausch auf Augenhöhe unter den Führungskräften möglich ist und somit Eskalationen von vornherein vorgebeugt werden kann.

Was bedeuten diese Trends für Shared Leadership? Sie bedeuten vor allem eine zunehmende Diskussion um Erfolgsfaktoren und förderliche Rahmenbedingungen, unter denen Shared Leadership gelingen kann. Wir sind beim aktuellen Forschungsstand bereits darauf eingegangen, dass *Vertrauen* ein zentraler Erfolgsfaktor ist. Shared Leadership und damit auch Job Sharing einer Führungsposition kann nur dann gelingen, wenn sich die beiden Führungskräfte vertrauen. Bei fehlendem Vertrauen steigt das Konfliktpotenzial stark an, gerade durch die nicht immer möglichen zeitnahen Absprachen bei einer gleichzeitig notwendigen gemeinsamen Position gegenüber den eigenen Mitarbeitern.

Auf einer höheren Ebene erscheint es allerdings umso wichtiger, dass sich Praxisvertreter und Wissenschaftler darüber Gedanken machen, was zwingende Minimalbedingungen für erfolgreiche Führung sind. Analog zu Bowers und Seashore (1966) dürfen diese sicherlich nicht an einer einzigen Führungskraft festgemacht werden. Es geht vielmehr darum, dass die Führungsrolle überhaupt von einem oder mehreren formellen oder informellen Führungskräften innerhalb des jeweiligen Teams ausgefüllt wird. Die offizielle Variante ist dabei Job Sharing und die inoffizielle – aber weitverbreitete – Variante ist *informelles Shared Leadership*. Umso wichtiger sind demnach auch die passenden *organisationalen Rahmenbedingungen*, um Führung von mehreren Personen innerhalb eines Teams einzuführen:

- Ausrichtung der administrativen und operativen Prozesse auf mehrere Führungskräfte, d. h. beispielsweise bei Freigaben und Rechten in der eingesetzten Business-Software
- Berücksichtigung von Shared Leadership in allen Prozessen und Instrumenten der Personalarbeit, beispielsweise bei 360°-Feedback und Mitarbeiterbefragungen
- Ausrichtung aller Maßnahmen der Personal- und Organisationsentwicklung auf flexible Führungsmodelle, beispielsweise bei der konzeptionellen Gestaltung von Trainings, Workshops und Coachings
- Etablierung einer Organisationskultur, die Wertschätzung und Vertrauen als zentrale Werte propagiert, da Shared Leadership ansonsten eine wichtige Grundlage fehlt
- Offener Umgang mit existierenden Stereotypen, da Führung oftmals immer noch mit einem charismatischen und heroischen „Führer" in Verbindung gebracht wird, wie bereits am Anfang der wissenschaftlichen Führungsforschung dargelegt

Eine zentrale Herausforderung ist zweifellos der letzte Aspekt bezüglich der vorhandenen *Stereotype*. In unseren impliziten Modellen von Führung und auch in der medialen Darstellung erfolgreicher Führungskräfte handelt es sich immer um personenzentrierte Perspektiven. In diesen Perspektiven steht immer eine einzelne Person im Mittelpunkt. Die Einführung und Etablierung von Shared Leadership muss also immer auch mit einer *Auseinandersetzung mit unseren impliziten Modellen von Führung* einhergehen (vgl. Werther 2013):

- Welches Führungsleitbild soll für unsere Organisation gelten?
- Welche Eckpunkte erfolgreicher Führung treiben uns an?
- Was zeichnet eine erfolgreiche Führungskraft für uns aus, egal ob als einzelne Führungskraft oder als Führungsteam?
- Wie kann Führungserfolg gewährleistet werden, unabhängig davon, in welcher Konstellation die Führungsposition besetzt ist?

Unter impliziten Modellen der Führung werden unterschiedliche *Prototypen von Führungskräften* verstanden. Besonders eindringlich sind die Ergebnisse aus der interkulturellen Führungsforschung, beispielsweise im Rahmen der umfassenden GLOBE-Studie (vgl. Chhokar et al. 2008). Dabei zeigt sich, dass in unterschiedlichen Kulturräumen unterschiedliche Führungseigenschaften und verhaltensweisen als positiv oder negativ wahrgenommen werden. Dementsprechend spielen implizite Modelle für Shared Leadership ebenfalls eine bedeutende Rolle, da bei einem impliziten Führungsmodell „Führung wird immer von einer Führungsperson ausgeübt" bereits eine Grundvoraussetzung für Shared Leadership fehlt.

Mit einer offenen Diskussion und Reflexion dieser Fragen kann ein wichtiger Grundstein für Shared Leadership gelegt werden. Gleichzeitig handelt es sich dabei selbstverständlich um einen organisationalen Veränderungsprozess, wie er bereits im vorherigen Abschnitt thematisiert wurde. Shared Leadership muss demnach immer sowohl auf der Ebene der Personal- und Führungskräfteentwicklung als auch auf der Ebene der Organisationsentwicklung betrachtet werden.

4   Zusammenfassung und Ausblick

In diesem Beitrag wird Shared Leadership als selbstverständliche und weitverbreitete Führungsstruktur dargestellt. Dabei kann Shared Leadership aus unterschiedlichen Perspektiven betrachtet werden, doch letztlich geht es immer darum, dass zwei oder mehr Personen parallel oder rotierend Führungseinfluss ausüben. Somit ist die Extremform von Shared Leadership der Fall, dass alle Mitglieder eines Teams Führungseinfluss ausüben – was allerdings nicht immer zum besten Ergebnis führen muss. Dementsprechend müssen unterschiedliche Einflussfaktoren berücksichtigt werden, die sowohl innerhalb als auch außerhalb des Teams liegen können, oder die auch in Form von Teamprozessen wirksam werden.

Zusammenfassend lässt sich festhalten, dass die Forschungsbefunde zu Shared Leadership in eine positive Richtung weisen. Insbesondere die metaanalytischen Befunde untermauern einen positiven Zusammenhang zwischen Shared Leadership und Leistung, so dass eine intensive Auseinandersetzung sowohl aus wissenschaftlicher als auch aus praktischer Perspektive auf jeden Fall lohnenswert ist. Aus wissenschaftlicher Perspektive bleiben aber noch viele Einflussfaktoren offen, genauso können kausale Zusammenhänge zum momentanen Zeitpunkt nicht beantwortet werden.

Aus praktischer Perspektive ist Shared Leadership eine mächtige Führungsstruktur, um Organisationen modern und zukunftsorientiert aufzustellen. Gerade die Berücksichtigung von Shared Leadership in Form einer offenen Organisation sind hier erfolgsversprechende Konzepte, um sowohl die Erwartungen von Mitarbeitern als auch die Anforderungen an moderne Unternehmen zu erfüllen.

Für die Zukunft wäre es wünschenswert, dass die Forschung dem Thema Shared Leadership noch mehr Aufmerksamkeit entgegenbringt. Gerade die Ergebnisse qualitativer Forschung lassen vermuten, dass Shared Leadership in der Praxis als weitaus selbstverständlicher und verbreiteter betrachtet wird, als es unter Wissenschaftlern der Fall ist. Genauso hilfreich ist eine systematischere Verknüpfung der Ergebnisse und Erfolgsgeschichten aus Wissenschaft und Praxis zwischen Shared Leadership, Job Sharing und Führen in Teilzeit. Durch eine Integration könnten zahlreiche Implikationen übertragen und abgeleitet werden, um den Einsatz von Shared Leadership in der Praxis noch erfolgreicher und noch freudvoller gestalten zu können.

Literatur

Abrell, B. (2015). *Führen in Teilzeit – Voraussetzungen, Herausforderungen und Praxisbeispiele.* Wiesbaden: Springer Gabler.

Bowers, D. G., & Seashore, S. E. (1966). Predicting organizational effectiveness with a four-factor theory of leadership. *Administrative Science Quarterly, 11*(2), 238–263.

Carson, J. B., Tesluk, P. E., & Marrone, J. A. (2007). Shared leadership in teams an investigation of antecedent conditions and performance. *Academy of Management Journal, 50*(5), 1217–1234.

Chhokar, J., Brodbeck, F. C., & House, R. (2008). *Culture and leadership across the world: The GLOBE Book of in-depth studies of 25 societies.* Mahwah: LEA Publishers.

D'Innocenzo, L., Kukenberger, M. R., & Mathieu, J. E. (2014). A meta-analysis of different forms of shared leadership – team performance relations. *Journal of Management, 20*(10), 1–28.

Ensley, M. D., Hmieleski, K. M., & Pearce, C. L. (2006). The importance of vertical and shared leadership within new venture top management teams: Implications for the performance of start-ups. *The Leadership Quarterly, 17*(3), 217–231.

Fausing, M. S. l., Jeppesen, H. J., Jonsson, T., Lewandowski, J., & Bligh, M. (2012). *Antecedents of Shared Leadership: Psychological Empowerment and Interdependence.* In Proceedings of the 30th international congress of psychology. Cape Town.

Gerkhardt, M., & Frey, D. (2006). Erfolgsfaktoren und psychologische Hintergründe in Veränderungsprozessen. *OrganisationsEntwicklung, 4,* 48–59.

Hernandez, M., Eberly, M. B., Avolio, B. J., & Johnson, M. D. (2011). The loci and mechanisms of leadership: Exploring a more comprehensive view of leadership theory. *The Leadership Quarterly, 22*(6), 1165–1185.

Hoch, J. E., & Kozlowski, S. W. J. (2014). Leading virtual teams: Hierarchical leadership, structural supports, and shared team leadership. *Journal of Applied Psychology, 99*(3), 390–403.

Kotter, J. P. (1996). *Leading change.* Boston: Harvard Business School Press.

Kramer, M. W. (2006). Shared leadership in a community theater group: Filling the leadership role. *Journal of Applied Communication Research, 34*(2), 141–162.

Lewin, K., Lippitt, R., & White, R. K. (1939). Patterns of aggressive behavior in experimentally created 'social climates. *The Journal of Social Psychology, 10,* 271–299.

Mehra, A., Smith, B. R., Dixon, A. L., & Robertson, B. (2006). Distributed leadership in teams: The network of leadership perceptions and team performance. *The Leadership Quarterly, 17*(3), 232–245.

Morgeson, F. P., DeRue, D. S., & Karam, E. P. (2010). Leadership in Teams: A Functional Approach to Understanding Leadership Structures and Processes. *Journal of Management, 36*(1), 5–39.

Pearce, C. L., & Conger, J. A. (2003). All Those Years Ago. The Historical Underpinnings of Shared Leadership. In C. Pearce & J. Conger (Hrsg.), *Shared leadership. Reframing the hows and whys of leadership* (S. 1–18). Thousand Oaks: Sage.

Pearce, C. L., & Conger, J. A., & Locke, E. A. (2008). Shared leadership theory. *The Leadership Quarterly, 19*(5), 622–628.

Ramthun, A. J., & Matkin, G. S. (2012). Multicultural shared leadership: A conceptual model of shared leadership in culturally diverse teams. *Journal of Leadership & Organizational Studies, 19*(3), 303–314.

Small, E. E., & Rentsch, J. R. (2010). Shared Leadership in Teams: A Matter of Distribution. *Journal of Personnel Psychology, 9*(4), 203–211.

Thorpe, R., Gold, J., & Lawler, J. (2011). Locating Distributed Leadership. *International Journal of Management Reviews, 13*(3), 239–250.

Ulhøi, J. P., & Müller, S. (2014). Mapping the landscape of shared leadership: A review and synthesis. *International Journal of Leadership Studies, 8*(2), 67–87.

Wang, D., Waldman, D. A., & Zhang, Z. (2014). A Meta-Analysis of Shared Leadership and Team Effectiveness. *Journal of Applied Psychology, 99*(2), 181–198.

Werther, S. (2013). *Geteilte Führung – Ein Paradigmenwechsel in der Führungsforschung.* Wiesbaden: Springer Gabler.

Werther, S., & Brodbeck, F. C. (2014). Geteilte Führung als Führungsmodell: Merkmale erfolgreicher Führungskräfte. *PERSONALquarterly, 1,* 22–27.

Werther, S., & Jacobs, C. (2014). *Organisationsentwicklung – Freude am Change.* Heidelberg: Springer.

Yammarino, F. J., Salas, E., Serban, A., Shirreffs, K., & Shuffler, M. L. (2012). Collectivistic leadership approaches: Putting the 'We' in leadership science and practice. *Industrial and Organizational Psychology, 5*(4), 382–402.

Yukl, G. A. (2006). *Leadership in organizations.* Upper Saddle River: Pearson/Prentice Hall.

Dr. Simon Werther ist Geschäftsführer der HRinstruments GmbH, die innovative cloudbasierte Feedbackinstrumente für Unternehmen entwickelt, z. B. 360°-Feedbacks und Mitarbeiterbefragungen. Darüber hinaus ist er Berater, Coach und Trainer sowie Dozent an zahlreichen Hochschulen und Fachbuchautor.

Musterbrecher® – Die Kunst, das Spiel zu drehen

Stefan Kaduk und Dirk Osmetz

Inhaltsverzeichnis

1 Einleitung

Nur noch ganz selten trifft man in der Wirtschaftspraxis auf Menschen, die das Scheitern von Veränderungsprozessen und Managementinitiativen auf unzureichenden Instrumenteneinsatz oder auf unprofessionelles Projektmanagement zurückführen. So wichtig diese

S. Kaduk (✉) · D. Osmetz
Osmetz + Kaduk Partnerschaft, Musterbrecher® Managementberater,
Rosenstr. 126, 82024 Taufkirchen, Deutschland
E-Mail: stefan.kaduk@musterbrecher.de

D. Osmetz
E-Mail: dirk.osmetz@musterbrecher.de

© Springer Fachmedien Wiesbaden 2016
C. von Au (Hrsg.), *Wirksame und nachhaltige Führungsansätze*,
Leadership und Angewandte Psychologie, DOI 10.1007/978-3-658-11956-0_10

Hilfsmittel und deren handwerklich saubere Anwendung sind (und bleiben werden), besteht meist Einigkeit darüber, dass die wirklich entscheidenden „Stellhebel" die sogenannten weichen Faktoren sind. Die Erkenntnisse liegen glasklar vor uns: Es sind über die Jahre ein blindes Vertrauen in Zahlen und gleichzeitig eine große Angst bei Beurteilungen von Situationen ohne den Rückgriff auf die Instrumentenanzeigen der immer präziser ausgestalteten Management-Cockpits entstanden. Die Fähigkeit, Vertrauen zu leben und sich auf die Kraft des gesunden Menschenverstandes zu verlassen, scheint immer mehr abhanden gekommen zu sein. Gefordert wird allerorten größere Eigenverantwortung für die Mitarbeitenden, von Vertrauen ist die Rede und stets vom Menschen als wichtigstes Gut des Unternehmens. Doch trotz aller Einsichten, so scheint es, zieht die Karawane der toolgläubigen Manager weiter, so laut die Hunde der Reflexion auch bellen mögen: „Mehr als ein halbes Jahrhundert Kritik des *one-best-way-Denkens* hat sie nicht daran gehindert, unbeirrt nach *best practices* zu fahnden." (Ortmann 2009, S. 9).

Nun könnte man sich darauf beschränken, die seit vielen Jahren erhobenen Forderungen im Sinne eines *„New Management"* oder eines *„Beyond Leadership"* gebetsmühlenartig zu wiederholen und programmatisch weiter zu schärfen. Doch diese Bemühungen dürften weiterhin ins Leere laufen, weil wir es ganz offensichtlich mit einem Umsetzungsproblem zu tun haben – und nicht mit einem Erkenntnisproblem. Demzufolge könnte es sich lohnen, den Blick auch auf etwas zu richten, was zumindest im Management und insbesondere in der klassischen wirtschaftswissenschaftlichen Führungsausbildung keinen guten Ruf besitzt: auf das Experimentieren. Das Neue – sei damit explizit das Innovationsthema oder seien all jene Vorhaben angesprochen, die sich unter das nebulöse Change-Thema subsumieren lassen – basiert immer auf Gedankenexperimenten. Und diese können nur von Menschen gewagt werden; von Menschen, die den Mut haben, Fragen zu stellen, die eigenen „antrainierten" Muster auf den Prüfstand zu stellen und eine produktive Unsicherheit zu erzeugen.

Der Beitrag basiert auf dem Anfang der 2000er-Jahre an der Universität der Bundeswehr München begonnenen Forschungsprojekt *Musterbrecher*® und zeigt, weshalb wir uns mit dem Experimentieren so schwer tun und wie es dennoch gelingen kann, diesen Weg erfolgreich zu beschreiten. Sämtliche Beispiele, und das möchten wir deutlich unterstreichen, verstehen wir nicht als Best-Practice-Ansätze. Vielmehr stehen sie für reale Biotope, die sich gewinnbringend nur in Form von Narrationen zur Inspiration – und sicherlich auch zur Irritation im positiven Sinne – rekonstruieren und nicht als Bestandteil einer wie auch immer verstandenen Erfolgsfaktorenbetrachtung nutzen lassen.

2   Experimente? Nur etwas für Naturwissenschaftler!

Außerhalb von Laboren und technischen Versuchsanordnungen scheinen *Experimente* negativ belegt zu sein. Dies zeigt auch der Wahlkampfslogan der CDU für die Bundestagswahl 1957. Der lautete nämlich „Keine Experimente" (vgl. Sträter 2007). Was vor

57 Jahren nach den Unsicherheiten der Nachkriegsjahre und angesichts aufkommender Ängste im kalten Krieg vielleicht opportun war, scheint sich bis heute in unsere gesellschaftliche DNA eingebrannt zu haben. Experimente scheinen gefährlich, sie erzeugen Unsicherheit, ihr Ausgang ist ungewiss. Doch bei genauerem Hinsehen sind Versuch und Irrtum letztlich das, was uns Menschen dorthin gebracht hat, wo wir heute stehen. Das ganze Leben kann als eine Aneinanderreihung vieler Experimente betrachtet werden. Die Frage etwa, mit wem wir den Rest unseres Lebens verbringen möchten, bleibt ein Versuch mit offenem Ausgang. Wir können nicht wissen, ob die Beziehung hält, auch wenn wir es uns noch so wünschen. Und der Versuch, die Partnerwahl durch Tools zur Risikovermeidung zu professionalisieren, erscheint uns mit Recht absurd. Oder kennen Sie jemanden, der seinen Partner oder seine Partnerin mit Hilfe einer Nutzwertanalyse ausgewählt hat? (vgl. Gigerenzer 2008, S. 12 f.). Wir müssen uns auf ein Langzeitexperiment einlassen. Letztlich ist unser Leben durch nie endende Episoden des Versuchens und Ausprobierens geprägt. Natürlich können wir etwas dazu beitragen, damit unsere Versuche zumindest in geordneten Bahnen verlaufen. Das Ende jedoch bleibt stets offen und ist ungewiss.

In Organisationen scheinen die Plakate mit der Aufschrift „Keine Experimente" dagegen allgegenwärtig. Sie tragen zwar nicht mehr den Kopf von Konrad Adenauer, dafür sind andere Repräsentanten der Experimentierfeindlichkeit darauf zu sehen: hier das Projekt-, dort das Prozess- oder das Ideenmanagement. Mit „Passion 2020" oder „CustomerFocusPlus" wird schablonenhaft und berechenbar für Initiativen geworben, deren Ausgang scheinbar gesichert ist. Zum festgelegten Zeitpunkt wird, so der Projektplan, die gewünschte Leidenschaft oder die Kundenorientierung im Unternehmen vorhanden sein. Treten die Ergebnisse nicht ein wie geplant, begründet man dies mit den sich ändernden Rahmenbedingungen bei der Projektabwicklung.

2.1 Organisation will alles, nur keine Veränderung

Das verwundert auch nicht. Denn bei näherem Hinsehen sind Organisationen Sicherheitsproduzenten und ihrem Wesen nach experimentierfeindlich. Dirk Baecker beschreibt den Mechanismus von Organisation als ein Einrichten von Entscheidungsabläufen, die mit Kompetenz, Ressourcen und Fähigkeiten ausgestattet werden. Getroffene Entscheidungen vermitteln Klarheit, so dass andere Stellen der Organisation bis hin zum Kunden damit nicht mehr belastet werden (vgl. Baecker 2003, S. 34 f.). Organisationen geben uns ein Gefühl der Sicherheit. Verlässlichkeit und Wiederholbarkeit sind das Entscheidende der Organisation (vgl. Ortmann 2001, S. 73 ff.). Wir alle werden täglich bewusst oder unbewusst ständig mit Organisationen konfrontiert. Wir arbeiten, lernen und bilden uns in ihnen. Noch nie war das Leben so „organisiert" wie heute. In der Organisation wird Rationalität angestrebt; sie will maximale Sicherheit vermitteln und kann deshalb die mit dem Experiment zwingend verbundene Unsicherheit nicht ernsthaft zulassen. Organisation muss sich immer wieder dafür rechtfertigen, dass etwas getan wird oder eben nicht.

2.2   Wandel und Innovation sind nicht zu managen

Selbst bei der Suche nach etwas Neuem, aus der sich die Organisation nach unserem Dafürhalten besser heraushalten sollte, „entsendet" sie ihren Sicherheitsagenten, der letztlich dafür sorgt, dass alles bleibt, wie es war: das Innovationsmanagement. Ulf Pillkahn, Key Expert für Strategy, Innovation und Foresight eines deutschen Technologiekonzerns, spricht in diesem Zusammenhang von der „Fischstäbchen-Denke". Management mag keinen frischen Fisch, denn man weiß ja nie, was man fängt. Außerdem ist Fisch in unbearbeiteter Form „unschön", wird nicht selten als „unappetitlich" empfunden, vielleicht ist sogar noch Beifang im Netz. Fischstäbchen dagegen sind eine saubere Sache: Sie sind stets gleich groß, haben die gleiche Form und schmecken vor allem immer gleich – und schon gar nicht nach Fisch. Mit den Instrumenten des Innovationsmanagements wird das Experiment in Kästchenform gebracht. Die Nebenwirkungen dieses Denkens können beträchtlich sein, wie uns Pillkahn in einem Interview sagte: „Nehmen wir den meines Erachtens innovativsten Bereich des Konzerns…. Wenn wir dort nach dem Innovationsprozess fragen, dann teilt man uns mit, dass man natürlich einen solchen habe. Schauen wir uns die tatsächlichen Innovationen genauer an, stellen wir jedoch fest: Null Prozent der Innovationen kommen aus diesem Prozess. Alles Neue ist komplett am Innovationsprozess vorbei entstanden." (Kaduk et al. 2013, S. 55 f.).

Je aufwändiger, arbeitsteiliger, investitionsintensiver und effizienter die Wertschöpfungsprozesse, desto größer werden Organisationen und desto mehr Macht bekommt das Management. Die Folge davon ist tragisch: Wenn der Fokus auf der Optimierung und Erhaltung des Bestehenden liegt, wenn Wertschöpfung höher honoriert wird als Wissensschöpfung, dann hat das Neue keine Chance. Denn das Neue ist unangenehm, manchmal bis oft überhaupt nicht brauchbar, es blockiert, kostet Geld und wird meist nicht gewollt. Weil viele neue Ideen zunächst einmal Werte vernichten und Bekanntes in Frage stellen, sind die Begriffe „Change Management" und „Innovationsmanagement" Oxymora – ähnlich wie „Holzeisenbahn" oder „Damenmannschaft". Denn Innovation lässt sich genauso wenig managen, wie eine Eisenbahn im Grunde genommen aus Holz sein kann. „Holzbahn" wäre ebenso wie „Innovationszufall" der bessere Begriff.

Aus der Erfahrung von *über 600 narrativen Interviews in den unterschiedlichsten Organisationen*, vom Automobilbauer bis zur Versicherung, vom Krankenhaus bis zur Behörde, ist unsere Erkenntnis ziemlich eindeutig: Nur wenige sind bereit, durch einen Versuch eine bislang als gültig anerkannte Prämisse in Frage zu stellen. Und der Grund dafür ist schnell gefunden: Das Experimentieren ist weder Bestandteil der universitären Management-Curricula noch der Führungsausbildung. Man kennt den Begriff eventuell noch in der Marktforschung und lernt in der Organisationspsychologie das eine oder andere wissenschaftliche Experiment kennen. Die Ausbildung und das Selbstverständnis von Management schließen das Experimentieren per definitionem aus.

2.3   Der Musterbruch beginnt beim Handeln gegen die antrainierten Muster

Es stellt sich sofort die Frage, wie in Organisationen dann trotz allen Sicherheitsstrebens jemals etwas Neues entstehen kann? Schließlich trifft man ab und zu auf der ermüdenden Besichtigungstour durch die Organisationen auf eine Überraschung. Auf mutige Führungskräfte und Mitarbeitende, die den Steuerungs- und Kontrollraum renoviert oder gar umgebaut haben. Manche geben den Systemen einen neuen Anstrich, andere trauen sich, vorgeschriebene Systemupdates zu ignorieren, wiederum andere lassen gänzlich neue Komponenten bauen und versteckten sie geschickt in den alten grauen Gehäusen, manche verließen die Brücke und vertrauten darauf, dass die Mannschaft genau weiß, was zu tun ist. Genau um diese Renovierer, Umbauer, Update-Ignorierer, Komponentenauswechsler und „Steuerradloslasser" geht es uns, wenn wir von Führungs- und Organisationsexperimenten reden. Wir nennen sie: *Musterbrecher*.

Angenehmerweise würden sich diese Menschen selbst nie als Rebellen oder Querdenker bezeichnen. Sie wissen, dass es letztlich albern ist, sich publikumswirksam als Nonkonformisten zu gerieren. Deshalb ziehen sie erst gar nicht in einen Kampf um die sichtbare Abweichung vom Üblichen, zumal er meist gegen die – wie Norbert Bolz es ausdrückt – „Konformisten des Andersseins" geführt wird (vgl. Bolz 2011, S. 781 ff.). Stattdessen verwenden Musterbrecher ihre Energie darauf, Fragen zu stellen. Gemeint sind jedoch nicht solche, die typischerweise hinsichtlich der Optimierung und Verbesserung gestellt werden, sondern Fragen, die das Eingeübte und die Intuition herausfordern, die das System in Frage stellen. Es geht um bislang unbeantwortete, ja sogar um prinzipiell unbeantwortbare Fragen (vgl. von Foerster 1993, S. 69 ff.). Letztere sind Fragen, für die noch kein Bezugssystem existiert, in dem sie eindeutig zu beantworten wären. Es sind genau diese Fragen, die uns auf die höchste Stufe der Unsicherheit führen. Wer auf etwas Unbeantwortbares dennoch antwortet, der exponiert sich. Er kann auf kein Sicherheit gebendes Faktum aus der Vergangenheit verweisen. Andererseits entsteht daraus eine sehr große Freiheit, so Heinz von Foerster. Denn wir können nahezu beliebig antworten, sofern wir den Preis der Verantwortung zu zahlen bereit sind. Ein Beispiel: „Was kosten uns Einsparungsprogramme?" oder „Welche Neuerungen werden durch Innovationsmanagement ausgesiebt?" Diese Fragen können nur von Menschen hervorgebracht und nie von Organisationen gewagt oder durch Prozesse gemanagt werden. Doch das Infragestellen ist nicht genug. Es werden Menschen benötigt, die damit beginnen, Dinge anders zu tun. Jaime Lerner, der Altbürgermeister von Curitiba, einer Zwei-Millionen-Metropole im Süden Brasiliens, die als eine der innovativsten Städte der Welt gilt, sagte uns: „Führung heißt anfangen und handeln. Wenn man lange plant, hat man gute Chancen, etwas niemals in die Tat umzusetzen!"

3   Die kluge „Verschwendung" in den Menschen

Das Wirtschaft und Gesellschaft prägende Primat der Effizienz führt dazu, dass Organisationen zunehmend verletzbar werden. Stromnetze werden z. B. immer effizienter ausgelegt, aber gleichzeitig auch anfälliger für Ausfälle. Automobilhersteller reduzieren die Anzahl der Zulieferer und stellen dann in Krisensituationen fest, was fehlende Redundanz im technischen Sinne kosten kann. Einseitigkeit, Rationalisierung und Standardisierung verursachen Anfälligkeit, das zeigt auch die kommunistische Planwirtschaft. Man glaubt, dass es planungs- und produktionstechnisch effizient sei, nur wenige Monopolisten zentral zu steuern. Doch es fehlt das marktwirtschaftliche Moment der Vielfalt und der Konkurrenz. Und die zentrale Steuerung erwies sich als Illusion.

Die Optimierung des Verhältnisses von Aufwand zu Nutzen ist nicht nur auf Systemebene gefährlich, sie hinterlässt auch ihre negativen Spuren bei den Mitarbeitenden. Die standardisierten Prozesse und die einseitige Ökonomisierung zwingen Menschen, Dinge zu tun, die mit der eigentlichen Ausbildung und dem Beruf als Berufung nichts mehr zu tun haben. Sie unterminieren das Zusammengehörigkeitsgefühl und führen zu einer Entsolidarisierung. So müssen etwa im Gesundheitswesen Ärzte und Pflegekräfte einen beträchtlichen Teil ihrer Zeit mit der Optimierung von Prozessen verbringen – und nicht mehr mit der Sorge um die Patienten.

Doch der Ausbruch aus der „Effizienzfalle" kann gelingen, ohne dass man sich von einer nachhaltigen Effizienz verabschieden muss – und dies sogar in einem Produktionsunternehmen. Das nachfolgende Fallbeispiel basiert auf Beobachtungen sowie auf Interviews mit der Geschäftsleitung und Mitarbeitern im Rahmen mehrerer Firmenbesuche und wurde weitgehend unverändert, aber in gekürzter Form der Publikation „Musterbrecher – Die Kunst, das Spiel zu drehen" (Kaduk et al. 2013, S. 92–96) entnommen.

3.1   Das Beispiel allsafe JUNGFALK

Wir besuchen Detlef Lohmann, den geschäftsführenden Gesellschafter der allsafe JUNGFALK GmbH & Co. KG in Engen am Bodensee. Das Unternehmen stellt Ladegut-Sicherungssysteme her. Wenn man bedenkt, dass er ein auf Effizienz angewiesenes Produktionsunternehmen in der Zulieferindustrie führt, drängt sich der Verdacht auf, dass der Geschäftsführer wertvolle Ressourcen verschwendet: Mindestens einmal geht er täglich mit der Postmappe unterm Arm durch das gesamte Unternehmen. Materialeinkauf, Reparaturen und Investitionen werden nicht nach der Synergie-Logik zentral geregelt, sondern die Mitarbeiter entscheiden eigenverantwortlich darüber innerhalb grob formulierter Leitlinien. Man verzichtet auf jegliche Zeiterfassung. Und noch deutlicher wird die offensichtliche „Ineffizienz" dadurch, dass Lohmann seine Leiharbeiter über Tarif und sogar besser bezahlt als die Festangestellten. Den jährlichen Bonus verteilt er im Gießkannenprinzip pro Stelle und unabhängig vom Jahresverdienst.

Wie tickt dieses „verschwenderische Unternehmen"?

Beim Rundgang bemerken wir überall Stellwände, schwarze Bretter oder Magnetboards mit Infomaterial, Statistiken, Kennzahlen. Jeder Bereich hat seine eigene Art, das Relevante darzustellen. Detlef Lohmann kann nicht immer begründen, warum gerade diese oder jene Zahl abgebildet wird. Aber er weiß: Wenn sie da steht, haben die Mitarbeiter sich etwas dabei gedacht. Wir erfahren, dass es keine Abteilungen mehr gibt. Detlef Lohmann erklärt uns, dass das Wort „Abteilung" sich von „teilen" herleite und seinen Ursprung im Taylorismus habe. Die Abteilungen hätten in einer arbeitsteiligen Welt des 20. Jahrhunderts auch ihre Berechtigung gehabt. Lohmann selbst habe aber viele negative Nebenwirkungen des Teilens bemerkt. Das größte Problem von Abteilungen sei ihre Selbstoptimierung, die ein Denken im Gesamtprozess nicht zulasse. Aus seiner Konzernerfahrung kannte er das Konzept des internen Kunden. Aber das war für ihn nur ein Arbeiten an den Symptomen. Er fragte sich: „Wofür benötigt mein Unternehmen Abteilungen?" In einem Workshop mit allen Abteilungsleitern beschlossen diese, sich in Zukunft nur noch nach Prozessen zu organisieren. Heute gibt es z. B. ein Team „Produktion", das völlig selbstständig eingehende Aufträge nach Kundenbedürfnissen priorisiert, produziert, verpackt und versendet. „Ein-Stück-Fließproduktion" nennt es Lohmann, abgeleitet von der Toyota-Idee der „One Piece Flow Production". Ziel sei es, dass der Mitarbeiter nicht an seinem Platz bleibe, sondern das Werkstück über den gesamten Produktionsprozess begleite und dafür die Verantwortung übernehme. Aufgrund der nur geringen Wertschöpfungstiefe der allsafe JUNGFALK-Produkte sei dieses Vorgehen ideal und werde auch konsequent bis in die Büros hinein umgesetzt.

Bei der Besichtigung der Produktionshallen sehen wir fast keine Lager mehr, in denen die Fertigprodukte gelagert werden. Die meisten Regalmeter nehmen Kisten ein, in denen die nach gesetzlichen Vorgaben zu archivierenden Dokumente gelagert werden. Detlef Lohmann erklärt uns dazu, dass man seit über einem Jahr auf elektronische Archivierung umstelle. So könne jeder Mitarbeiter sehen, wie sich nach und nach die Regalmeter verkürzten.

Bei allsafe JUNGFALK gibt es keine Pausenregelung. „Da es auf das Ergebnis ankommt, kann jeder nach Bedarf seine Arbeit unterbrechen. Das ist immer auf die Kolleginnen und Kollegen abgestimmt", erklärt uns der Chef. „Es ist doch sinnvoll, man macht Pause, wenn man sie benötigt. Da werde ich nicht mit Kontrollsystemen eingreifen. Die kosten Geld, müssen überwacht werden und drücken außerdem Misstrauen aus."

Der Einstieg von Lohmann in das Unternehmen war schon musterbrechend. Er merkte mit 35 Jahren, dass er im Konzern seine Ideen nicht verwirklichen konnte. Mit Hilfe eines Beraters suchte er ein geeignetes Unternehmen, in das er sich als Geschäftsführer einkaufen konnte. Er veräußerte sein noch nicht ganz abgezahltes Haus, machte seine Ersparnisse locker, zog mit Frau und Kindern in eine Mietwohnung und erwarb ein Viertel des Unternehmens. Alles, was er dann machte, widersprach dem klassischen Unternehmerdenken. Der vorherige Inhaber und Geschäftsführer war noch im Unternehmen und sollte zwei weitere Jahre als Entwickler tätig sein. „Ich hatte ihm gesagt, dass er in seinem Büro bleiben könne. Also suchte ich mir einen freien Schreibtisch. Den fand ich in der Buchhaltung", erinnert sich Lohmann. „Ich muss den Mitarbeitern im ersten Jahr wahnsinnig suspekt vorgekommen sein. Kannte mich überhaupt nicht mit Ladegutsicherung aus. Ich wusste über Betriebswirtschaft wenig. Nur das, was ich im Projektmanagement gelernt hatte. Ich war somit der, der am meisten lernen musste. Darum ließ ich auch alles laufen, saß der kaufmännischen Leitung auf dem Schoß und fragte ihr Löcher in den Bauch. Ich war ein Gegenpol zum alten Chef, der sehr effizient und patriarchalisch geführt hatte. Er traf fast alle Entscheidungen selbst. Ich dagegen war nicht greifbar und vermied es, Entscheidungen zu treffen. Wenn ich beispielsweise unterwegs war, hatte ich das Handy immer aus. Man konnte sich bei mir nicht absichern, sondern musste selbst entscheiden. Wenn ich dann zurückkam, hatten sich die meisten Probleme bereits geklärt. Das war ein sehr wichtiger Lernprozess für alle.

Ich wusste schon damals, wohin ich das Unternehmen entwickeln wollte. Es sollte so transparent und vielfältig sein, wie ich Konzerne erlebt hatte, andererseits aber auch die unternehmerische Schnelligkeit, Konsequenz und Kultur des Mittelstandes haben. Das bedeutet für mich ein offenes, gläsernes Unternehmen, in dem allen alle Zahlen zugänglich sein sollten, gepaart mit viel Menschlichkeit, vor allem in der Führung. Ein sehr egoistisches Modell, denn so wollte ich immer arbeiten." Diese Kombination muss sehr erfolgreich sein; denn Lohmann konnte von 1999 bis 2011 den Umsatz vervierfachen, den Gewinn verzwölffachen und die Zahl der Mitarbeitenden fast verdreifachen.

Um seinen damals ca. 40 Mitarbeiterinnen und Mitarbeitern seine Ideen verständlich zu machen, hat er viel Energie in den Dialog gesteckt. Mit externer Hilfe hat er in einer Reihe von zweitägigen Workshops, in die alle Mitarbeiter mindestens einmal eingebunden waren, die Menschen abgeholt. „Ich habe ihnen vermittelt, wie ‚der Lohmann' so tickt. Erst nach einem Jahr habe ich begonnen, über inhaltliche Themen zu diskutieren."

Für uns wird es nach und nach offensichtlich: Detlef Lohmann ist kein Verschwender. Er investiert in Menschen. „Wir beschäftigen z. B. einen promovierten Biologen für die Geschäftsentwicklung. Der muss dort sowieso anders denken. Es wäre gar nicht gut, wenn der ein Fachmann in den heutigen Anwendungen wäre", erklärt uns Lohmann zu dieser Stellenbesetzung. „Wir haben einen extrem ‚teuren Kopf' von 17 Akademikern bei 135 Festangestellten und 35 bis 40 Leiharbeitern. Aber wir benötigen diesen ‚Kopf', damit wir neue Ideen entwickeln und umsetzen können. Das schafft kein Alpha-Chef alleine."

Lohmann löste Abteilungen auf und schaffte mit ihnen die Abteilungsleiter ab. Stattdessen gibt es heute Prozessleiter, die 40 % der Arbeitszeit für die Potenzialentfaltung der Mitarbeiterinnen und Mitarbeiter aufwenden sollen und 60 % für die Prozessoptimierung. Ständig wird Neues ausprobiert, manches wieder verworfen. Er lässt seine Mitarbeiter laufen und diskutiert über die gemachten Fehler und versucht daran, mit allen gemeinsam zu lernen. Dafür nutzt er seine Zeit, investiert ständig in Weiterbildung und Coaching der Prozessleiter.

Kulturarbeit zahlt sich nach Lohmann aus: „Durch die gemeinsame Arbeit an der Unternehmenskultur haben wir 2007/08 nochmals einen riesigen Sprung im Gewinn vor Steuern (EBT) gemacht. Lag dieser davor bei vier bis fünf Prozent, so konnten wir ihn jetzt, trotz Schwankungen im Markt, auf stabile zehn Prozent steigern. Ich sage dazu: Nachhaltigkeit in der Profitabilität."

Das Beispiel zeigt, dass Produktionsprozesse dann besonders effizient werden, wenn man den Menschen in diesem Prozess mit Großzügigkeit, ja sogar verschwenderisch mit

Wertschätzung begegnet. Götz Werner, Gründer von *dm drogeriemarkt*, sagte uns, dass Effizienzsteigerung im industriellen und produktionstechnischen Kontext lange sinnvoll gewesen sei und vielfach auch heute noch ihre Berechtigung habe. Auch bei dm versucht man, über den Einkauf und die Logistik das Verhältnis zwischen Aufwand und Nutzen zu optimieren. Doch in einer Gesellschaft, in der Dienstleistung und Wissensaustausch die Geschäftsmodelle dominieren, kommt es auf das Zwischen- und Mitmenschliche an. Hier darf nicht gespart werden (vgl. Kaduk et al. 2013, S. 97). Letzteres gilt in gleicher Weise für das private Umfeld. Wer will schon die Zuneigung seiner Freunde nach Effizienzgesichtspunkten erfahren? Sollte hier nur noch Effizienz der Maßstab sein, dann werden diese Beziehungen scheitern.

3.2 Mündigkeit und Eigenverantwortung erlebbar gemacht

Bei der Unternehmensberatung Vollmer & Scheffczyk in Hannover kann *jeder Mitarbeiter sein Gehalt selbst bestimmen*. Nach mehreren Iterationszyklen ist man beim konsultativen Einzelentscheid angelangt: Jeder Mitarbeiter muss sich mit mindestens zwei Kollegen oder Kolleginnen beratschlagen. Das Modell scheint erfolgreich zu sein, bedarf aber ständiger Anpassungen. Lars Vollmer, einer der damaligen Geschäftsführer von Vollmer & Scheffczyk, beschreibt sein Experiment wie folgt: „Wir waren etwas ‚seitenwindanfällig', wie das ein Bekannter von mir nennt. Das heißt, wir haben uns vom Seitenwind anderer Organisationen aus unserem Umfeld drücken lassen. Wir dachten z. B., wir bräuchten ein Anreizsystem. Daraus entstand dann ein sehr diffiziles Gehaltsgefüge, mit einem Grundgehalt, und für die verschiedensten Arten von individuellen Leistungen gab es sogenannte Bonuspunkte. Damals waren wir noch so naiv und dachten, es gebe individuelle Leistungen! Also, für die erbrachten Tage, für Akquiseleistung, für Qualifikation und Kundenzufriedenheit bekam man Punkte. Das Ergebnis haben wir dann mit dem Unternehmensgewinn zu be- und verrechnen versucht, um daraus den individuellen Bonus zu bestimmen. Es machte damals der Witz die Runde, man könne hier nur anfangen, wenn man das Modell verstanden habe. Der Länderfinanzausgleich war wohl nichts dagegen. Übrigens wurde das von uns dann über die Jahre noch präziser gemacht. Wir fanden es aber in Ordnung. Es muss 2010 gewesen sein. Wir merkten, dass sich der Geist der Kollegen wendete. Man überlegte auf einmal: ‚Wie kann ich im Zweifel einen positiven Effekt auf meine Bonuspunkte erwirken?' Und nicht: ‚Wie kann ich etwas Gutes für das Unternehmen, das Team, den Auftrag oder den Kunden tun?' Im Großen und Ganzen klappte das zwar alles noch gut, aber das Pendel begann in die falsche Richtung auszuschlagen. Zudem waren alle auch noch unzufrieden. Gerecht fühlte sich das offenbar für keinen an. Bei uns verfestigte sich der Eindruck, dass nicht nur unsere Bonusorientierung nicht mehr stimmte, sondern sogar das gesamte professionelle Managementsystem, das wir mittlerweile aufgebaut hatten. Aus irgendeinem Grund glaubten wir, all die ‚gepriesenen' Methoden anwenden zu müssen. Es fühlte sich aber nicht mehr gut an.

Alle, die bei V & S arbeiteten, trafen sich damals im Büro. Die Fähigkeiten, die wir in der Beratung bei unseren Kunden anwandten, nutzten wir, um uns selbst zu hinterfragen. Eines war uns allen klar: Das bestehende Modell musste weg. Diesen Gedanken haben wir ein paar Monate reifen lassen. Doch dann war es klar, dass wir einen neuen Weg finden mussten. Wir fingen an, das Managementteam wieder aufzulösen. Wir haben eine ‚hierarchiehomogene' Organisation geschaffen. Führung war für uns nur noch eine situative Rolle und keine Stelle mehr. Daran arbeiten wir übrigens bis heute noch. Wir haben sehr viel über Verantwortung diskutiert – und eben auch über Bezahlung. Der erste und entscheidende Schritt war dann, dass wir erst einmal die Gehälter offenlegten. Jetzt wurden wir mutig. Zuerst stellten wir uns die Frage: Wer bestimmt in Zukunft die Gehälter? Und als wir uns damit erstmalig selbst intensiv befassten, merkten wir, es kann am allerwenigsten der Geschäftsführer sein. Der dürfte das zwar, weiß aber in der Regel nicht, was wer wirklich geleistet hat. Alle anderen Kollegen wissen das besser. Also war der Chef schon einmal raus. Doch dann stellten wir fest, dass wir in den Projekten nur punktuell zusammenarbeiteten. Also sahen die Kollegen auch nur einen Ausschnitt der Leistung. Irgendwann kam dann der Einwurf, dass man eigentlich seinen Verdienst am besten selbst einschätzen könne. Danach begannen wir, uns von dieser Idee gegenseitig zu überzeugen. Das beste Argument war: Wenn wir wirklich Verantwortungsübernahme wollen, dann müssen wir damit beim eigenen Gehalt beginnen. Das Experiment startete zum 1. Januar 2011. Zuerst hatten wir noch das Veto der Geschäftsführung als ‚Netz' in das System eingezogen. Das war aber nicht konsequent, also führten wir ein Vetorecht für alle ein." (Kaduk et al. 2013, S. 233 f.)

Durch die Konsultation und die Transparenz innerhalb der Organisation wurde ein System geschaffen, das dem Einzelnen Sicherheit gibt. Dadurch, dass jedoch jeder selbst die Höhe seines Gehalts bestimmen kann, wird der individuellen Seite der Persönlichkeit gleichermaßen Rechnung getragen; denn es findet durch die Dialoge mit den Kollegen ein ausgleichender Prozess statt, der den Ansporn aufrechterhält und die Versagensängste reduziert. Möglicherweise werden Sie jetzt denken – ebenso wie wir das zunächst taten: „Das geht bei 20 Mitarbeiterinnen und Mitarbeitern. Aber in einer großen und anonymen Organisation ist das nicht machbar." Wieder andere werden sagen: „Was passiert, wenn jemand längere Zeit krankheitsbedingt seine Leistung nicht mehr erbringen kann – muss er dann etwas von seinem Gehalt abgeben? Könnte sich nicht auch eine Kultur des sozialen Drucks entwickeln, dem nicht jeder standhalten kann?" Jedes dieser Argumente ist berechtigt, doch jedes dieser Argumente zeugt auch von der Angst, es einmal auszuprobieren.

4 Musterbrecher sind Anwälte der Ambivalenz

4.1. Die Arbeit am System

Nach mehr als 15-jähriger Forschung wissen wir, dass Führungskräfte – unabhängig von Branche und Ressort – etwa 80 % ihrer Zeit und ihrer Energie für die Arbeit im System einsetzen. Die Führungsarbeit besitzt jedoch noch eine andere Dimension, die daher regelmäßig zu kurz kommt: Manager widmen sich nur zu 20 % der *Arbeit am System*. *Arbeit am System* bedeutet, das *bestehende System selbst auf den Prüfstand* zu stellen.

Es geht um die Reflexion dessen, was so selbstverständlich geworden ist, dass man sich dafür keine Alternative mehr vorstellen kann. Die Arbeit am System ist mühsam. Es ist ein Leichtes, ihr angesichts massiven Zeitdrucks und allgegenwärtiger – echter oder vermeintlicher – Sachzwänge aus dem Weg zu gehen. Der Verzicht auf Reflexion lässt sich durch zahlreiche gelernte Floskeln legitimieren: „Wir haben keine Zeit für Nabelschau, wir müssen den Markt bedienen!" „Am Ende des Tages werden wir nur am Umsatz gemessen." Wir benötigen in Organisationen genau jene Menschen, die sich in erheblichem Maße als Arbeiter am System verstehen. Sie nehmen die Mühe auf sich und wissen, dass Arbeit am System auch bedeuten kann, gegen das zu arbeiten, was man im Sinne einer Arbeit im System tut.

Wer nur Strukturen und Prozesse optimiert, präzisiert oder beschleunigt, sie also effizienter macht, arbeitet im System. Das System selbst tastet er dabei nicht an, selbst wenn es sich als untauglich erweist. Vielmehr lautet sein Ziel: Verbesserung des Vorhandenen. Wenn Führungskräfte beispielsweise die Vorgaben für Kundenbesuche anpassen oder die Messkriterien des Incentivierungssystems ändern, arbeiten sie im System. Sie stellen die grundsätzliche Logik nicht in Frage: Ist es überhaupt sinnvoll, Kunden zu besuchen und dafür noch Vorgaben zu machen? Ist es angesichts zahlreicher wissenschaftlicher Befunde und zu den mitunter massiven negativen Begleiterscheinungen einer Pay-for-Performance-Logik nicht mindestens so rational, die unerwünschten Nebenfolgen einer oft unhinterfragten Entlohnungspraxis zu thematisieren? Als unerwünschte Nebenfolgen bezeichnen wir die versteckten Systemkosten klassischer Professionalisierung. Den beispielsweise mit einer Leistungsentlohnung angestrebten Verbesserungen der Produktivität stehen bekanntermaßen auch potenzielle Nebenwirkungen entgegen. Das Entlohnungssystem kann zum Empfinden von Angst, Neid und Missgunst führen. Fatalerweise werden diese Effekte im klassischen Controlling völlig ausgeblendet, weil sie nur mit hohem Aufwand – und dann auch indirekt – beziffert werden können.

Musterbrecher machen sich die Mühe, einen *Blick auf* diese *verdeckten Systemkosten* zu werfen. Sie sind weder Querdenker, die es beim bloßen Appell zum Aufbruch belassen, noch Revoluzzer, die das Unternehmen gefährden und dieses im Zweifel verlassen müssen. Vielmehr sind sie die „Anwälte der Ambivalenz", die das Spiel drehen. Denn sie riskieren es nicht, vor allem in klassisch gesteuerten Konzernkontexten, aus dem Spiel geworfen zu werden. In diesem Sinne sind sie eben keine Querulanten. Vielmehr interpretieren sie die Regeln kreativ und nehmen sich den Freiraum – anstatt, wie es so häufig der Fall ist, diesen in der üblichen Führungskräftebefragung Jahr für Jahr aufs Neue „von oben" anzumahnen. Sie sind bereit, am System zu arbeiten, so wie es die im folgenden Fallbeispiel, wiederum leicht modifiziert entnommen aus Kaduk et al. 2013 (S. 27–30), deutlich wird.

4.2   Das Experiment der Südostbayernbahn

Noch nie haben wir auf einem Firmenrundgang so vielen Menschen die Hände geschüttelt. Christoph Kraller, Chef der Südostbayernbahn – kurz SOB – hat uns über das Firmengelände geführt. Er zeigt uns vom Fahrkartenschalter über die Prozesse von Reinigung, Wartung und Instandhaltung der Lokomotiven bis hin zur Leitstelle alles, was man in Mühldorf über die Bahn erfahren kann. Die Mitarbeitenden, denen wir auf unserem Rundgang begegnen, begrüßt der Chef mit Handschlag. Es wirkt alles angenehm unaufgeregt. Wer dem Chef etwas Dienstliches mitzuteilen hat, der sagt es ohne Umschweife. Wir gewinnen den Eindruck, dass Herr Kraller ein sehr „nahbarer" Vorgesetzter ist.

Dieser Eindruck verstärkt sich, als wir in seinem Büro sitzen. Er wirkt absolut authentisch, seine humorvolle Art und sein sympathisch-freches Lachen machen es dem rotblonden Bayern sicherlich leichter als anderen, auf Menschen zuzugehen. Im Gespräch merken wir dann gleich, dass er ernsthaft an sich und seinem Umfeld arbeitet. Er scheint der geborene „Experimentator" zu sein. So hat er vor einigen Jahren ein „Frühstück beim Chef" ausprobiert. Mitarbeitende aus unterschiedlichen Bereichen wurden auf eine Tasse Kaffee eingeladen, um offen mit ihm über Probleme und Anliegen zu reden. Aber niemand folgte seiner Einladung. Zu hoch war offensichtlich die Hürde, in die Chefetage zu gehen. Krallers Konsequenz? Jetzt geht er zu den Mitarbeitenden und nennt diese Treffen „SOB vor Ort". Raus aus dem Verwaltungsgebäude, rein in die Bereiche! Und das wird an den unterschiedlichen Standorten von den jeweiligen Abteilungen sehr gut angenommen.

Besonders beeindruckend war für uns, dass Herr Kraller mit seinem Führungsteam – noch bevor eine automatische Wagenreinigungshalle für über zwei Millionen Euro gebaut wurde – einmal jährlich Züge von Hand gereinigt hat. „Die Reiniger stehen leider nicht hoch im Ansehen. Sie machen aber einen extrem wichtigen Job. Wenn ein Zug nicht sauber ist, dann wirkt sich das schnell negativ auf die Zufriedenheit unserer Kunden aus. Sauberkeit ist neben Pünktlichkeit, Information und Freundlichkeit ganz entscheidend.

Ich wollte damit zeigen, dass auch wir Führungskräfte uns nicht zu fein sind, eine Toilette zu reinigen. Wir merkten, was das für ein Knochenjob ist. Aber was noch viel wichtiger war: Durch dieses Experiment haben wir am eigenen Leib erfahren, unter welchen fast menschenunwürdigen Bedingungen sich die Reiniger umziehen mussten. Die hatten nur einen Gitterverschlag in der Ecke einer zugigen Werkhalle. Ich musste mich richtig schämen. Das haben wir dann sofort abgestellt und geeignete Umkleiden gebaut." Wie er uns weiter erzählt, bemerkten manche Kollegen etwas spöttisch, dass das wohl die teuerste Zugreinigung aller Zeiten gewesen sei. Er entgegne bei solchen Spitzen nur, dass er sich das weiterhin leisten wolle und auch könne, da das Betriebsergebnis sowie die Kunden- und Mitarbeiterzufriedenheit auch überdurchschnittlich gut seien. „Denn nur wenn man etwas selbst mitgemacht und ausprobiert hat, kann man authentisch mitreden."

Christoph Kraller hält aber nicht nur den Kontakt zu seinen Mitarbeitenden. Gemeinsam mit dem technischen Geschäftsführer hat er mit der Initiative „SOB im Dialog" einen Versuch gestartet, der mit großem Erfolg alle Führungskräfte in Kontakt mit den Kunden brachte. So wird von jeder Führungskraft erwartet, dass sie einmal pro Jahr im Zug mitfährt und mit den Kunden spricht. Das ist ein harter Pol, den jede Führungskraft einhalten muss. Kraller selbst schließt sich hier natürlich nicht aus: „Ich gebe mich dann immer als Chef der SOB zu erkennen und frage den Kunden: ‚Gibt es etwas, was Sie mir schon immer mal sagen wollten?' Und Sie glauben gar nicht, was man da so alles erfährt und was der Fahrgast alles weiß – das sind Experten. Die meisten unserer Kunden sind Berufs-pendler. Die verbringen in zehn Arbeitsjahren ja fast ein Arbeitsjahr in unseren Zügen. Ein großes Problem, mit dem ich immer konfrontiert werde, ist die Klimatisierung der Wagen. Dem einen ist es zu kalt, dem anderen zu warm. Neulich hatte ich dann ein Gespräch mit einem Fahrgast, einem Klimatechniker. Als es in die Fachdiskussion mit ihm ging, musste ich leider sagen: ‚Ich kann mit Ihnen darüber jetzt nicht weiter sprechen, ich kenne mich schlicht und einfach nicht so gut aus wie Sie.' Dann habe ich seine E-Mail-Adresse mit-genommen, und jetzt sind unsere Experten mit ihm im Austausch. Ich bin gespannt, ob wir Anregungen erhalten."

Am Ende des Vormittags, den wir mit dem Geschäftsführer der Südostbayernbahn ver-bracht haben, verstehen wir, dass er es ernst meint – mit dem Plakat, das in seinem Büro über dem Besprechungstisch hängt: „Der Kunde ist unser Gast." Er nimmt viele Anregun-gen aus seinen persönlichen Kundenkontakten mit, z. B. die Empfehlung, auch im Regio-nalverkehr probeweise flexible Ruhezonen einzuführen. Oder er nimmt Fachleute mit, die dem Kunden erklären, welche technischen Probleme die Klimatisierung der Abteile mit sich bringt. Er erfährt aber auch, dass Pendler ihren Urlaub nach den Bauvorhaben der Bahn richten, weil sie keine Lust haben, bei unterbrochenem Schienenverkehr auf den Bus umzusteigen.

Ohne die Experimentierfreude von Herrn Kraller wäre die SOB mit Sicherheit nicht vom bundesweit tätigen Fahrgastverband „PRO BAHN" mit dem Fahrgastpreis 2011 für die hohe Qualität und Fahrgastorientierung sowie den kontinuierlichen Ausbau und die Optimierung der Eisenbahninfrastruktur ausgezeichnet worden.

In diesem Beispiel wurde deutlich, dass ein Theoretisieren über Kundenorientierung und über die so wichtige Basisnähe von Führungskräften nicht weiterhilft. Es ist vielmehr entscheidend, dass sich *Führungskräfte selbst zum Gegenstand von Experimenten* machen und dadurch viel über ihre eigene Organisation lernen. Wenn Führung mit einiger Be-rechtigung schlicht als das Gestalten von Beziehungen (vgl. Burla et al. 1995, S. 147) ver-standen werden kann, dann beginnt es nicht mit einem Relationship-Programm, das in der Folge in der Organisation „herunterkaskadiert" wird, sondern mit dem konkreten Experi-ment. Und noch weiter: Wenn dann der zunächst erhoffte Effekt – wie bei dem inzwischen in vielen Unternehmen gestarteten „Frühstück beim Chef" – nicht eintritt, reflektieren Musterbrecher zunächst über ihren eigenen Beitrag zum Ergebnis und modifizieren das Experiment so, dass die Mitarbeitenden folgen können und wollen.

5   Zusammenfassung und Ausblick

Wir haben gelernt, dass es wenig erfolgversprechend ist, die gängige „Du-sollst-Verän-derungslogik" zu perfektionieren. Viele Mitarbeitende sind inzwischen kompetente Teil-nehmer und Teilnehmerinnen im Sprachspiel des organisationalen Zynismus geworden. Change-Appelle werden mitunter nur noch belächelt, weil sowohl die entsprechenden Programme als auch die darin geforderten Spielzüge allzu bekannt und abgenutzt sind.

Der Verlauf der Wellen von Veränderungsprojekten ist antizipierbar. Wenn Führung sich ernsthaft damit befassen will, zu einer Veränderung von Haltungen beizutragen, dann kann es „nur" darum gehen, günstige Rahmenbedingungen für Experimente zu schaffen. Seit Jahren begleiten wir Vorstandsbereiche, Abteilungen und Teams beim gezielten Experimentieren – auch im kleinen Rahmen. Bei all diesen Experimenten hatten Führungskräfte und Mitarbeiter ernsthaft damit begonnen, sich von den typischen Grundannahmen zu lösen. Sie haben ihre antrainierten Muster und ihre eigene Rationalität auf den Prüfstand gestellt.

Wir sind von mitunter sehr stabilen Glaubenssätzen geleitet, die unsere Vorstellung davon prägen, wie Wirtschaft funktioniert, wie wir andere zu führen haben, wie Prozesse zu managen sind und wie wir uns in Organisationen zu verhalten haben. Solange wir nicht anfangen, diese Glaubenssätze auf die Probe zu stellen, werden wir nie etwas besser machen. Führung heißt demzufolge: systematisch und bewusst experimentieren.

Literatur

Baecker, D. (2003). *Organisation und Management*. Frankfurt a. M.: Suhrkamp.

Bolz, N. (2011). Der Reaktionär und die Konformisten des Andersseins Sag die Wahrheit! – Warum jeder ein Nonkonformist sein will, aber nur wenige es sind. *MERKUR-Sonderheft, 65*(748), 781–789.

Burla, S., Alioth, A., Frei, F., & Müller, W. R. (1995). *Die Erfindung von Führung – Vom Mythos der Machbarkeit in der Führungsausbildung* (2. Aufl.). Zürich: vdf.

von Foerster, H. (1993). *KybernEthik*. Berlin: Merve.

Gigerenzer, G. (2008). *Bauchentscheidungen: Die Intelligenz des Unbewussten und die Macht der Intuition* (3. Aufl.). München: Goldmann.

Kaduk, S., Osmetz, D., Wüthrich, H. A., & Hammer, D. (2013). *Musterbrecher – Die Kunst, das Spiel zu drehen*. Hamburg: Murmann.

Ortmann, G. (2001). Organisation – ein Handlungsfeld mit Eigensinn. In Th. M. Bardmann & T. Groth (Hrsg.): *Zirkuläre Positionen* (S. 73–90). Wiesbaden: VS.

Ortmann, G. (2009). *Management in der Hypermoderne. Kontingenz und Entscheidung*. Wiesbaden: VS.

Sträter, W. (2007): *„Keine Experimente!" Der unaufhaltsame Aufstieg der Unionsparteien in den 50er Jahren*. Deutschlandradio Kultur vom 12.09.2007. http://www.deutschlandradiokultur.de/keine-experimente.984.de.html?dram:article_id=153387. Zugegriffen: 26. Mai 2015.

Dr. Stefan Kaduk, Jahrgang 1970, studierte Betriebswirtschaftslehre an der Ludwig-Maximilians-Universität in München und wurde 2002 an der Universität Basel promoviert. Er ist Partner der 2007 von ihm mitgegründeten Musterbrecher® Managementberater und war von 2001 bis 2012 in Forschung und Lehre am Institut für Entwicklung zukunftsfähiger Organisationen an der Universität der Bundeswehr München tätig.

Dr. Dirk Osmetz, Jahrgang 1967, war Fallschirmjäger-Offizier und studierte an der Universität der Bundeswehr in München Luft- und Raumfahrttechnik sowie Wirtschaftsingenieurwesen. Er wurde 2002 am Institut für Internationales Management promoviert, wo er bis 2012 in Forschung und Lehre arbeitete. Er ist Partner der 2007 von ihm mitgegründeten Musterbrecher® Managementberater mit Sitz in Taufkirchen bei München.

Leadership 4.0 – Unternehmen brauchen ein neues „Betriebssystem"

Marc Stoffel

Inhaltsverzeichnis

M. Stoffel (✉)
Haufe-umantis AG, Teufener Str. 11, 9001 St. Gallen, Schweiz
E-Mail: marc.stoffel@haufe.com

© Springer Fachmedien Wiesbaden 2016
C. von Au (Hrsg.), *Wirksame und nachhaltige Führungsansätze*,
Leadership und Angewandte Psychologie, DOI 10.1007/978-3-658-11956-0_11

Leadership 4.0, das ist eigentlich das falsche Wort zur falschen Zeit. Denn es geht nicht darum, ein vorhandenes Konzept von Leadership in das Zeitalter der Digitalisierung und Vernetzung zu übertragen. Vielmehr geht es darum, vom tradierten Begriff Leadership wegzukommen und die Mitarbeiter selbst Unternehmen führen zu lassen. Aber auch für diesen bisher eher revolutionären Ansatz sind gewisse Strukturen, Kulturen und Instrumente erforderlich. Welche das sind und wie Unternehmen sie einsetzen können, zeigt der folgende Beitrag.

Zunächst wird anhand des Unternehmensbeispiels Haufe-umantis erläutert, was „Mitarbeiter führen Unternehmen" bedeutet und wie es in der Praxis gelebt wird. Warum die Beteiligung aller Mitarbeiter an strategischen Unternehmensentscheidungen so entscheidend ist, zeigt auch eine Untersuchung, an der sich rund 12.000 Mitarbeiter in Deutschland, Österreich und der Schweiz beteiligt haben. Der Hauptteil des Beitrags beschäftigt sich mit dem Betriebssystem für Unternehmen. Dabei handelt es sich um ein Organisationsmodell, das es Unternehmen ermöglicht, alle bereits heute existierenden Organisationsformen mit Prozessen und Werkzeugen zu unterstützen – nicht nur Weisung und Kontrolle, wie es aktuell meist noch der Fall ist. Ziel des Betriebssystems für Unternehmen ist es, allen Mitarbeitern Bestleistungen zu ermöglichen, indem es verschiedene Organisationsstrukturen zulässt. So entsteht die notwendige Agilität und Flexibilität, um sich permanent an den Kundenbedürfnissen ausrichten zu können, und in disruptiven Märkten zu überleben.

1 Leadership 4.0 – Was bedeutet das?

Aktuell findet ein gewaltiger Umbruch in der Weltwirtschaft statt. Hintergründe dieser Entwicklung sind zum einen die technologischen Innovationen der letzten Jahre, zum anderen aber auch der umfassende Wandel, der mit der Digitalisierung einherging. Dieser zeichnet sich vor allem durch ein hohes Veränderungstempo und das Entstehen ganz neuer Geschäftsmodelle aus. Täglich drängen neue Mitbewerber auf den Markt, Forschungs- und Entwicklungszeiten werden immer kürzer, Produktlebenszyklen werden in einigen Branchen nur noch in Monaten statt in Jahren bemessen. Die Überlebensfähigkeit von Unternehmen wird davon abhängen, wie schnell sie auf die Digitalisierung reagieren sowie neue Geschäftsmodelle erkennen und umsetzen.

Ging es im letzten Jahrhundert darum, die Effizienz von Arbeit zu steigern, so greift dieser Ansatz heute zu kurz. „Scientific Management", also die bloße Optimierung, Automatisierung und Standardisierung von Produktionsabläufen führt zwar zu höherer Produktivität. Was jedoch auf diese Weise nicht entsteht, sind *Agilität und Innovationskraft eines Unternehmens*, zwei Eigenschaften, die für das Bestehen in der neuen Weltwirtschaft überlebensnotwendig sind. Damit sie entstehen können, müssen sich Unternehmen von bisherigen Denkmustern lösen. Das gilt insbesondere für die Art der Unternehmensführung. Die Mehrzahl der Berufstätigen in der westlichen Welt sind Wissensarbeiter, selbst in produzierenden Industrien. Wenn alle Wissensarbeiter die richtigen Entscheidungen treffen und genau das Richtige machen, dann können sie die Organisation mit vergleichbar wenig Zeitaufwand einen großen Schritt nach vorne bringen. Es geht also bei unserer Herausforderung nicht darum, das Bestehende effizienter zu gestalten, zu standardisieren und zu automatisieren, sondern vor allem darum, die Aufgaben und Tätigkeiten zu durchdenken, den Fokus richtig zu legen, die Zusammenarbeit selbstorganisierend zu gestalten und dadurch insgesamt effektiver – d. h. wirksamer – zu arbeiten.

1.1 Blick in die Management-Geschichte

Für die Anforderungen im 21. Jahrhundert reichen die Mittel und Methoden des vergangenen Jahrhunderts nicht aus. In der Management-Geschichte gibt es einige Vordenker, die die Notwendigkeit einer Änderung der Führungsaufgaben bereits früh erkannt und neue Methoden gefordert bzw. entwickelt haben. An dieser Stelle sollen einige *Beispiele* genannt sein, weitere finden sich zur *Illustration der Haufe Vision* unter http://haufe.com/vision.

- Henry Ford (1928), Gründer von Ford Motor Company

  Thinking is the hardest work there is, which is probably the reason why so few engage in it.

Ford erkannte die Notwendigkeit, sich stärker mit Wissensarbeit zu beschäftigen – für die damalige Zeit, die stark von der industriellen Produktion geprägt war, ein durchaus revolutionärer Gedanke. Genau das ist es, was Henry Ford ausmachte: Er hat sich nie mit dem Gegebenen zufrieden gegeben, sondern stellte stets Althergebrachtes in Frage. Damit ist er einer der wesentlichen Vordenker des Change.

- Peter F. Drucker (1993), Pionier der modernen Managementlehre

  The most important, and indeed the truly unique, contribution of management in the 20th century was the fifty-fold increase in the productivity of the manual worker in manufacturing. The most important contribution management needs to make in the 21st century is similarly to increase the productivity of knowledge work and the knowledge worker.

Drucker betonte stets die zunehmende Bedeutung von Wissensarbeit: Während die größte Management-Leistung im 20. Jahrhundert seiner Ansicht nach in der 50-fachen Steigerung der Produktivität eines Werkarbeiters bestand, wird es im 21. Jahrhundert, so war sich Drucker sicher, die Steigerung der Produktivität eines Wissensarbeiters sein, die komplett andere Anforderungen an Führung und Organisation stellt.

- Brian Robertson (2015), Entwickler von Holacracy

> Holacracy is a fundamentally different ‚operating system' for organizations – it revolutionizes how a company is structured, how decisions are made, and how power is distributed.

Robertson hat eine neue Organisationsstruktur entwickelt, die sich grundlegend von konventionellen Führungsmustern unterscheidet: Auf Hierarchie und Kontrolle wird weitgehend verzichtet, den Mitarbeitern kommt der Großteil der Verantwortung zu. Ziel des Holacracy-Prinzips ist es, die Macht im Unternehmen nicht nur einzelnen Führungspersonen zuteil werden zu lassen, sondern sie auf viele autonome Einheiten zu verteilen. Das erfordert eine grundlegende Umstrukturierung der Unternehmensorganisation.

• Ricardo Semler (2014), Geschäftsführer und Mehrheitseigner von Semco S/A

> The key to management is to get rid of managers.

Semler vertritt die Ansicht, dass der Schlüssel zum Management-Erfolg darin liegt, auf Manager zu verzichten. Seine radikale Demokratisierung der Prozesse hat dem Unternehmen zu großem Erfolg verholfen: Unter Semlers Leitung stieg der Umsatz von 4 Mio. US-$ im Jahr 1982 auf 212 Mio. 2003 (eine Steigerung von 21 % p. a.). Die Anzahl der Beschäftigten wuchs von 90 auf 3000, die Fluktuationsrate ist auf unter ein Prozent gesunken.

1.2 Mitarbeiter führen Unternehmen

Die Zauberwörter der neuen Unternehmensgeneration lauten: *Agilität, Flexibilität und Innovation*. Zusammen sorgen diese drei Faktoren für schnellere Reaktionen und müssen damit zum Standard-Repertoire eines jeden modernen Unternehmens werden, das den externen Wandel in seiner Organisation abbilden möchte. Die Wahl der geeigneten Führungsstrukturen hängt stark vom jeweiligen Unternehmen und seinen Herausforderungen ab. Die einen sprechen von mehr Demokratie im Unternehmen, die anderen von agilen selbstorganisierten Netzwerken oder von Holacracy (vgl. Robertson 2015). Führungskonzepte werden daher immer unternehmensspezifisch sein und können sogar von Abteilung zu Abteilung oder Team zu Team differieren. Dennoch gibt es einen gemeinsamen Nenner: den Mitarbeiter. Er muss im Fokus jeder Umstrukturierung stehen, denn er ist es, der ein Unternehmen erfolgreich macht, indem er maßgeblich einen der entscheidenden Wettbewerbsvorteile verantwortet: Innovation.

Führung heute heißt also, das Wissen und die Fähigkeiten der Mitarbeiter sowie ihre Arbeit miteinander so zu organisieren, dass sie zum Unternehmenserfolg beitragen können. Die Aufgabe eines modernen Managements ist es zu erkennen, in welchem Organisationsdesign ihr Bereich verankert ist und wann sie welches Führungsmodell brauchen. Die meisten Firmen sind jedoch nach wie vor eindimensional organisiert: Jeder Bereich, egal, ob Produktion, Forschung und Entwicklung oder Vertrieb, wird identisch und in den meisten Fällen in der klassischen Top-Down-Struktur geführt. Das Management gibt die

Strategie vor, die von den Mitarbeitern in der täglichen Arbeit umgesetzt wird. Mit diesem bewährten Führungsstil allein, der Jahrzehnte lang Wohlstand beschert hat und daher immer noch in vielen Unternehmen vorherrscht, kommen Unternehmen aber nun an ihre Grenzen. Bis eine Information von der „Basis" zur Unternehmensführung gelangt ist und die diesbezügliche Entscheidung den Weg die Firmenpyramide wieder hinuntergefunden hat, ist eine Chance oft schon vertan und ein agilerer Mitbewerber hat das Rennen um Marktanteile und Kundenzufriedenheit gemacht.

2 Praxisbeispiel: Haufe-umantis

2.1 Mitarbeiter treffen die besseren Entscheidungen

Würde man jedem Unternehmen eine Staatsform zuteilen, nach deren Grundzügen es agiert, dann wäre das bei Haufe-umantis, einer Schweizer Tochtergesellschaft der Haufe Gruppe, ziemlich einfach: Demokratie – nach bewährtem Schweizer Verständnis, das sich auszeichnet durch Mitbestimmung und Mitverantwortung. Seit Hermann Arnold im Jahr 2000 zusammen mit drei Studienkollegen das Softwareunternehmen umantis gegründet hat, gibt es dort demokratische Strukturen. Als CEO des St. Gallener Start-Ups hat er bereits früh erkannt, dass es meist richtig ist, auf sein Team zu hören. Weil seiner Auffassung nach Unternehmen so am besten Innovationen hervorbringen und Erfolg verzeichnen können. Das war bei Haufe-umantis z. B. 2003 der Fall: Die Mitarbeiter waren mit dem damaligen Produktportfolio – individuelle Softwarelösungen für das Management von Prozessen der Personalgewinnung, -bindung und -entwicklung – unzufrieden. In ihren Augen war es nicht zukunftsträchtig. Arnold war sich zwar ebenfalls bewusst, dass der Weg zur Standard-Software mittelfristig eingeschlagen werden musste. Er war jedoch nicht der Meinung, dass dies so rasch geschehen sollte, wie seine Mitarbeiter meinten. Nach intensiven Diskussionen folgte er jedoch ihrem Rat und akzeptierte die hohe Dringlichkeit.

Die Entscheidung hat ihm einiges an *Mut* abverlangt – schließlich musste das bestehende Geschäft mehr oder weniger komplett aufgegeben und viel Geld in die Entwicklung des neuen Produkts investiert werden. Aus unternehmerischer Sicht war der Schritt daher höchst riskant – im Nachhinein betrachtet aber absolut notwendig: Hätten Arnold und sein Team ihn nicht gewagt, würde es Haufe-umantis heute nicht mehr geben.

2.2 Unternehmensführung nach „Bottom-Up"-Prinzip

Solche Entscheidungen prägen. Spätestens seit diesem einschneidenden Erlebnis war klar: Die Mitarbeiter wissen häufig eher als das Management, wohin die Reise gehen sollte, was möglicherweise das nächste „big thing" werden könnte. Sie sind näher an den Kunden und Märkten und können Nachfrage- und Produktentwicklungen oft besser einschätzen. Dieses Wissen ist erfolgskritisch. Daher werden bei Haufe-umantis die wichtigen Dinge demokratisch entschieden – ganz egal, ob es dabei um die Unternehmensstrategie, das Management oder die Arbeitsprozesse geht.

Das gesamte Team legt in regelmäßigen Workshops die Unternehmensausrichtung fest, bestimmt die *Ziele* und definiert die *Werte*, die jeglichem *Tun und Handeln* des Softwaredienstleisters zugrunde liegen. Geschäftsrelevante Entscheidungen, wie es z. B. die Übernahme durch die Haufe Gruppe im Jahr 2011 war, werden stets in einer Wahl durch alle Mitarbeiter getroffen. Daran zeigt sich, welch große Verantwortung den Beschäftigten zukommt: Denn die Entscheidung für Haufe hat den Kurs der nächsten Jahre festgelegt. Die Alternative wäre gewesen, das Unternehmen für viel Geld an einen größeren Konzern zu verkaufen. Hier bestand jedoch das Risiko, dass die grundlegenden Ideen, Werte und Prinzipien – das starke Rückgrat von umantis – pulverisiert worden wären. Das Management von Haufe überzeugte mit der Vision, gemeinsam die Arbeitswelt der Zukunft zu gestalten. Die Mitarbeiter waren sich der Tragweite dieses Referendums bewusst – und sprachen sich für die Option aus, die dem Unternehmen kurzfristig zwar weniger Geld, aber mehr gestalterischen Freiraum bot.

Führungskräfte und Geschäftsleitung von Haufe-umantis werden ebenfalls *in einem regelmäßigen Zyklus gewählt*. Schließlich weiß das Team über die Unternehmensziele bestens Bescheid und hat in der Regel ein gutes Gespür dafür, welche Stärken und Talente für deren Erreichung nötig sind. Und genau aus diesem Grund wird auch neues Personal von den zukünftigen Kollegen eingestellt. Damit werden Mitarbeiter bei Haufe-umantis zu Mitentscheidern, ja sogar zu Mitunternehmern, die Verantwortung übernehmen und mitgestalten, statt allein nach Anweisung umzusetzen.

3   Leadership 4.0 – Vom Mitarbeiter zum Mitentscheider

3.1   Mitarbeiter fordern mehr Verantwortung

Viele Leser stellen sich an dieser Stelle sicherlich die Frage, ob alle Mitarbeiter bereit sind, Verantwortung für ihr Unternehmen zu übernehmen. Wie sieht es damit in der Realität aus? Wie viel Mitspracherecht haben Mitarbeiter in ihrem Arbeitsumfeld heute schon? In welchen Bereichen dürfen sie mitentscheiden? Und: Möchten sie überhaupt gerne mitentscheiden? Wenn ja, aus welchen Gründen? Auf Basis dieser Fragen ist die *Trendstudie „Leadership 4.0*: Vom Mitarbeiter zum Mitentscheider" entstanden, die im Dezember 2013 online unter 11.880 Arbeitnehmern (Angestellte, Beamte, Arbeiter, Auszubildende) aus Deutschland, Österreich und der Schweiz durchgeführt wurde. Die Umfrage umfasste alle Unternehmensgrößen (1–99 MA, 100–999 MA, 1000+ MA) und Branchen. 23 % der Befragten waren in einer leitenden Position tätig. 1,9 % der Befragten kamen aus der Schweiz, 3,6 % aus Österreich und 94,4 % aus Deutschland (vgl. Haufe Hrsg 2014).

Die Studie zeichnet ein klares Bild: Rund drei Viertel (73 %) aller von Haufe befragten Arbeitnehmer sind der Meinung, dass sie entscheidend zum Erfolg ihres Unternehmens beitragen können. Dies gilt unabhängig von der Größe und Branche des Arbeitgebers und

Warum möchtest Du stärker Einfluss auf Entscheidungen im Unternehmen nehmen?

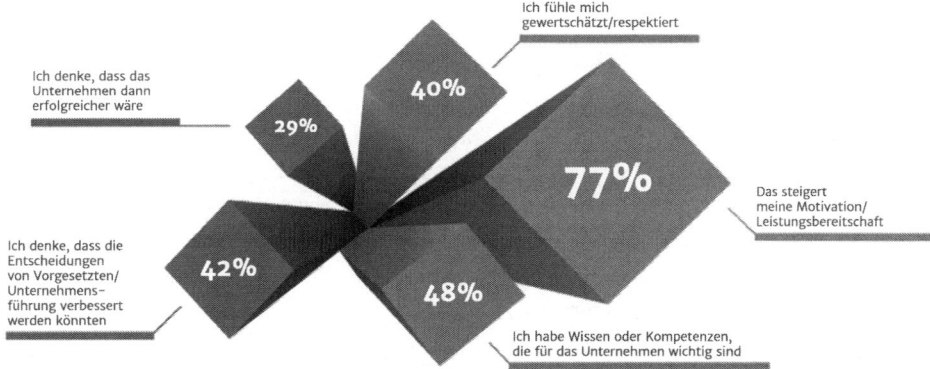

Ich fühle mich gewertschätzt/respektiert

Ich denke, dass das Unternehmen dann erfolgreicher wäre

40%

29%

77%

42%

48%

Das steigert meine Motivation/ Leistungsbereitschaft

Ich denke, dass die Entscheidungen von Vorgesetzten/ Unternehmens- führung verbessert werden könnten

Ich habe Wissen oder Kompetenzen, die für das Unternehmen wichtig sind

Als Hauptgrund für die Steigerung des Einflusses auf Entscheidungen im Unternehmen nennen die meisten Befragten eine dadurch erhöhte Leistungsbereitschaft und Motivation.

Abb. 1 Warum Unternehmen ihren Mitarbeitern mehr Mitsprache einräumen sollten

der Position der Befragten im Unternehmen. Fast genauso viele Mitarbeiter (69 %) wünschen sich, Unternehmensentscheidungen stärker beeinflussen und mehr Verantwortung übernehmen zu können. Diesem Wunsch der Mitarbeiter sollte ein modernes Management Rechnung tragen. Denn die Möglichkeit mitzuentscheiden, trägt erheblich zur Leistungsbereitschaft der Belegschaft bei: 77 % der befragten Mitarbeiter gaben an, dass sich die Einbindung in Unternehmensentscheidungen positiv auf ihre Motivation und Leistungsbereitschaft auswirkt (vgl. Abb. 1).

Das zeigt: Die Menschen sind momentan weiter als die Organisation selbst. In den letzten Jahren hat sich ein gesellschaftlicher Wandel vollzogen: *Partizipation* ist Alltag geworden. Es ist eine Mitmach-Kultur entstanden, die Grenzen auflöst und jedem Einzelnen die Möglichkeit bietet, gleichzeitig Sender und Empfänger von Informationen und Wissen zu sein. Mittlerweile wird es als selbstverständlich angesehen, Wissen, aber auch Dinge zu teilen. Bewertungsportale, beispielsweise für Hotels, Ärzte oder Arbeitgeber, sind aus diesem Grund derzeit ebenso stark gefragt wie Sharing-Angebote wie Flinkster, Airbnb oder Kleiderkreisel. Die Möglichkeiten zur Meinungsäußerung und zum Austausch mit anderen werden zunehmend auch im beruflichen Umfeld gelebt. Immer mehr Mitarbeiter erwarten vergleichbare Möglichkeiten und den Einsatz entsprechender Tools heute auch von ihrem Arbeitgeber.

Unternehmen sind gefordert, ihre Mitarbeiter zunehmend als aktive Teile der Organisation, als Mitunternehmer mit wichtigen Kompetenzen und erfolgskritischem Wissen zu betrachten. Denn sie sind näher an den Kunden und Märkten und können Nachfrage- und Produktentwicklungen oft besser einschätzen. Dazu kommt: Mitarbeiter fühlen sich *wertgeschätzt*, wenn man ihnen *Vertrauen* schenkt und sie *in Entscheidungen eingebunden* werden. Es geht also darum, Mitarbeitern *Mitgestaltung* zu ermöglichen. Dadurch profitieren Unternehmen gleich in mehrfacher Hinsicht: Sie erhöhen die Entscheidungsqualität, die Reaktionsfähigkeit ihrer Organisation und die Motivation der Mitarbeiter.

3.2   Mitarbeiter sind produktive Ideengeber

Der Großteil der Mitarbeiter ist nicht nur stark interessiert daran, Unternehmensentscheidungen zu treffen. Darüber hinaus sind sie heute schon, im Rahmen des Möglichen, *produktive Ideenlieferanten* und bringen sich mit Vorschlägen ein. Davon kommt aber nur ein Viertel tatsächlich beim Management an – so die Meinung vieler Mitarbeiter. Es scheint, als ob in vielen Unternehmen die Rahmenbedingungen fehlen, um die Innovationskraft der Belegschaft für den Unternehmenserfolg zu nutzen. 84 % der befragten Arbeitnehmer haben sich bereits mit Ideen oder Verbesserungsvorschlägen in ihr Unternehmen eingebracht. Dabei ging es zum Großteil (81 %) um Themen, die für die eigene Abteilung bzw. das eigene Team von Interesse waren. Darüber hinaus gab jeder dritte Befragte an, Ideen und Verbesserungsvorschläge zu Bereichen, die die Unternehmensführung betrafen, eingereicht zu haben. Das zeigt: Mitarbeiter möchten nicht nur ihr direktes Arbeitsumfeld gestalten. Sie möchten auch einen Beitrag zur Entwicklung des Unternehmens leisten und an der Strategie mitarbeiten. Als produktive Ideengeber und Mitgestalter finden sie jedoch oftmals kein Gehör bei der Unternehmensspitze: Mehr als die Hälfte der Studienteilnehmer schätzte, dass nur etwa ein Viertel (25 %) der Ideen von Mitarbeitern bei den Vorgesetzten ankommt (vgl. Abb. 2).

Wie viele Ideen der Mitarbeiter kommen Deiner Meinung nach tatsächlich bei den Verantwortlichen an: Was schätzt Du?

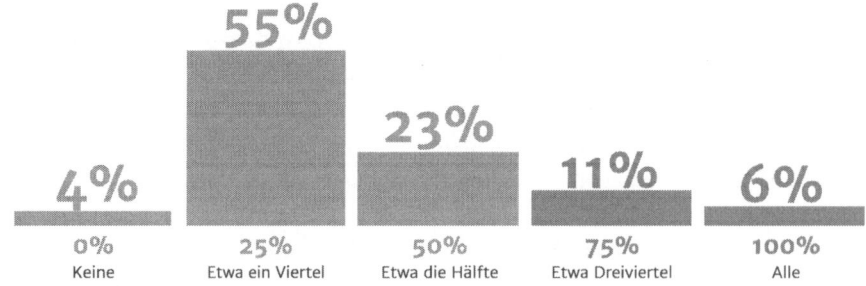

Mehr als die Hälfte der Befragten schätzt, dass etwa 25% der Ideen und Vorschläge von Mitarbeitern auch bei den Verantwortlichen des jeweiligen Unternehmens ankommen.

Abb. 2 Ideen und Vorschläge der Mitarbeiter kommen nur teilweise beim Management an

Eine Ursache dafür liegt möglicherweise in den nach wie vor sehr klassischen Kanälen für Informationsaustausch: Persönliche Mitarbeitergespräche und Teammeetings sind immer noch mit Abstand die meist genutzten Methoden, weit vor Ideenmanagement-Tools oder unternehmenseigenen sozialen Netzwerken wie Chatter oder Yammer. Die Tatsache, dass sich der Informations- und Ideenaustausch überwiegend auf Gespräche konzentriert, die in kleinem Kreis stattfinden, kann zu mangelnder Transparenz im Unternehmen führen. So genannte *„kreative Schattenorganisationen"* tragen dazu bei, dass nicht alle Mitarbeiter und Teams den gleichen Wissensstand haben und somit nicht produktiv an der Diskussion teilnehmen können. Gleichzeitig kommen Ideen, die in solchen Schattenorganisationen entstehen, oft nicht bei den Verantwortlichen an.

4   Das Betriebssystem für Unternehmen: Mitarbeiter zu Bestleistung anspornen

4.1   Zwischen Umsetzer und Gestalter

Ein Betriebssystem für Unternehmen – das klingt erst einmal schwer vorstellbar. Was ist das, wie soll das aussehen und vor allem: Wie lässt sich das umsetzen? Das soll im Folgenden skizziert werden. Bei der Ausgestaltung dieses Betriebssystems müssen zwei grundlegende Parameter beachtet werden: Die (gewünschte) *Rolle der Mitarbeiter* und das entsprechende Organisationsdesign. Wir unterscheiden Mitarbeiter in den beiden Polen *„Umsetzer"* und *„Gestalter"*. Das *Organisationsdesign* kann zwischen starr und agil variieren. Die Herausforderung für die Unternehmensführung liegt nun darin, jeweils das Organisationsdesign zu implementieren, das sowohl den Bedürfnissen des Marktes und den Kunden am ehesten gerecht wird als auch den Mitarbeitern durch ein für sie ideales Arbeitsumfeld ermöglicht, optimal zum Unternehmenserfolg beizutragen. Das ist heute noch nicht immer gegeben.

Vielmehr bewegen sich viele Beschäftigte zum einen innerhalb eines Unternehmens in Strukturen, die eigentlich nicht zu ihnen – und oftmals auch nicht zu den Markterfordernissen – passen. Da gibt es z. B. den Mitarbeiter, der eigentlich gern eigenverantwortlich arbeiten will, aber in seiner aktuellen Rolle nur Befehle von oben entgegennimmt und ausführt. Genauso gibt es den umgekehrten Fall: Agile Ansätze, die den Mitarbeitern größtmöglichen Freiraum bieten – diese von dem hohen Maß an Eigenverantwortung aber überfordert sind und lieber jeden Tag vorgegeben bekommen möchten, was zu tun ist. Zum anderen gibt es aber auch unterschiedliche Geschäftsmodelle. Etwa die, die sich durch effiziente Standardprozesse auszeichnen, oder solche, die von der Kreativität und Flexibilität in der Produktentwicklung leben.

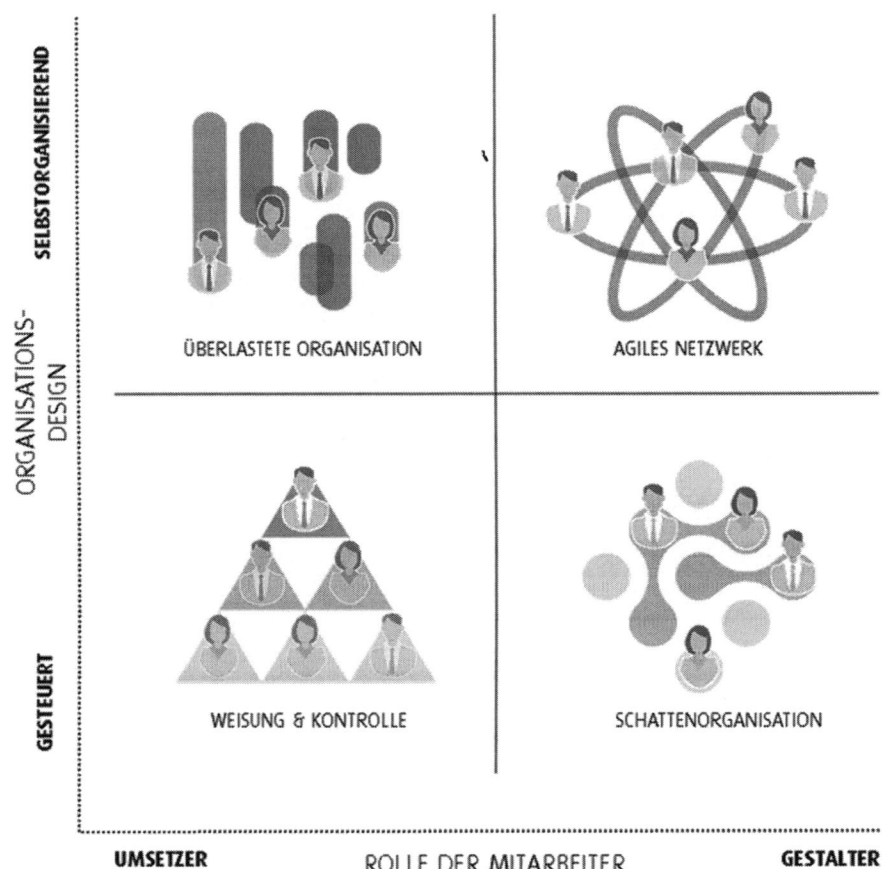

Abb. 3 Der Haufe-Quadrant zeigt verschiedene Organisationsdesigns und Mitarbeiterrollen

4.2 Der Haufe-Quadrant

Auf Basis dieser Beobachtungen haben wir ein Modell entwickelt: den Haufe-Quadranten. Er zeigt verschiedene Organisationsdesigns und Mitarbeiterrollen auf, die in den meisten Unternehmen vorhanden sind. An ihm lässt sich das Zusammenspiel von Rolle der Mitarbeiter und Organisationsform unserer Auffassung nach gut veranschaulichen (vgl. Abb. 3).

4.2.1 Weisung und Kontrolle

Treffen Mitarbeiter mit dem Selbstverständnis des klassischen Umsetzers und ein hierarchisches Top-Down-Design aufeinander, sprechen wir vom System „Weisung und Kontrolle". Diese Organisationsform hat durchaus ihre Berechtigung – viele Unternehmen sind damit in der Vergangenheit sehr gut gefahren. Es ist z. B. in der Produktion sinnvoll, den Mitarbeitern klare Prozesse an die Hand zu geben – selbst wenn sich auch in diesem Bereich in den letzten Jahrzehnten schon etliche Neuerungen etabliert haben, wie etwa Kaizen oder die Arbeit in teilweise eigenverantwortlichen Teams, die starre Strukturen und eine reine Umsetzungsmentalität aufbrechen. Auch Geschäftsmodelle, die von der Effizienz in Routineprozessen geleitet sind, werden mit diesem Modell gut fahren.

Schwierig wird es jedoch, wenn Kreativität und Innovation für die tägliche Arbeit nötig sind. Dann kommt dieses Modell an seine Grenzen, da die Kombination aus festen Strukturen und Prozessen und der Erwartung, dass Mitarbeiter Weisungen starr umsetzen, oft Überregulierung zur Folge hat, die den Mitarbeitern keinen Raum zur kreativen Entfaltung lässt. Die Folge: Innovationsträgheit.

Die *Top-Down-Struktur* ist demnach geeignet für Mitarbeiter, die sich als Umsetzer sehen und als solche auch gebraucht werden. Ihre Stärken liegen in der effizienten Ausführung klar vorgegebener Abläufe in definierten Prozessen. Konzeptionelles oder strategisches Denken sollte dagegen nicht von ihnen gefordert werden.

4.2.2 Überlastete Organisation

Viele Unternehmen, die eine klassische Hierarchie und die Mitarbeitermentalität eines ‚Umsetzers' gewohnt sind, erwarten als Reaktion auf die veränderten Marktbedürfnisse von ihren Beschäftigten mehr Eigenverantwortung, Innovation und Selbstorganisation.

Die Mitarbeiter müssen aber zunächst entsprechend befähigt werden, um mehr Verantwortung übernehmen und eigenständiger arbeiten zu können. Sonst ergeben sich Symptome der Überlastung. Wir wissen aus eigener Erfahrung, dass sich der Mitarbeiter dann oft wie im Hamsterrad fühlt. Er arbeitet und arbeitet und arbeitet, und kann am Ende des Tages aufgrund der vielen unfokussierten Tätigkeiten aber doch keine brauchbaren Resultate abliefern, die das Unternehmen erfolgreicher machen und das Management zufriedenstellen. Ihm fehlt die in seiner Arbeitswelt nötige strategische und prozessuale Anleitung durch Vorgesetzte.

Die Führungskräfte wiederum fühlen sich wie Wildhüter, wenn sie Tiere nach Jahren der „Gefangenschaft" ohne Vorbereitung aus dem Käfig lassen würden und sie zur freien Jagd animieren wollen würden – aber die Tiere drehen sich weiter im Kreis und warten, bis man sie füttert. Wildhüter wildern aus diesem Grund die Tiere professionell aus: Sie bereiten sie auf die neue Freiheit vor und trainieren sie für das Überleben in der Wildnis. Das Gleiche müssen auch Manager tun. Denn übersteigt die überlastete Organisation ein gewisses Toleranzmaß, ist diese Ausprägung des Haufe-Quadranten dem Unternehmenserfolg abträglich. Trotz hoher Dynamik und maximaler Auslastung werden dann nur ungenügende Ergebnisse erzielt.

4.2.3 Schattenorganisation

In fast allen Unternehmen finden sich auch Schattenorganisationen, die sich ähnlich dem Szenario der überlasteten Mitarbeiter aufgrund einer fehlenden Übereinstimmung zwischen gegebenem Organisationsdesign und Selbstverständnis der Beschäftigten bilden: Mitarbeiter, die sich als Mitentscheider und Mitunternehmer aktiv am Unternehmenserfolg beteiligen wollen, werden von autoritären, starren Strukturen in ihrem Drang nach Eigenverantwortung ausgebremst. Sie werden nicht in Prozesse und Entscheidungen involviert, es findet keine transparente Kommunikation statt. All das verhindert, dass der Gestaltungsdrang der Mitarbeiter zum Unternehmenserfolg beitragen kann. Ja, schlimmer noch: Es kommt zu einem Widerspruch zwischen Eigenbild der Angestellten und Managementsicht: Während die Beschäftigten sich als „Freiheitskämpfer im Dienst des Unternehmens" sehen, nimmt das Management sie als „Guerilla-Aktivisten" wahr.

Die Mitarbeiter brechen aus diesen Strukturen aus – und verfolgen ihre eigene Agenda. Sie entwickeln eine hohe Eigendynamik, teilweise jenseits der Unternehmensstrategie. Das kann sich negativ auswirken, etwa dahingehend, dass die Ergebnisse ihrer eigentlichen Arbeit nicht zu den vorgegebenen Anforderungen passen, oder dass die Mitarbeiter im schlimmsten Fall ihre Arbeit verweigern. Zugegeben: In Einzelfällen können aus der Schattenorganisation auch positive Impulse für den Unternehmenserfolg erwachsen – schließlich sind die Mitarbeiter aktiv und hoch motiviert, sich am Unternehmenserfolg zu beteiligen. Viele Entwicklungen, die Unternehmen auf den Weg gebracht haben, sind nicht von oben befohlen worden. Dennoch stellt das Wirken der Schattenorganisation ein Korrektiv zur ungenügenden Passung von Mitarbeitermentalität und Organisationsdesign dar.

Das lässt sich am Beispiel der mittlerweile wohlbekannten Nespresso-Kapseln veranschaulichen (vgl. Asche 2014, Global Coffee Report 2011): Der Ingenieur Eric Favre versuchte auf verschiedenen Italien-Reisen gemeinsam mit seiner Frau herauszufinden, worin das Geheimnis eines guten Espressos lag. Seine Beobachtungen führten zu einer Idee, die er Nestlé präsentierte: ein Kapsel-System. Die Verantwortlichen des Nahrungsmittelkonzerns waren jedoch vom Erfolg dieser Erfindung nicht überzeugt – damals herrschte in der Branche die Meinung vor, dass Instant-Kaffee Kaffeemaschinen ablösen würde. Sie verboten Favre, weiter an der Idee zu arbeiten. Man schob ihn in andere Abteilungen ab.

Neun Jahre später war Favre soweit, das Handtuch zu werfen. Der resignierte Ingenieur schrieb dem damaligen Nestlé-Chef Helmut Maucher in seinem Abschiedsbrief, die Firma sei groß darin, Erfindungen zu popularisieren. Neue Ideen erkennen, fördern und umsetzen könne sie jedoch nicht. Der letzte große Wurf sei Nescafé gewesen – 1938. Maucher ließ Favre nicht gehen – er machte ihn 1986 zum Chef der neuen Firma Nespresso (vgl. Glüsing und Klawitter 2010). Damit ist Nestlé eine der erstaunlichsten Erfolgsgeschichten der vergangenen Jahre gelungen. Mit kleinen bonbonfarbenen Kaffeekapseln und entsprechend inszeniertem Kult verdoppelte sich der Umsatz von Nespresso allein zwischen 2006 und 2008 auf über zwei Milliarden Schweizer Franken; 2010 betrug der Umsatz 3,2 Mrd. Schweizer Franken (vgl. Statista Hrsg 2015).

Dieses Beispiel ist ein anschaulicher Beleg, dass starre Strukturen und eine Beschneidung des Gestaltungsfreiraums von marktnahen, kreativen Mitarbeitern den Unternehmenserfolg oftmals behindern. Und nicht nur das: Eine ungenügende Passung des Organisationsdesigns und der Mitarbeitermentalität schürt zudem das Risiko, dass genau diese Mitarbeiter, die das Unternehmen eigentlich voranbringen möchten, es aus Resignation verlassen.

4.2.4 Agiles Netzwerk

Unter einem agilen Netzwerk verstehen wir, dass ein flexibles Organisationsdesign auf eigenverantwortliche Mitarbeiter mit unternehmerischen Gestalter-Qualitäten trifft. Es ist geprägt von einem tiefen Vertrauen des Managements in die Fähigkeiten der Mitarbeiter, die Anforderungen des Marktes zu erkennen und eigenverantwortlich umzusetzen. Gleichzeitig sind die Mitarbeiter in alle relevanten Entscheidungen involviert – sie können als Intrapreneur agieren. Ihre Arbeitsweise ist geprägt von eigenständigem, unternehmerischem Denken, sie können komplexe Sachverhalte erschließen und in Konzepte und Business-Ansätze überführen.

Diese Führungsstruktur ist ideal für Bereiche wie etwa Forschung oder Marketing und Sales sowie für Geschäftsmodelle, die auf innovative Produktentwicklungen angewiesen sind, denn sie fördert Kreativität und Innovation. Damit bildet für uns das agile Netzwerk den *Gegenpol zum Top-Down-Design*. Das bedeutet jedoch auch, dass es einige Projekte, Geschäftsbereiche und -modelle gibt, für die dieses Organisationsdesign nicht gut geeignet ist. Als Beispiel können Bereiche mit einem hohen Bedarf an Effizienz, wie etwa die Produktion, dienen. Hierfür sind die Prozesse und Abläufe eines agilen Netzwerks teilweise zu ineffizient und zu wenig skalierbar, der Abstimmungsaufwand ist zu hoch.

4.3 Entwicklung der Haufe-umantis im Quadrant

Wir bei Haufe-umantis mit unseren demokratischen Strukturen waren nicht schon seit jeher im agilen Netzwerk angesiedelt. Im Gegenteil: Im Laufe der letzten Jahre haben wir *alle verschiedenen Ausprägungen des Haufe-Quadranten durchlaufen*. Die unterschiedlichen Organisationsstrukturen standen in engem Zusammenhang mit den jeweiligen Phasen, in denen sich das Unternehmen gerade befand.

Gegründet worden ist unser Softwareunternehmen im Jahr 2000 wie jedes Start-up als *agiles Netzwerk*. Haufe-umantis war also zu Beginn im Feld *oben rechts* angesiedelt. Rund fünf Jahre später ist das Unternehmen bereits zu einer stattlichen Größe angewachsen – und bekam die üblichen Wachstumsschmerzen zu spüren, auf die Larry E. Greiner bereits 1972 aufmerksam machte (vgl. Greiner 1972). Manche Prozesse haben einfach nicht mehr funktioniert, sie dauerten zu lange und führten letztendlich dazu, dass Mitarbeiter aufgrund fehlender Resultate demotiviert waren. Haufe-umantis war zum ersten Mal eine *überlastete Organisation – oben links*.

Um die nächste Unternehmensphase zu erreichen, mussten Dinge verändert werden – wir haben erkannt, dass das agile Netzwerk nicht mehr funktionierte. Haufe-umantis brauchte klare Strukturen und Prozesse, externe Manager – jeder Management-Berater wird ähnlich argumentieren. Mit diesen Änderungen bewegte sich das Unternehmen 2008 von der Überforderung in das top-down geführte Organisationsmodell *Weisung und Kontrolle – unten links*. Eine Zeit lang war Haufe-umantis dort sehr erfolgreich, hat hohe Gewinne erzielt.

Doch die Kundenbedürfnisse veränderten sich in den letzten Jahren. Um mithalten zu können, musste sich auch Haufe-umantis weiter verändern. Schnellere Innovationszyk-

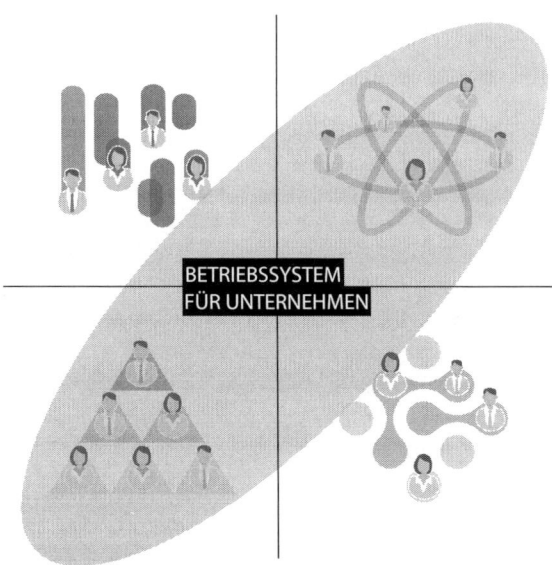

Abb. 4 Ein nachhaltiges Betriebssystem wird unterschiedlichen Anforderungen gerecht

len waren etwa gefragt. Einige Mitarbeiter haben das vor dem Management erkannt und haben die Initiative ergriffen – der eingangs dargestellte, von den Mitarbeitern initiierte Wechsel von Individual- auf Standardsoftware ist ein Beispiel dafür. Viele Mitarbeiter, teilweise sogar ganze Teams hatten sich nach und nach in die Schattenorganisation begeben, um die Kunden- und Marktbedürfnisse besser abzudecken. Das führte so weit, dass 2011 diese *Schattenorganisation – unten rechts* – fast größer war als das eigentliche hierarchische Organisationsdesign; Entscheidungen wurden eher in informellen Strukturen als in den dafür vorgesehenen, standardisierten Prozessen getroffen.

Das fühlte sich für alle Beteiligten eigenartig an. Dementsprechend rief das Management mit der CEO-Wahl 2013 das Ziel aus, wieder nach oben rechts, zurück ins agile Netzwerk, zu wandern. Was ist jedoch passiert? Haufe-umantis landete erneut in der Überforderung. Die Anweisung, über den Tellerrand hinaus zu sehen, bestehende Silos aufzubrechen und sich stark nach den Marktbedürfnissen auszurichten, überlastete die Mitarbeiter zunächst wieder.

Daher haben wir in den letzten beiden Jahren intensiv daran gearbeitet, ein passendes Betriebssystem zu entwickeln, mit dem wir den Veränderungen im Markt, den Kundenbedürfnissen und den Anforderungen seitens der Mitarbeiter umfassend Rechnung tragen können. Uns ist bewusst geworden: Wir können unsere Organisation nicht immer im Quadranten verschieben, wie es die Umstände gerade erfordern.

Vielmehr brauchen wir ein *nachhaltiges Führungsmodell*, das von unten links bis oben rechts *permanent alle Organisationsdesigns und Mitarbeiterrollen abdeckt* (vgl. Abb. 4). Denn das Zusammenspiel aus vielen verschiedenen Formen der Zusammenarbeit macht Unternehmen produktiver und leistungsfähiger. Zudem können so Kunden- und Markterfordernisse besser adressiert werden. Deshalb gibt es bei uns jetzt Mitarbeiter, die situativ unten links arbeiten, also unter starker Führung, genauso wie Teams, die oben rechts als agiles Netzwerk arbeiten.

4.4 Haufe-umantis: Gelebte Vielfalt

Bei Haufe-umantis ist der Bereich Research & Development oben rechts im *agilen Netzwerk* angesiedelt. Vor rund einem Jahr haben wir dort *Swarming* eingeführt: Rund 60 Mitarbeiter organisieren sich komplett selbst in Schwärmen – jeder Einzelne entscheidet alle drei Monate für sich, in welchen Projekten er aktuell den größten Beitrag zur Wertschöpfung und zum gemeinsamen Erfolg leisten kann. Feste Abteilungen wurden in diesem Geschäftsbereich abgeschafft – den klassischen Manager gibt es ebenfalls nicht mehr. In den Schwärmen wird gemeinsam über das Vorgehen abgestimmt; immer aus der Perspektive heraus: Was hilft den Kunden dabei, erfolgreicher arbeiten zu können?

Dann gibt es aber auch bei Haufe-umantis nach wie vor Bereiche, die nach einer gemeinsamen Klärung der Strategie und Ziele unten links, in der *Top-down-Struktur*, verankert sind. So hat sich das Unternehmen z. B. vor kurzem erst von einigen Mitarbeitern getrennt, weil sie den Anforderungen der nächsten Wachstumsphase hin zu einer Hochleistungsorganisation nicht mehr gerecht werden konnten. Die Entscheidung hierzu wurde durch die jüngste CEO-Wahl zwar demokratisch legitimiert, denn in meinem Wahlprogramm bat ich unter anderem um ein Mandat, auch solche unpopulären Maßnahmen umzusetzen. Damit habe ich auf die Forderung meiner Mitarbeiter reagiert, den Mut zu konsequenten Entscheidungen aufzubringen. Durchgeführt wurden die Entlassungen aber durch mich selbst: Ich hatte die entsprechenden Personen ausgewählt und mit ihnen die Gespräche geführt.

Und das war in dieser für das Unternehmen kulturell sehr wichtigen und prägenden Situation definitiv die richtige Führungsmethode. Denn eine solche basisdemokratisch getroffene Entscheidung, sich von Mitarbeitern zu trennen, ist äußerst anspruchsvoll für ein Unternehmen – und kann unter Umständen das Team eher belasten, als dass es Mehrwert bringt. Das konsequente Umsetzen der notwendigen Maßnahmen lag daher bei mir und nicht bei den Mitarbeitern. Ich habe die volle Verantwortung für die Trennung übernommen und stand dem Team Rede und Antwort bei internen Diskussionen, die verständlicherweise im Nachgang der Entlassungen entstanden und neben vielen positiven Stimmen auch kritische Fragen beinhalteten, wie etwa: „Warum wurde ich nicht darüber informiert, dass mein Kollege davon betroffen ist? Hätten wir das nicht besser im Team gelöst?" Solche Situationen zeigen, dass manche Unternehmensentscheidungen top-down durchgeführt werden sollten.

Auch die Wahlen sehen wir aus diesem Grund als *effektives Leadership Tool*: Im Rahmen des Wahlprozesses stimmt das gesamte Team die Rolle sowie die Schwerpunkte des jeweiligen Leaders ab. Mit der Wahl beauftragen die Mitarbeiter dann aber eine Person, die sie für geeignet halten, das gemeinsam verabschiedete Wahlprogramm selbstständig und top-down durchzuführen. Der Leader ist in der Pflicht, das Mandat erfolgreich umzusetzen, denn nach einem Jahr wählen die Mitarbeiter erneut.

Wir glauben, dass dies ein nachhaltiges Betriebssystem ist, das den unterschiedlichen Anforderungen an Mitarbeitermentalität und Organisationsdesign gerecht wird und für alle Unternehmen, die vor dem Hintergrund der veränderten Rahmenbedingungen auch weiterhin erfolgreich sein wollen, zukunftsfähig und praktikabel ist.

5 Handlungsempfehlungen für Manager und Mitarbeiter

Was bedeutet das nun für alle Beteiligten? Welche Rolle nehmen Führungskräfte und Mitarbeiter bei der Gestaltung dieses Betriebssystems ein? Zunächst einmal möchte ich vorweg nehmen: Beide Gruppen werden viel stärker in die Verantwortung gezogen.

5.1 Standortbestimmung

Mitarbeiter und Führungskräfte müssen mit Hilfe des Haufe-Quadranten ermitteln, in welchem Organisationsdesign ihr Bereich verankert ist und wann sie welches Führungsmodell brauchen. Es kann z. B. Sinn machen, manche Projekte in agilen Strukturen zu bearbeiten, auch wenn ein Bereich generell eher klassisch hierarchisch organisiert ist. Sowohl Leader als auch Mitarbeiter müssen sich fragen: Welches Problem möchte ich lösen und mit welcher Führungsmethode kann ich das tun?

5.2 Vertrauen und Offenheit

Nicht nur der Leader muss sich klar darüber sein, dass er z. B. Mitarbeiter braucht, denen er blind vertrauen kann, wenn er sich für eine agile Führungsstruktur entscheidet. Auch der Mitarbeiter selbst hat die Verantwortung, einen für ihn passenden Führungsstil zu wählen. Wenn er etwa merkt, dass er mit dem großen Freiraum, den ihm sein Vorgesetzter lässt, nicht zurechtkommt, muss er dies der Führungskraft gegenüber klar kommunizieren, damit eine einvernehmliche Lösung gefunden werden kann.

5.3 Bewusste Entscheidungen

Darüber hinaus müssen dem Mitarbeiter die Konsequenzen seiner bewussten Entscheidung für einen Führungsstil klar sein: Wenn er einen Vorgesetzten möchte, der ihm viele Freiräume lässt, dann muss er auch damit leben können, dass manches vielleicht unklar ist, dass er selbst mehr mitdenken muss. Wenn der Mitarbeiter umgekehrt einen Vorgesetzten wünscht, der ihn klar führt, dann muss er auch bereit sein, ihm zu folgen. Die gewählte

Führungsmethode muss also zur Mentalität des Mitarbeiters passen. Diese Entscheidung muss der Mitarbeiter treffen können.

5.4   Konsequenz

Darüber hinaus müssen Unternehmen den Mut haben, ihre bestehenden Strukturen – selbst wenn sie die letzten Jahre Basis ihres Erfolgs waren – zu hinterfragen. Das ist in unseren Augen neben der großen Verantwortung, die bei Managern und Mitarbeitern liegt, eine weitere zentrale Herausforderung. Neue Wege zu beschreiten – das bedeutet immer öfter, Mitarbeiter in Entscheidungen einzubeziehen, sie gestalten zu lassen und starre Strukturen aufzubrechen. Viele Unternehmen wissen, dass sie sich verändern müssen, aber ihnen fehlt die notwendige Konsequenz.

5.5   Management Tools erweitern

Die Aufgabe, das Betriebssystem zu gestalten, kommt den Managern zu. Sie müssen auf die gegebenen Anforderungen im Unternehmen achten und die bereits vorhandenen Management Tools so erweitern, dass diese alle notwendigen Organisationsdesigns abdecken. So entsteht ein funktionierendes Management System. Und nur in einem solchen Umfeld mit unterschiedlichen Organisationsstrukturen werden Mitarbeiter nachhaltig motiviert sein, ihren Beitrag zum Unternehmenserfolg zu leisten. Welche kulturellen und strukturellen Änderungen sie dafür vornehmen müssen, hängt einerseits von der Entwicklung des Unternehmens, der Organisationsform und dem Geschäftsmodell ab, andererseits aber auch von den Markterfordernissen – hier muss jedes Unternehmen den individuell richtigen Weg finden und die für sich richtige Methode wählen.

6   Zusammenfassung und Ausblick

Momentan ist ein Betriebssystem, das verschiedene Führungsmethoden von Top-Down zu agil in einer Organisation vereint, noch Zukunftsmusik in den meisten Unternehmen. Die Management Tools, die derzeit zum Einsatz kommen, unterstützen in der Regel lediglich die Mitarbeiter, die gern in hierarchisch organisierten Strukturen arbeiten, nicht aber diejenigen, die in flexibleren Organisationsdesigns aufgrund ihrer unternehmerischen Gestalter-Mentalität besser zum Unternehmenserfolg beitragen könnten.

Klassische Top-Down Ansätze wird es auch noch in 30 Jahren geben. In vielen Bereichen werden sie aber verschwinden und durch agile Netzwerke ersetzt werden. Unseres Erachtens ist daher ein umfassendes Update notwendig, das alle existenten Ausprägungen unseres Modells auf die beiden funktionalen Modelle „Weisung und Kontrolle" sowie „Agiles Netzwerk" überführt. Denn der Haufe-Quadrant zeigt unserer Meinung nach die organisationsstrukturelle Realität in Unternehmen. In jedem Betrieb gibt es überlastete Mitarbeiter und Schattenorganisationen. Es ist zentrale Aufgabe des Managements, auch diese Mitarbeiter in die Lage zu versetzen, den Unternehmenserfolg mitzugestalten – indem man sie in ein Arbeitsumfeld überführt, in dem ihre Mentalität und ihre Fähigkeiten mit dem Organisationsdesign zum Wohle des Unternehmens zusammenspielen. Künftig werden nur die Unternehmen erfolgreich sein, die Mitarbeiter involvieren und in strategische Fragestellungen einbeziehen

Ein Betriebssystem, das mehrere Organisationsstrukturen im Unternehmen vereint, stellt ein komplexes System dar, das sowohl von den Leadern als auch den Mitarbeitern deutlich mehr Flexibilität verlangt. Doch gerade das Nebeneinander verschiedener Führungsstrukturen setzt Synergien frei und bietet jedem Mitarbeiter das für ihn optimale Arbeitsumfeld. Wenn dies der Fall ist, man also das Betriebssystem richtig beherrscht, ist es ein sehr starkes Führungsinstrument, mit dem Unternehmen den Anforderungen des Marktes, der Kunden und der Mitarbeiter selbstbewusst entgegentreten können. Es ist dann ein Betriebssystem für nachhaltig erfolgreiche Unternehmen.

Literatur

Asche, C. (2014). Kapsel-Krieg: So kämpfen Nespresso und Co. um den deutschen Kaffeemarkt. http://www.huffingtonpost.de/2014/05/21/kaffeemarkt_n_5363311.html. Zugegriffen: 1. Juli 2015.

Drucker, P. F. (1993). *Management: Tasks, responsibilities, practices*. New York: HarperCollins Publishers.

Ford, H. (1928). Thinking is hardest work. Therefore few engage in it. San Francisco Chronicle (April 13), Quote Page 24, Column 6, San Francisco, California: Genealogy Bank.

Greiner L. E. (1972). Evolution and revolution as organizations grow. *Harvard Business Review, 4*(50), 37–46.

Global Coffee Report. (2011). A life encapsulated: Eric Favre Nespresso coffee capsule inventor. http://gcrmag.com/profile/view/a-life-encapsulate-eric-favre-nespresso-coffee-capsule-inventor. Zugegriffen: 1. Juli 2015.

Glüsing, J., & Klawitter, N. (2010). Die Bohnen-Revolution. http://www.spiegel.de/spiegel/print/d-69065816.html. Zuggegriffen: 1. Juli 2015.

Haufe (Hrsg.). (2014). Leadership 3.0 – Vom Mitarbeiter zum Mitentscheider. http://whitepaper.haufe.de/personal/Studie-Leadership-3-0-Vom-Mitarbeiter-zum-Mitentscheider/,78,387,48. Zugegriffen: 1. Juli 2015.

Robertson, B. (2015). *Holacracy: The revolutionary management system that abolishes hierarchy*. London: Penguin.

Semler, R. (2014). Ricardo Semler in Utrecht. http://www.liveondemand.com/events/speaker/ricardo-semler/BUR4XX07oE69_E2eRODigw. Zugegriffen: 16. Juli 2015.

Statista (Hrsg.). (2015). Umsatz von Nestlé mit Nespresso weltweit in den Jahren 2008 bis 2013. http://de.statista.com/statistik/daten/studie/150480/umfrage/kaffee--umsatz-von-nespresso-seit-dem-jahr-2000/. Zugegriffen: 1. Juli 2015.

Marc Stoffel ist CEO der Haufe-umantis AG. Seine Mitarbeiter haben ihn in diese Rolle gewählt. Sie schätzen an ihm vor allem seine Begeisterungsfähigkeit, seine Kreativität und die Fähigkeit, unangenehmes Feedback produktiv umsetzen zu können. Der Schweizer entspannt beim Skifahren und Klettern.